Office 2016
办公应用从入门到精通

张应梅　编著

电子工业出版社
Publishing House of Electronics Industry
北京·BEIJING

内 容 简 介

本书以零基础讲解为宗旨，用实例引导读者学习，深入浅出地介绍了 Office 2016 的相关知识和应用方法。全书分为 5 篇共 21 章，分别介绍了 Office 2016 准备工作、Word 2016 文档操作、Excel 2016 表格制作、PowerPoint 2016 演示文稿制作、Access 2016 数据库管理、Outlook 2016 收发邮件以及 Office 组件间的协同办公等内容。

本书知识点全面、案例丰富、讲解细致、实用性强，能够满足不同层次读者的学习需求。本书适用于需要学习使用 Office 的初级用户以及希望提高 Office 办公应用能力的中高级用户，也适合大中专院校的学生阅读，还可以作为各类办公人员的培训教材使用。

未经许可，不得以任何方式复制或抄袭本书之部分或全部内容。
版权所有，侵权必究。

图书在版编目（CIP）数据

Office 2016 办公应用从入门到精通 / 张应梅编著.—北京：电子工业出版社，2017.7
ISBN 978-7-121-31548-0

Ⅰ．①O… Ⅱ．①张… Ⅲ．①办公自动化－应用软件 Ⅳ．①TP317.1

中国版本图书馆 CIP 数据核字（2017）第 108272 号

策划编辑：牛　勇
责任编辑：徐津平
印　　刷：北京京科印刷有限公司
装　　订：北京京科印刷有限公司
出版发行：电子工业出版社
　　　　　北京市海淀区万寿路 173 信箱　　　　邮编：100036
开　　本：787×1092　　1/16　　印张：23.75　　字数：540 千字
版　　次：2017 年 7 月第 1 版
印　　次：2017 年 11 月第 2 次印刷
定　　价：49.00 元

凡所购买电子工业出版社图书有缺损问题，请向购买书店调换。若书店售缺，请与本社发行部联系，联系及邮购电话：（010）88254888，88258888。
质量投诉请发邮件至 zlts@phei.com.cn，盗版侵权举报请发邮件至 dbqq@phei.com.cn。
本书咨询联系方式：（010）51260888-819，faq@phei.com.cn。

前　言

　　Microsoft Office 是目前主流的办公软件，因其功能强大、操作简便以及安全稳定等特点，已经成为广大电脑用户必备的应用软件之一。Office 2016 是 Microsoft 公司继 Office 2013 后推出的新一代办公套件，其组件涵盖了办公自动化应用的绝大部分领域，包括 Word 2016、Excel 2016、PowerPoint 2016、Access 2016、Publisher 2016、Outlook 2016 以及 OneNote 2016 等，广泛应用于文档制作与排版、表格及图表制作、数据分析与处理、幻灯片制作以及数据库开发等领域。如今，熟练操作 Office 软件已经成为职场人士必备的技能。

　　由于 Office 各组件的功能十分强大，要想熟练掌握它们非一日之功，因此对于初学者来说，选择一本合适的参考书尤为重要。本书从初学者的实际需求和学习习惯出发，系统地介绍了 Office 各主要组件的使用方法和技巧，并通过大量实用案例引导读者将所学知识应用到实际工作中。本书具有知识点全面、讲解细致、图文并茂和案例丰富等特点，适合不同层次的 Office 用户学习和参考。

丛书特点

知识全面、由浅入深

　　本书以需要使用 Office 的职场办公人士为读者对象，与常规的入门类图书相比，本书知识点更加深入和细化，能够满足不同层次读者的学习需求。基础知识部分以由浅入深的方式，全面、系统地讲解软件的相关功能及使用方法，写作方式上注重以实际案例来引导学习软件功能。本书全面覆盖 Office 的主要知识点，包含大量源自实际工作的典型案例，通过细致的剖析，生动地展示各种应用技巧。本书既可作为初学者的入门指南，又可作为中、高级用户的进阶手册。

案例实用、强调实践

　　为了让读者快速掌握软件的操作方法和技巧，并能应用到具体工作中，本书列举了大量实例，在各个重要知识点后均会安排一个小型案例，既是对该知识点的巩固，同时又能达到课堂练习的目的。此外，每章安排了一个"综合实战"板块，以一个中大型案例对本章所学知识进行总结和演练。通过这些实例，读者可更加深入地理解相关的理论知识和应用技巧，从而达到灵活使用 Office 解决各种实际问题的目的。

图文并茂、讲解细致

　　为了使读者能够快速掌握各种操作，获得实用技巧，书中对涉及的知识讲解力求准确，以简练而平实的语言对操作技巧进行总结；而对于不易理解的知识，本书采用实例的形式进行讲解。在实际的讲解过程中，操作步骤均配有清晰易懂的插图和重点内容图示，使读者看得明白、操作容易、直观明了。

循序渐进、注重提高

为了使读者快速实现从入门到精通，本书对 Office 各主要组件的讲解都从最基本的操作开始，层层推进，步步深入。全书内容学习难度适中，学习梯度设置科学，读者能够很容易地掌握 Office 的精髓。此外，书中包含了众多专家多年应用 Office 的心得体会，在介绍理论知识的同时，以"技巧"、"提示"等形式穿插介绍了大量的实用性经验和技巧。同时，本书在每章安排了"高手支招"板块，将需要特别关注的技巧性操作单独列出，以帮助读者快速提高。

赠品丰富、超值实用

本书配套提供与知识点和案例同步的教学视频（支持手机扫码在线播放），方便读者结合图书进行学习。在本书专属网络平台上，还可以查看和下载书中所涉及的素材文件，并能与众多专家或读者进行交流。另外，为方便读者全面掌握电脑应用技能，本书还超值赠送丰富赠品，包括 Office 办公应用、电脑入门、操作系统安装等教学视频，以及众多精彩实用的电子书等。

本书作者

本书由多年从事办公软件研究及培训的专业人员编写，他们拥有非常丰富的实践及教育经验，并已编写和出版过多本相关书籍。参与本书编写工作的有：张应梅、孙晓南、罗亮。由于水平有限，书中疏漏和不足之处在所难免，恳请广大读者和专家不吝赐教，我们将认真听取你的宝贵意见。

读者服务

轻松注册成为博文视点社区用户（www.broadview.com.cn），扫码直达本书页面。

- **下载资源**：本书如提供示例代码及资源文件，均可在下载资源处下载。
- **提交勘误**：您对书中内容的修改意见可在提交勘误处提交，若被采纳，将获赠博文视点社区积分（在您购买电子书时，积分可用来抵扣相应金额）。
- **交流互动**：在页面下方读者评论处留下您的疑问或观点，与我们和其他读者一同学习交流。

页面入口：http://www.broadview.com.cn/31548

目　录

第1篇　准备篇

第 1 章

初识 Office 2016

》》 本章导读

    Office 2016 是现代办公常用的一套办公软件，了解并熟练地使用 Office 2016，对日常工作和学习都会有很大帮助。本章将从 Office 2016 的基础知识开始进行介绍，为后面的学习打下基础。

》》 知识要点

- ✓ 安装与卸载 Office 2016
- ✓ 自定义快速访问工具栏
- ✓ Office 2016 的帮助
- ✓ 认识程序界面
- ✓ 功能区的设置

1.1 安装 Office 2016 中文版

使用电脑办公前，需要安装一些必要的办公软件，如 Word、Excel 等。Office 2016 套装中包含了 Word 2016、Excel 2016 和 PowerPoint 2016 等常用办公组件。本节将介绍如何安装、修复安装以及卸载 Office 2016。

1.1.1 安装 Office 2016

不同版本的 Office 2016 的安装方法大体相同，通常将 Office 2016 的安装盘放入光驱后，会自动弹出安装向导，然后根据提示进行安装即可。如果电脑上已有安装文件，找到该文件并双击文件图标，在接下来弹出的安装向导对话框中根据提示进行安装即可。下面以安装 Office 2016 专业增强版为例，具体操作如下。

微课：安装 Office2016

01 运行安装程序，系统将自动解压缩文件，并弹出向导对话框，如下图所示。

02 解压完成后将开始自动安装，如下图所示。

03 耐心等待程序自动安装，完成后在对话框中单击"关闭"按钮即可，如下图所示。

1.1.2 修复安装 Office 2016

安装了 Office 2016 应用程序后，如果程序受到破坏出现错误，可以进行修复安装，具体操作如下。

微课：修复安装 Office2016

01 双击系统桌面上的"控制面板"图标，或打开"开始"菜单单击"控制面板"选项，打开"所有控制面板项"窗口，然后单击"程序和功能"链接，如右图所示。

02 打开"程序和功能"窗口，在"卸载或更改程序"列表框中选中 Office 2016 程序，然后单击"更改"按钮，如下图所示。

03 弹出向导对话框，根据需要选择修复程序的方式，本例选择"快速修复"单选按钮，然后单击"修复"按钮，如下图所示。

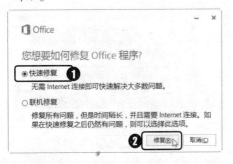

04 进入下一步骤的界面，单击"修复"按钮即可开始修复操作，如下图所示。

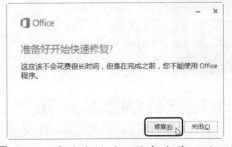

05 此时程序将自动进行修复安装，耐心等待即可，如下图所示。

06 修复完成后，在对话框中单击"关闭"按钮即可，如下图所示。

1.1.3　卸载 Office 2016

当不需要 Office 2016 程序时，可以将其轻松卸载。可以通过"程序和功能"窗口卸载 Office 2016，具体操作如下。

微课：卸载 Office2016

01 双击系统桌面上的"控制面板"图标，或在"开始"菜单中单击"控制面板"选项，打开"所有控制面板项"窗口，然后单击"程序和功能"链接，如右图所示。

02 打开"程序和功能"窗口，在"卸载或更改程序"列表框中选中 Office 2016 程序，然后单击"卸载"按钮，如下图所示。

03 弹出向导对话框，单击"卸载"按钮，如下图所示。

04 此时程序将自动进行卸载，耐心等待即可，如下图所示。

05 卸载完成后，在对话框中单击"关闭"按钮即可，如下图所示。

1.2 认识程序界面

Microsoft Office 2016 的各个组件具有风格相似的用户界面。本节将以 Word 2016 为例，介绍 Office 2016 的程序界面，为之后的学习打下基础。

1.2.1 标题栏和状态栏

启动 Office 2016 的各个组件后，首先显示的是软件启动画面，接下来打开窗口，进入操作界面后，即可进行相应的编辑操作。以 Word 2016 为例，操作界面的组成部分如下图所示。

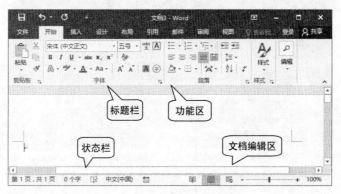

1．标题栏

在 Word 2016 中，标题栏位于窗口的最上方，从左到右依次为快速访问工具栏、正在操作的文档的名称、程序的名称、"功能区显示选项"按钮和窗口控制按钮。

- 快速访问工具栏：用于显示常用的工具按钮，默认显示的按钮有"保存" 🖫、"撤销" ↶、"恢复" ↷ 和"自定义快速访问工具栏" ▾ 4 个按钮，单击这些按钮可执行相应的操作。
- "功能区显示选项"按钮 🗗：单击该按钮，打开的下拉菜单中可以设置功能区的显示模式。
- 窗口控制按钮：从左到右依次为"最小化"按钮 ▬、"最大化"按钮 ▢（"向下还原"按钮 ▢）和"关闭"按钮 ✕，单击这些按钮可针对程序窗口执行相应的操作。

2．状态栏

状态栏位于窗口底端，用于显示当前文档的页数/总页数、字数、输入语言以及输入状态等信息。状态栏的右端有两栏功能按钮，其中视图切换按钮 📖 ▤ ▥ 用于选择文档的视图方式，显示比例调节工具 ─────┃───＋ 100% 用于调整文档的显示比例。

1.2.2　功能区

在 Office 2016 中，功能区是位于标题栏下方的带状区域。以 Word 2016 为例，在功能区中设置了面向任务的多个选项卡，在每个选项卡中包含了多个有关联的任务组，在这些任务组中集成了各种相关的操作命令，如下图所示。

默认情况下，功能区中包含了 "开始"、"插入"等常规选项卡，单击某个选项卡，可将它展开。此外，功能区中还有一类选项卡，要在选中图片、艺术字、文本框、表格、图表等对象，针对其进行操作时，才会显示出来。例如，在 Word 文档中选中表格后，功能区中会显示"表格工具/设计"和"表格工具/布局"两个选项卡，如下图所示。

> 💬 **提示**
> 选项卡任务组的右下角有一个小图标 🗗，可以将其称为功能扩展按钮，将光标指向该按钮时，可预览对应的对话框或窗格，单击该按钮，即可打开对应的对话框或窗格。

1.2.3 "文件"选项卡

在 Office 2016 中,"文件"选项卡是一个特殊的选项卡。在功能区中单击"文件"选项卡,将切换到一个类似于多级菜单的分级结构界面中。

以 Word 2016 为例,"文件"选项卡左侧的区域为命令选项区域,其中列出了与文档有关的操作命令选项。在左侧区域选择了某个命令选项后,在中间的区域可能显示出相关的命令按钮。在中间区域选择了某个命令选项后,在右侧的区域可能显示出对应的下级命令按钮、操作选项或有关信息,如下图所示。

1.3 自定义快速访问工具栏

在编辑文档的过程中,为了提高文档编辑效率,可以将常用的一些操作按钮添加到快速访问工具栏中。本节将介绍如何在快速访问工具栏中添加和删除命令按钮。

1.3.1 增删命令按钮

以 Word 2016 为例,要在快速访问工具栏中添加或删除命令按钮,方法有多种,下面将分别进行介绍。

1. 通过下拉菜单增删命令按钮

通过下拉菜单可以快速添加命令按钮,或删除自定义的命令按钮,方法如下。

微课:通过下拉菜单增删
命令按钮

- 添加命令按钮:单击"自定义快速访问工具栏"下拉按钮,在打开的下拉菜单中提供了常用的工具按钮,单击需要频繁使用的工具按钮,即可将其添加到快速访问工具栏中,如下图(左边)所示。

- 删除命令按钮：单击"自定义快速访问工具栏"下拉按钮，在打开的下拉菜单中，已添加到快速访问工具栏中的命令按钮前会显示出"√"标记，单击要删除的命令按钮，取消其标记，即可删除，如下图（右边）所示。

2. 通过快捷菜单增删命令按钮

通过快捷菜单可以快速添加命令按钮，或删除自定义的命令按钮，方法如下。

微课：通过快捷菜单增删
命令按钮

- 添加命令按钮：在功能区中切换到相应的选项卡，使用鼠标右键单击需要添加到快速访问工具栏中的命令按钮，在弹出的快捷菜单中单击"添加到快速访问工具栏"命令即可，如下图（左边）所示。

- 删除命令按钮：在"快速访问工具栏"中，使用鼠标右键单击要删除的命令按钮，在弹出的快捷菜单中单击"从快速访问工具栏删除"命令即可，如下图（右边）所示。

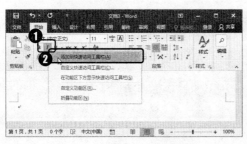

1.3.2 批量增删命令按钮

微课：批量增删命令按钮

如果需要一次性向快速访问工具栏中添加或删除多个命令按钮，可以切换到"文件"选项卡，单击"选项"命令，打开"选项"对话框，在其中的"自定义快速访问工具栏"选项卡中实现，方法如下。

- 添加命令按钮：在左侧的"从下列位置选择命令"下拉列表中选择"不在功能区中的命令"选项，然后在下方对应的列表框中，选中要添加的命令按钮，单击两个列表框中间的"添加"按钮，即可添加命令按钮到右侧的"自定义快速访问工具栏"列表框中，设置完要添加的多个命令按钮后，单击"确定"按钮即可保存设置，如下图所示。

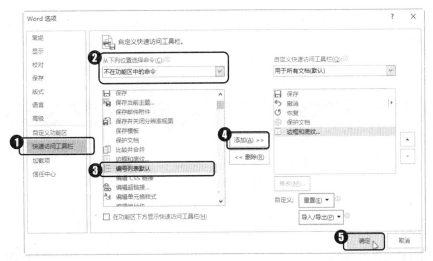

- 删除命令按钮：在右侧的"自定义快速访问工具栏"列表框中，选中要删除的命令按钮，然后单击左右两个列表框中间的"删除"按钮，即可将命令按钮从快速访问工具栏中删除，设置完要删除的多个命令按钮后，单击"确定"按钮即可保存设置。

1.4 功能区的设置

在编辑文档的过程中，为了方便编辑操作、提高工作效率，可以对功能区进行一些个性化的设置。本节将介绍如何设置功能区。

1.4.1 隐藏或显示功能区

在 Office 2016 中，为了获得更大的文档编辑空间，可以根据需要设置为隐藏功能区。以 Word 2016 为例，隐藏或显示功能区的方法主要有以下几种。

- 在功能区任意空白处，单击鼠标右键，在弹出的快捷菜单中，单击"折叠功能区"命令，即可隐藏功能区只显示选项卡名称；隐藏后，使用鼠标右键单击选项卡，在弹出的快捷菜单中，单击"折叠功能区"命令，即可重新显示出整个功能区，如下图所示。

微课：隐藏或显示功能区

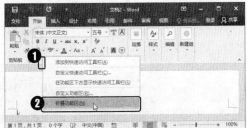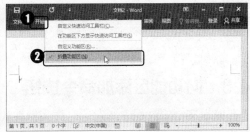

- 在标题栏中单击"功能区显示选项"按钮，在打开的下拉菜单中，根据需要选择一种功能区的显示模式即可。其中，单击"自动隐藏功能区"命令将隐藏整个功能区，并自动

最大化程序窗口；单击"显示选项卡"命令将只显示选项卡名称；单击"显示选项卡和命令"命令将显示整个功能区，如下图（左边）所示。

- 在功能区中，双击除"文件"选项卡之外的任意选项卡，即可只显示选项卡名称；隐藏后，再次双击除"文件"选项卡之外的任意选项卡，即可显示整个功能区，如下图（右边）所示。

1.4.2 设置功能区提示

在 Office 2016 中，为了便于用户了解功能区中各个命令按钮的功能，为用户提供了屏幕提示功能。将光标放置在功能区某个按钮上时，系统将显示出一个提示框，其中包含了该按钮相关的操作信息，如按钮名称、快捷键、功能介绍等。

微课：设置功能区提示

如果需要设置不显示提示框，或对提示内容进行一些限定，可以通过"选项"对话框来设置。以 Word 2016 为例，设置功能区提示的具体操作如下。

01 切换到"文件"选项卡，单击"选项"命令，如下图所示。

02 弹出"Word 选项"对话框，在"常规"选项卡的"用户界面选项"栏中，打开"屏幕提示样式"下拉列表，在其中根据需要单击相应的选项，然后单击"确定"按钮保存设置即可，如下图所示。

1.4.3 向功能区添加命令按钮

在编辑文档的过程中，为了提高文档编辑速度，可以将常用的一些操作按钮添加到功能区中。

微课：向功能区添加命令按钮

以 Word 2016 为例，要在功能区中添加或删除命令按钮，可以切换到"文件"选项卡，单击"选项"命令，打开"Word 选项"对话框，在"自定义功能区"选项卡中进行设置。

- 添加命令按钮：在右侧的"自定义功能区"列表框中，选中要添加命令按钮的选项卡任务组，然后在左侧的"从下列位置选择命令"列表框中选中要添加的命令按钮，单击两个列表框中间的"添加"按钮，即可添加命令按钮到所选的选项卡任务组，设置完要添加的多个命令按钮后，单击"确定"按钮即可保存设置，如下图所示。

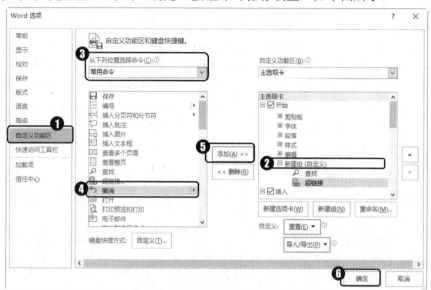

😊 提示

　　不能在默认的任务组中添加命令按钮，因此，要在功能区添加命令按钮，需要先创建自定义的选项卡或选项卡组，方法为：在"自定义功能区"列表框中选中某个主选项卡作为目标位置，单击列表框下方的"新建选项卡"按钮，即可在所选选项卡后新建一个自定义选项卡，其中默认包含一个自定义任务组；选中某个主选项卡中的任务组后，单击"新建组"按钮，即可在该任务组后新建一个自定义任务组。

- 删除命令按钮：在右侧的"自定义功能区"列表框中，选中要删除的命令按钮，然后单击左右两个列表框中间的"删除"按钮，即可将命令按钮从目标选项卡任务组中删除，设置完要删除的多个命令按钮后，单击"确定"按钮即可保存设置。

🔧 注意

　　不能删除功能区中默认的任务组和默认的命令按钮，只能删除自定义添加到功能区中的命令按钮，但是可以在"自定义功能区"列表框中取消勾选选项卡前的复选框，隐藏选项卡。

　　在功能区中添加或删除命令按钮后，返回主界面，在相应的选项卡任务组中，即可看到设置的命令按钮，如下图所示。

1.5 Office 2016 的帮助

对于不熟悉 Office 2016 的用户，可以通过 Office 2016 新增的"告诉我你想要做什么"搜索框，快速找到需要的功能，并联机获取相关的帮助信息。本节将介绍如何利用"告诉我你想要做什么"搜索框获得联机帮助。

微课：Office2016 的帮助

在 Office 2016 中，以 Word 2016 为例，在功能区选项卡的右侧，提供了一个"告诉我你想要做什么"搜索框，在该搜索框中输入需要获得帮助的关键词，在打开的下拉菜单中将显示 Word 中与所搜关键词相关的功能，根据需要选择相应命令即可；如果需要联机获取与所搜关键词相关的详细帮助信息，可以单击"获取有关 xxx 的帮助"命令，打开"帮助"窗口在其中进行查看，如下图所示。

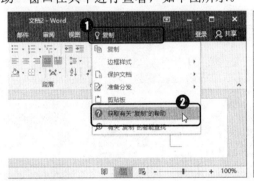
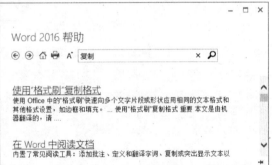

1.6 高手支招

本章主要介绍了 Office 2016 程序界面，设置快速访问工具栏和功能区的方法，以及如何利用 Office 2016 的帮助功能。本节将对一些相关知识中延伸出的技巧和难点进行讲解。

1.6.1 更改 Office 2016 操作界面的颜色

问题描述：不喜欢当前的 Office 2016 操作界面的颜色，可以将操作界面更改成其他颜色吗？

解决方法：可以。Office 2016 提供了 3 种风格的操作界面颜色，分别是彩色、深灰色和白色，用户可以根据个人喜好进行更改。

启动 Office 2016 的某个组件程序，如 Excel 2016，切换到"文件"选项卡，单击"选项"命令，打开"Excel 选项"对话框，在"常规"选项卡的"对 Microsoft Office 进行个性化设置"栏中，打开"Office 主题"下拉列表，在其中根据需要选择一种操作界面配色方案，然后单击"确定"按钮保存设置即可。返回 Excel 操作界面，可以看到设置后的效果，如下图所示。

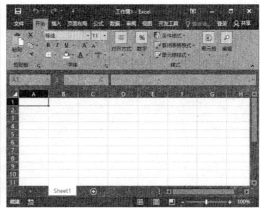

1.6.2 重命名自定义选项卡和任务组

问题描述：在功能区中新建了自定义的选项卡和任务组后，可以将它们设置成需要的名称吗？

解决方法：可以。以 Excel 2016 为例，切换到"文件"选项卡，单击"选项"命令，打开"Excel 选项"对话框，在"自定义功能区"选项卡右侧的"自定义功能区"列表框中，选中要重命名的自定义选项卡或任务组，然后单击列表框下方的"重命名"按钮，此时将弹出"重命名"对话框，在"显示名称"文本框中输入需要的名称，单击"确定"按钮返回"Excel 选项"对话框，然后单击"确定"按钮保存设置即可，如下图所示。

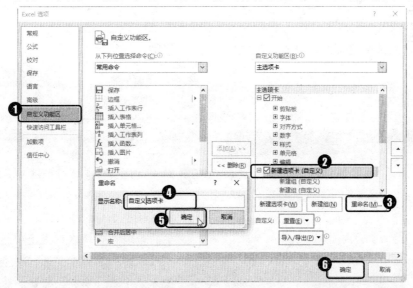

1.6.3 改变快速访问工具栏的位置

问题描述：快速访问工具栏的位置用起来不方便，可以将它移动到其他位置吗？

解决方法：可以。在 Office 2016 中，可以选择在功能区上方或下方显示快速访问工具栏。以 Excel 2016 为例，单击"自定义快速访问工具栏"下拉按钮，在打开的下拉菜单中单击"在功能区下方显示"命令或"在功能区上方显示"命令，即可更改其位置，如下图所示。

1.7 综合案例——设置合适的操作环境

结合本章所讲的知识要点，本节将以在 Excel 2016 中进行设置为例，讲解如何设置一个个性化的，方便自己使用的 Office 操作环境。

01 单击"自定义快速访问工具栏"下拉按钮，在打开的下拉菜单中单击"在功能区下方显示"命令，更改其位置，如下图所示。

02 再次单击"自定义快速访问工具栏"下拉按钮，在打开的下拉菜单中单击"其

他命令"命令，如下图所示。

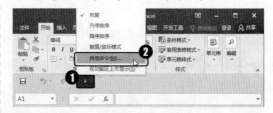

03 弹出"Excel 选项"对话框，在"自定义快速访问工具栏"选项卡左侧的"从下列位置选择命令"下拉列表中选择需要的命令按钮所在位置选项，然后在下方对应的列表框中，选中要添加的命令按钮，单击"添加"按钮，将其添加到右侧的"自定义快速访问工具栏"列表框中，根据需要设置要添加的多个命令按钮，如下图所示。

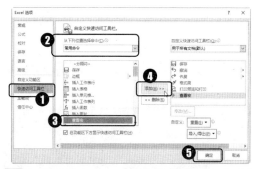

04 切换到"自定义功能区"选项卡，在"自定义功能区"列表框中选中"开始"选项卡作为目标位置，单击列表框下方的"新建选项卡"按钮，在"开始"选项卡后新建一个自定义选项卡，其中默认包含一个自定义任务组，如下图所示。

05 在"自定义功能区"列表框中，选中新建的自定义选项卡，单击列表框下方的"重命名"按钮，然后在弹出的"重命名"对话框设置需要的名称，设置完成后单击"确定"按钮，如下图所示。

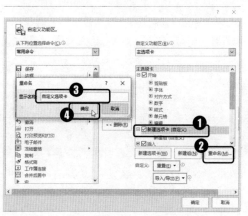

06 返回"Excel 选项"对话框，在"自定义功能区"列表框中，选中新建的自定义选项卡中的自定义任务组，单击列表框下方的"重命名"按钮，然后在弹出的"重命名"对话框设置需要的名称，设置完成后单击"确定"按钮，如下图所示。

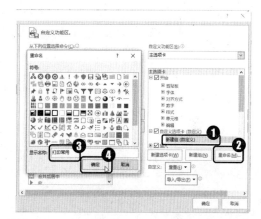

07 返回"Excel 选项"对话框，在左侧的"从下列位置选择命令"下拉列表中选中要添加的命令按钮所在的位置，如单击"工具选项卡"选项，如下图所示。

☺ **提示**

在右侧的"自定义功能区"列表框中选中要调整位置顺序的命令按钮，按下鼠标左键不放，拖动到目标位置后释放鼠标左键，即可移动其所在位置。

08 此时，在下方对应显示的列表框中可以
看到工具选项卡中的命令按钮。在右侧
的"自定义功能区"列表框中选中要添
加命令按钮的选项卡任务组，然后在左
侧的"从下列位置选择命令"列表框中
选中要添加的命令按钮，单击"添加"
按钮，即可添加命令按钮到所选的选项
卡任务组，设置完要添加的多个命令按
钮后，单击"确定"按钮即可保存设置，
如下图所示。

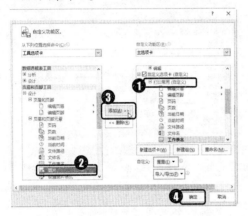

09 再返回 Excel 操作界面，可以看到设置
后的效果，如下图所示。

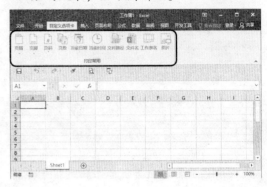

😊 **提示**

在"Excel"选项对话框的"自定义功能区"
选项卡或"自定义快速访问工具栏"选项卡中，单
击"重置"下拉按钮，在打开的下拉菜单中单击"重
置所有自定义项"命令，然后在弹出的提示对话框
中单击"是"按钮，即可将功能区和快速访问工具
栏快速恢复为默认设置。

第 2 章

文档的基本操作

》》 **本章导读**

    Office 2016 包含众多的应用程序组件，但各个应用程序的基本操作方法大体一致。本章主要以 Word 2016 为例，介绍在 Office 2016 中文档的基本操作，如启动和退出、设置环境，新建、打开和保存文档等。

》》 **知识要点**

- ✓ 启动和退出 Office 2016
- ✓ 保存文档
- ✓ 新建和打开文档

2.1 启动和退出 Office 2016

在学习使用 Office 2016 编辑文档前，需要先了解如何启动与退出程序。Office 的各个组件，如 Excel、Word、PowerPoint 等，启动与退出的方法基本相同。本节主要以 Word 2016 为例，介绍如何启动与退出 Office 2016。

2.1.1 利用"开始"菜单启动

在安装了 Office 2016 后，可以通过"开始"菜单的所有应用列表启动 Office 2016 的各个组件程序，具体操作如下。

微课：利用"开始"菜单启动（退出 Office 应用程序）

01 单击系统桌面左下角的"开始"按钮，打开"开始"菜单，在其中单击"所有应用"命令，如下图所示。

02 在打开的所有应用列表中找到需要启动的 Office 2016 组件程序，如 Word 2016，单击即可，如下图所示。

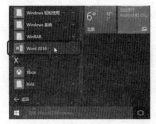

2.1.2 创建桌面快捷方式启动

在安装了 Office 2016 后，还可以在系统桌面上为 Office 2016 的各个组件程序创建快捷方式图标，然后通过双击桌面上的图标启动程序，具体操作如下。

微课：创建桌面快捷方式启动

01 单击系统桌面左下角的"开始"按钮，打开"开始"菜单，在其中单击"所有应用"命令，如下图所示。

02 在打开的所有应用列表中找到需要创建桌面快捷方式的 Office 2016 组件程序，本例为 Word 2016，使用鼠标右键单击，在弹出的快捷菜单中单击"打开文件所在的位置"命令，如下图所示。

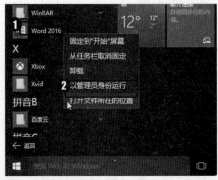

03 弹出文件夹窗口，在其中使用鼠标右键单击 Word 2016 图标，在弹出的快捷菜单中单击"创建快捷方式"命令，如下图所示。

05 返回系统桌面，即可看到创建的 Word 2016 桌面快捷方式图标，双击该图标，即可启动 Word 2016，如下图所示。

04 弹出提示对话框，单击"是"按钮，如下图所示。

2.1.3 退出 Office 应用程序

当不再使用 Office 2016 的某个组件时，可以退出该应用程序，以减少对系统内存的占用。与启动 Office 2016 一样，退出 Office 2016 各个组件的方法也大致相同。下面以 Word 2016 为例，讲解程序的退出方法。

- 单击程序窗口右上角的"关闭"按钮 ✕，即可关闭当前打开的文档，依次关闭所有打开的文档后，即可退出程序。

> 🔧 **注意**
> 对于编辑后未保存的文档，关闭时将弹出提示对话框，询问是否保存，根据需要单击相应的按钮即可。

- 在标题栏空白处单击鼠标右键，在弹出的快捷菜单中单击"关闭"命令，即可关闭当前打开的文档，关闭所有打开的文档后，便可退出 Word 2016 程序，如下图（左边）所示。

- 在 Word 窗口中切换到"文件"选项卡，然后单击左侧窗格中的"关闭"命令，也可以关闭当前打开的文档，关闭所有打开的文档后，即可退出 Word 2016 程序，如下图（右边）所示。

> 😊 **提示**
> 在系统任务栏中使用鼠标右键单击要关闭的 Office 2016 应用程序图标，在弹出的快捷菜单中，单击"关闭所有窗口"命令，即可一次性关闭所有打开的文档并退出该应用程序。

2.2 新建和打开文档

在 Office 2016 的各个组件中，如 Excel、Word、PowerPoint 等，新建和打开文档的方法基本相同。本节主要以 Word 2016 为例，介绍如何新建和打开 Office 文档。

2.2.1 在 Office 中新建空白文档

以 Word 2016 为例，启动程序后，在打开的 Word 窗口中将显示最近使用的文档和程序自带的模板缩略图预览，此时按下"Enter"键或"Esc"键，或者直接单击"空白文档"选项即可进入空白文档界面，新建一个空白的 Word 文档，如下图（左边）所示。

微课：在 Office 中新建空白文档

除此之外，还可通过"新建"命令新建空白文档，方法为：在 Word 窗口中切换到"文件"选项卡，在左侧窗格中单击"新建"命令，在右侧对应的界面中单击"空白文档"选项即可，如下图（右边）所示。

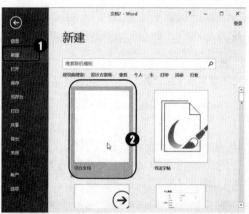

2.2.2 在桌面或文件夹中新建空白文档

在系统桌面或文件夹中，通过快捷菜单中的"新建"子菜单，也可以快速创建空白的 Office 文档。方法为：在桌面或文件夹中的空白处单击鼠标右键，在弹出的快捷菜单中展开"新建"子菜单，在其中选择需要创建的文档类型，单击鼠标左键即可新建一个相应的空白文档，如右图所示。

微课：在桌面或文件夹中
新建空白文档

2.2.3　根据模板新建文档

在 Office 2016 的各个组件程序中，为用户提供了多种类型的模板，利用这些模板，用户可以快速创建各种专业的文档。以 Word 2016 为例，根据模板创建文档的具体操作如下。

微课：根据模板新建文档

01 启动 Word 2016，在打开的窗口的右侧可以看到程序自带的模板缩略图预览，如果没有需要的模板，可以在搜索框中输入关键词，然后按下"Enter"键或单击"开始搜索"按钮进行联机搜索，如下图所示。

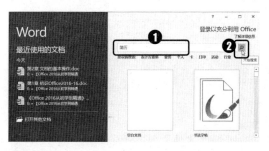

02 在搜索结果中，单击需要的模板选项，如下图所示。

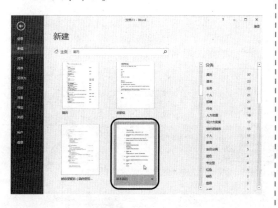

03 在弹出的对话框中将显示该模板的相关介绍信息，若符合需要，单击"创建"按钮，如下图所示。

04 此时，Word 会自动根据模板新建一个文档，如下图所示。

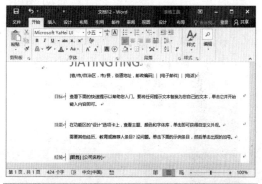

☺ **提示**

在打开的文档中，切换到"文件"选项卡，单击"新建"命令，在右侧对应的"新建"界面中，也可以按照上述方法根据模板创建新文档。

2.2.4　打开文档

若要对电脑中已有的文档进行编辑，首先需要将其打开。通常情况下，直接打开文档即可，但有时也需要以副本或"只读"等方式打开文档。下面将分别进行讲解。

微课：打开（关闭）文档

1. 直接打开文档

要直接打开电脑中已有的 Office 文档，方法有多种，以 Word 2016 为例，主要有以下几种方法。

- 双击文档打开：在电脑中进入该文档的存放路径，然后双击文档图标即可将其打开。
- 通过"最近使用的文档"列表打开：启动 Word 2016，在打开的窗口的左侧可以看到"最近使用的文档"列表，在其中单击要打开的文档即可将其直接打开如下图（左边）所示；此外，当前文档中切换到"文件"选项卡，单击"打开"命令，在对应的"打开"界面中，默认在中间的区域中选择了"最近"选项，在右侧对应显示出了"最近使用的文档"列表，在其中单击要打开的文档即可，如下图（右边）所示。

- 通过"打开"对话框打开：启动 Word 2016，在打开的窗口的左侧单击"打开其他文档"链接，或者在已经打开的 Word 文档中切换到"文件"选项卡，单击"打开"命令，都将显示出对应的"打开"界面。此时，在中间的区域中单击"浏览"选项，将弹出"打开"对话框，根据文档保存位置找到并选中要打开的文档，然后单击"打开"按钮即可将其打开，如下图所示。

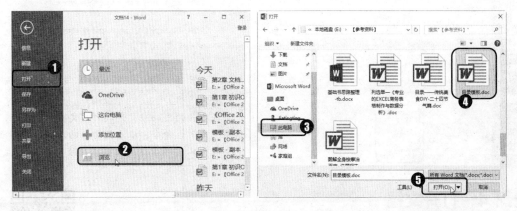

2. 以其他方式打开文档

在 Office 2016 中，通过"打开"对话框打开文档时，还可以根据需要选择其他的打开方式，如以副本方式打开、以"只读"方式打开等。方法为：在"打开"对话框中选中要打开的文档，单击"打开"按钮右侧的下拉按钮，在打开的下拉菜单中选择需要的打开方式即可。

选择以副本方式打开文档时，Office 将在该文件所在的文件夹中自动创建一个副本文件，根据原文件的名称为其命名，并将其打开，如下图所示。

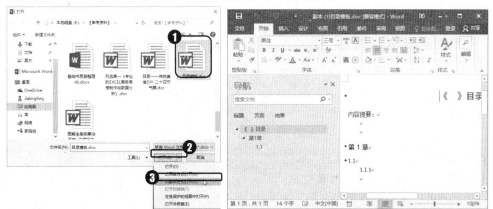

选择以"只读"方式打开文档时，在打开的文档中，用户无法进行编辑操作，如下图所示。

2.3 保存文档

对文档进行相应的编辑后，需要将其保存到电脑中，以便以后查看和使用。如果不保存，编辑的文档内容就会丢失。在 Office 的各个组件中，如 Excel、Word、PowerPoint 等，保存文档的方法基本相同。本节主要以 Word 2016 为例，介绍如何保存文档，以及一些相关设置的方法。

2.3.1 使用"另存为"对话框

在 Office 2016 中，编辑文档后单击"保存"按钮█或者按下"Ctrl+S"组合键，即可快速保存文档。

但是在新建文档第一次进行保存时，以及将文档另存时，需要通过"另存为"对话框来实现操作。以在 Word 2016 中第一次保存新建的文档为例，具体操作如下。

微课：使用"另存为"对话框

01 在新建的 Word 文档中，单击"保存"按钮 🔲，如下图所示。

02 此时程序将自动切换到"文件"选项卡，并选中"另存为"选项，打开对应"另存为"界面，在其中单击"浏览"选项，如下图所示。

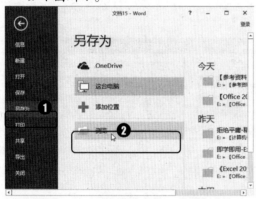

03 弹出"另存为"对话框，选择文档的保存位置，设置文件名称和保存类型，然后单击"保存"按钮即可，如下图所示。

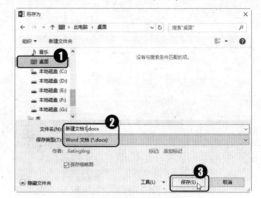

04 进入所设置的保存文档位置，可以看到保存的文档文件，如下图所示。

> 😊 **提示**
> 要将文档另存为副本时，可以切换到"文件"选项卡，单击"另存为"选项，打开对应"另存为"界面，然后按照上述方法将文档另存为副本。

2.3.2 设置文档自动保存时间间隔和路径

Word 2016、Excel 2016 和 PowerPoint 2016 都有文档自动恢复功能，通过该功能可以自动定时保存当前打开的文档，以便在程序意外崩溃或者突然断电等情况发生后，使用自动保存的文档来恢复没来得及保存的文档，避免丢失编辑进度，造成重大损失。

微课：设置文档自动保存时间间隔和路径

在 Office 2016 中，用户可以对文档自动恢复功能进行设置，例如设置启用或禁用该功能、设置文档的自动保存时间间隔、设置自动恢复文件的保存位置等。以 Word 2016 为例，具体操作如下。

01 切换到"文件"选项卡，单击"选项"命令，如下图所示。

02 打开"Word 选项"对话框，切换到"保存"选项卡，在"保存文档"栏中，勾选"保存自动恢复信息时间间隔"复选框，即可启用文档自动恢复功能；取消勾选该复选框，则可禁用该功能，如下图所示。

03 默认情况下，文档自动恢复功能为启用状态，在"保存自动恢复信息时间间隔"微调框中可以根据需要设置自动保存时间间隔；要更改自动恢复文件的保存位置，可以单击"自动恢复文件位置"文本框后的"浏览"按钮，如下图所示。

04 弹出"修改位置"对话框，进入需要的文件保存路径，然后单击"确定"按钮，如下图所示。

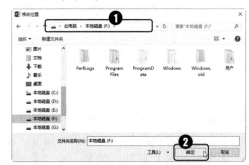

05 返回"Word 选项"对话框，即可看到设置后的效果；完成所有设置后，单击"确定"按钮保存设置即可，如下图所示。

2.3.3 设置默认的文档保存格式和路径

在 Office 2016 中，默认情况下，将使用默认的文档格式和路径来保存文档。例如 Word 2016 的默认保存格式为"Word 文档（*.docx）"，默认保存路径为"C:\Users*（账户名）\Documents\"。

微课：设置默认的文档保存格式和路径

用户可以根据需要更改默认的文档保存格式和路径，以 Word 2016 为例，具体操作如下。

01 切换到"文件"选项卡，单击"选项"命令，如下图所示。

02 打开"Word 选项"对话框，切换到"保存"选项卡，在"保存文档"栏中，打开"将文档保存为此格式"下拉列表，在其中可以选择文档的默认保存格式，如下图所示。

03 勾选"默认情况下保存到计算机"复选框，可以启用默认的文档保存位置；要更改默认的文档保存位置，可以在"默认本地文件位置"文本框中直接输入路径进行更改，或单击文本框后的"浏览"按钮，如下图所示。

04 弹出"修改位置"对话框，进入需要的文件保存路径，然后单击"确定"按钮，如下图所示。

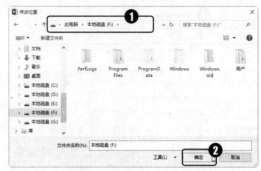

05 返回"Word 选项"对话框，即可看到设置后的效果；完成所有设置后，单击"确定"按钮保存设置，如下图所示。

2.4 高手支招

本章主要介绍了在 Office 2016 中文档的基本操作，如启动和退出、设置环境、新建、打开和保存文档等。本节将对一些相关知识中延伸出的技巧和难点进行讲解。

2.4.1 添加程序启动图标到任务栏和"开始"屏幕

　　问题描述：可以将 Office 2016 的程序启动图标，添加到任务栏和"开始"屏幕吗？

　　解决方法：可以。为了便于启动 Office 2016 的组件程序，用户可以将 Office 2016 的程序启动图标添加到任务栏和"开始"屏幕。

　　单击系统桌面左下角的"开始"按钮，打开"开始"菜单，在其中单击"所有应用"命令，在打开的所有应用列表中找到需要添加启动图标的 Office 2016 组件程序，本例为 Word 2016，在 Word 2016 图标单击鼠标右键，在弹出的快捷菜单中单击"固定到任务栏"

命令或"固定到'开始'屏幕"命令，即可添加程序启动图标到任务栏或"开始"屏幕。添加后，在任务栏或"开始"屏幕中，单击相应的图标即可启动程序，如下图所示。

2.4.2 将常用文档固定在最近使用的文档列表中

问题描述：可以将常用的文档固定在最近使用的文档列表中吗？

解决方法：可以。在 Office 2016 中，默认情况下，最近使用的文档列表中只显示了 25 个最近使用过的文档，为了方便打开常用的文档，可以将其固定到最近使用的文档列表中。

以 Word 2016 为例，切换到"文件"选项卡，单击"打开"命令，在"打开"界面中选择"最近"选项，在右侧的最近使用的文档列表中，单击要固定的文档右侧的"将此项目固定到列表"图标📌即可，设置后，该图标变为📌形状。如果要取消固定，则单击文档右侧的"在列表中取消对此项目的固定"图标📌即可，如下图所示。

2.4.3 将文档保存为模板

问题描述：可以在编辑好文档之后，将其保存为模板，便于日后根据模板快速创建文档吗？

解决方法：可以。Word 2016、Excel 2016 和 PowerPoint 2016 等 Office 2016 组件程序，都有将文档保存为模板的功能。

以 Word 2016 为例，编辑好要作为模板的文档后，切换到"文件"选项卡，单击"另存为"命令，在对应的"另存为"界面中单击"浏览"选项，打开"另存为"对话框，设置文件名称，然后打开"保存类型"下拉列表，在其中根据需要选择一种后缀名带"模板"字样的文档格式，此时程序将自动根据默认设置，设置保存路径为 Office 2016 自定义模板，单击"保存"按钮即可，如下图所示。

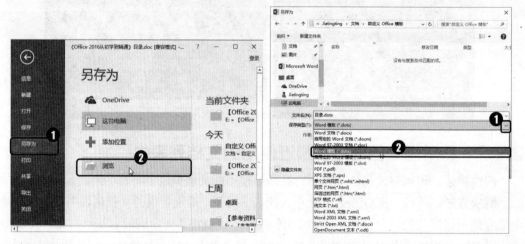

😊 **提示**

将文档保存为模板后，启动程序或切换到"文件"选项卡，打开"新建"界面，在其中单击"个人"选项，即可在对应显示的"个人"模板列表中选择自定义模板创建文档。

2.5 综合案例——新建文档并保存

结合本章所讲的知识要点，本节将以在 Excel 2016 中进行设置为例，讲解如何联机搜索模板，根据模板创建文档，并将其保存。

01 启动 Excel 2016，在打开的窗口的右侧可以看到程序自带的模板缩略图预览，如果没有需要的模板，可以在搜索框中输入关键词，然后按下"Enter"键或单击"开始搜索"按钮进行联机搜索，如下图所示。

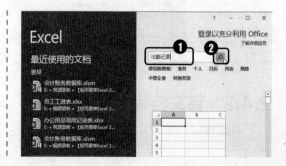

02 在搜索结果中，单击需要的模板选项，如下图所示。

03 在弹出的对话框中将显示该模板的相关介绍信息，若符合需要，单击"创建"按钮，如下图所示。

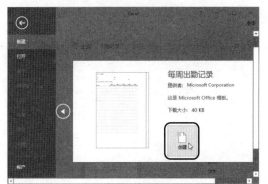

04 此时，Excel 会自动根据模板新建一个文档，在创建的文档中，单击"保存"按钮 🖫，如下图所示。

05 此时程序将自动切换到"文件"选项卡，并选中"另存为"选项，打开对应"另存为"界面，在其中单击"浏览"选项，如下图所示。

06 弹出"另存为"对话框，选择文档的保存位置，设置文件名称和保存类型，然后单击"保存"按钮即可，如下图所示。

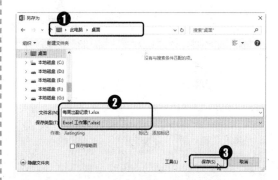

07 进入所设置的保存文档位置，可以看到保存的文档文件，如下图所示。

第 2 篇　Word 篇

第 3 章

文本的输入和编辑

》》**本章导读**

　　Word 是一款功能强大的文字处理和排版工具，文本的输入和编辑操作是最基本的技能。本章将详细介绍文本输入、选择、删除、复制与移动、查找与替换以及撤销与恢复等知识，为以后的学习打下坚实的基础。

》》**知识要点**

- ✓ 输入与修改文本
- ✓ 选择文本
- ✓ 移动和复制文本
- ✓ 查找和替换
- ✓ 撤销与恢复操作

3.1 输入与修改文本

掌握了文档的基本操作后，就可以在其中输入文档内容了，如输入文本内容、在文档中插入符号等。本节主要介绍定位光标、输入文本、删除文本、输入特殊符号等操作的方法。

3.1.1 定位光标

启动 Word 后，在编辑区中不停闪烁的光标"│"便为光标插入点，光标插入点所在位置便是输入文本的位置。在文档中输入文本前，需要先定位好光标插入点，其方法有以下几种。

微课：定位光标

1. 通过鼠标定位

- 在空白文档中定位光标插入点：在空白文档中，光标插入点就在文档的开始处，此时可直接输入文本，如下图（左边）所示。
- 在已有文本的文档中定位光标插入点：若文档已有部分文本，当需要在某一具体位置输入文本时，可将鼠标指针指向该处，当鼠标光标呈"Ι"形状时，单击鼠标左键即可，如下（右边）图所示。

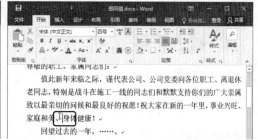

2. 通过键盘定位

- 按下光标移动键（↑、↓、→或←），光标插入点将向相应的方向移动。
- 按下"End"键，光标插入点向右移动至当前行行末；按下"Home"键，光标插入点向左移动至当前行行首。
- 按下"Ctrl+Home"组合键，光标插入点可移至文档开头；按下"Ctrl+End"组合键，光标插入点可移至文档末尾。
- 按下"Page Up"键，光标插入点向上移动一页；按下"Page Down"键，光标插入点向下移动一页。

3.1.2 输入文本

定位好光标插入点后，切换到自己惯用的输入法，然后输入相应的文本内容即可。在输入文本的过程中，光标插入点会自动向右移动。当一行

微课：输入文本

的文本输入完成后，插入点会自动转到下一行。

在没有输满一行文字的情况下，若需要开始新的段落，可按下"Enter"键进行换行，同时上一段的段末会出现段落标记↵。如下图所示。

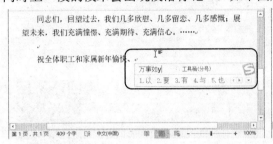
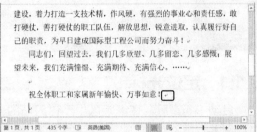

3.1.3　删除文本

在 Word 2016 中编辑文档内容时，如果不小心输入了错误或多余的内容，可以通过以下几种方法将其删除。

- 按下"BackSpace"键，可删除光标插入点前一个字符。
- 按下"Delete"键，可删除光标插入点后一个字符。
- 按下"Ctrl+BackSpace"组合键，可删除光标插入点前一个单词或短语。
- 按下"Ctrl+Delete"组合键，可删除光标插入点后一个单词或短语。

微课：删除文本

3.1.4　输入符号

在文档中输入文本时，经常遇到需要插入符号的情况。在 Word 2016 中不仅可以插入"@""#"、"&"等键盘上存在的普通符号，还可以插入"★"、"○"等特殊符号。

微课：输入符号

1．输入普通符号

在 Word 2016 中编辑文档时，可以通过键盘快速输入普通符号，例如在中文输入法状态下，按下键盘上对应的键可直接输入","、"。"、";"、"【"等符号，在按住"Shift"键的同时按下键盘上对应的键可输入"《"、"》"、"？"、"："、"{"等符号。

如果想要输入其他符号，先将鼠标定位在需要插入符号的位置，然后切换到"插入"选项卡，单击"符号"组中的"符号"下拉按钮，然后在弹出的下拉菜单中单击需要的符号，即可将其插入到文档中。

2．输入特殊符号

在编辑文档过程中如果需要输入键盘上没有的一些特殊符号，如"♂"、"○"、"∑"、"⊥"等，可以通过"符号"对话框来实现。下面以输入×为例，具体操作如下。

01 打开"素材文件\第 3 章\慰问信.docx"文件。将光标定位在需要插入特殊符号的位置；然后切换到"插入"选项卡，单击"符号"组中的"符号"下拉按钮，在打开的下拉菜单中单击"其他符号"命令，如下图所示。

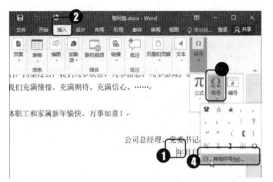

02 弹出"符号"对话框，在"符号"选项卡中打开"字体"下拉列表，选择需要的符号对应的字体，如下图所示。

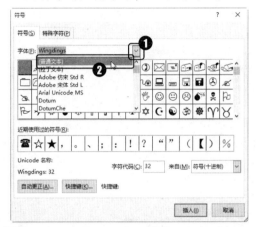

03 若不知道符号所在的子集，可以在下方的列表框中拖动垂直滚动条依次查找；若知道符号所在的子集，可以打开"子集"下拉列表选择子集，使列表框中快速显示出对应的符号，如下图所示。

04 在列表框中选中要插入到文档中的特殊符号，单击"插入"按钮即可，如下图所示。

05 在文档中可以看到，光标定位处插入了一个所选特殊符号，如下图所示。

06 在文档中将光标定位到其他需要输入特殊符号的位置；在"符号"对话框中选中要插入的符号，单击"插入"按钮继续插入，完成后单击"关闭"按钮关闭对话框即可，如下图所示。

3.1.5 【案例】输入借调合同

结合本节所讲的知识要点，下面以在 Word 文档中输入借调合同为例，讲解如何进行文本输入，具体操作如下。

微课：输入借调合同

01 打开"素材文件\第 3 章\借调合同.docx"文件。该文档为一个空白文档，光标默认定位在文档起始位置，输入标题"借调合同"，如下图所示。

02 将光标定位到标题文字之间，按下"空格"键输入空格，然后将光标定位到"同"字后，按下"Enter"键即可另起一行，如下图所示。

03 根据需要在文档中输入文本内容即可，如下图所示。

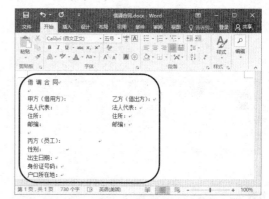

3.2 选择文本

对文本进行复制、移动或设置格式等操作时，要先将文本选中，从而确定编辑的对象。在 Word 2016 中，文档中的文字通常以白底黑字显示，被选中的文本则以浅灰底黑字显示。本节主要介绍选择文本的方法。

3.2.1 使用鼠标选择文本

在 Word 中，使用鼠标选择文本是最常用的方法，通过拖动鼠标或单击、双击等方式，可以灵活快捷地选择需要编辑的文本，具体的操作方法如下。

微课：使用鼠标选择文本

- 选择任意文本：将插入点定位到需要选择的文本起始处，然后按住鼠标左键不放并拖动，直至需要选择的文本结尾处释放鼠标左键即可选中文本，选中的文本将以浅灰色背景显示，如下图（左边）所示。
- 选择词组：双击要选择的词组，如下图（右边）所示。

- 选择一行：将鼠标指针指向某行左边的空白处，当指针呈"↗"形状时，单击鼠标左键即可选中该行全部文本，如下图（左边）所示。

    如果要选择多行文本，先将鼠标指针指向左边的空白处，当指针呈"↗"形状时，按住鼠标左键不放，并向下或向上拖动鼠标，到目标文本处释放鼠标左键即可。

- 选择一句话：按住"Ctrl"键不放，同时使用鼠标单击需要选中的一句话任意位置即可，如下图（右边）所示。

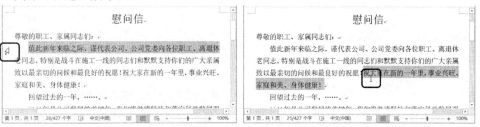

- 选择一个段落：将鼠标指针指向某段落左边的空白处，当指针呈"↗"时，双击鼠标左键即可选中当前段落，如下图（左边）所示。

    将光标插入点定位到某段落的任意位置，然后连续单击鼠标左键 3 次也可选中该段落。

- 选择分散文本：先拖动鼠标选中第一个文本区域，再按住"Ctrl"键不放，然后拖动鼠标选择其他不相邻的文本，选择完成后释放"Ctrl"键即可，如下图（右边）所示。

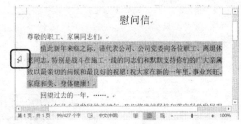

- 选择垂直文本：按住"Alt"键不放，然后按住鼠标左键拖动出一块矩形区域，选择完成后释放"Alt"键即可，如右图所示。

    若要取消文本的选择，使用鼠标单击所选对象以外的空白位置即可。

3.2.2 扩展选择文本

在长文本中，还可以开启"扩展选定模式"来选择文本，以提高效率。使用扩展选定模式选择文本的具体操作如下。

微课：扩展选择文本

01 使用鼠标右键单击状态栏，在弹出的快捷菜单中单击"选定模式"选项，使该选项前方出现"√"标记，设置后状态栏中将显示选定模式信息，便于进行之后的扩展选择文本操作，如下图所示。

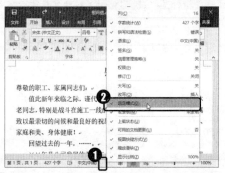

02 将光标插入点定位到需要选择的文本开始处，如"回"字前，连按两次 F8 键，其后的词组"回望"将被选中，定位为要进行扩展选择的文本起始处，此时状态栏中将显示出"扩展式选定"字样，如下图所示。

03 在需要选择的文本内容末尾处，如"心"后单击，即可选择文本，如下图所示。

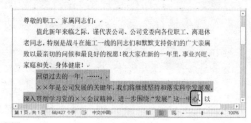

04 此时处于"扩展式选定"状态下，通过单击文档其他位置可以重新定位文本末尾处，选择好文本后，按下"Esc"键即可退出"扩展式选定"状态，如下图所示。

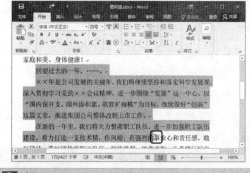

☺ **提示**

在"扩展式选定"状态下，通过按下键盘上的方向键也可以实现向上、下一行文字，或左、右一个文字的扩展选择。

3.2.3 使用键盘选择文本

在 Word 2016 中，在编辑文本时，还可以使用键盘来实现文本的选择。具体的操作方法如下。

微课：使用键盘选择文本

- 按下"Shift+↑"组合键或"Shift+↓"组合键：可选择从当前光标插入点开始，向上或向下的一个整句，如下图（左边）所示。

- 按下"Shift+Home"组合键或"Shift+End"组合键：可选择从当前光标插入点开始，到本行行首或行尾间的文字，如下图（右边）所示。

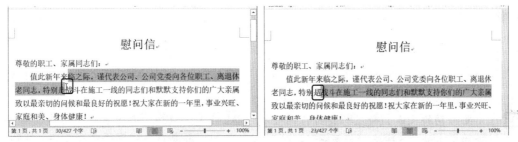

- 按下"Ctrl+Shift+↑"组合键或"Ctrl+Shift+↓"组合键：可选择从当前光标插入点开始，到段首或段尾之间的所有内容，如下图（左边）所示。
- 按下"Shift+PageUp"组合键或"Shift+PageDown"组合键：可选择从当前光标插入点开始，到文档开始或结尾之间的所有内容，如下图（右边）所示。

- 按下"Alt+Ctrl+Shift+PageUp"组合键或"Alt+Ctrl+Shift+PageDown"组合键：可选择从当前光标插入点开始，到文档窗口开始或结尾之间的所有内容，如下图（左边）所示。
- 按下"Ctrl+A"组合键：可以选择整个文档，如下图（右边）所示。

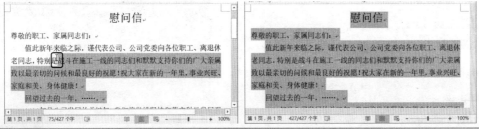

3.3 移动和复制文本

在编辑文档的过程中，经常会遇到需要重复输入部分内容，或者将某个词语或段落移动到其他位置的情况，此时通过复制或移动操作可以大大提高文档的编辑效率。本节主要介绍如何移动和复制文本，以及使用"剪贴板"窗格和"粘贴选项"标记的方法。

3.3.1 移动文本

移动文本，相当于将文档中的某段文字从一个地方放置到另一个地方，原来位置的文字被删除。要移动文本，可以通过鼠标直接拖动，或剪切后

微课：移动文本

粘贴的方法来实现。

1．鼠标拖动	2．剪切后粘贴

1．鼠标拖动

通过鼠标拖动移动文本的具体操作如下。

01 选中要移动的文本，将鼠标指针指向被选择的文本处，当鼠标指针呈形状时，按住鼠标左键不放，拖动到目标位置，如下图所示。

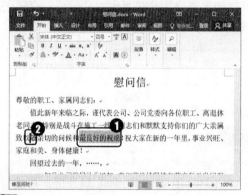

02 此时，释放鼠标左键即可，如下图所示。

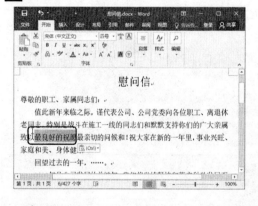

2．剪切后粘贴

通过剪切后粘贴移动文本的具体操作如下。

01 选中要移动的文本，在"开始"选项卡的"剪贴板"组中单击"剪切"按钮，剪切文本，如下图所示。

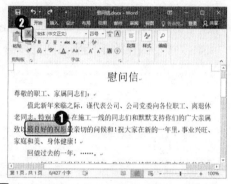

02 然后将光标定位到目标位置，单击"剪贴板"组中的"粘贴"按钮，粘贴文本即可，如下图所示。

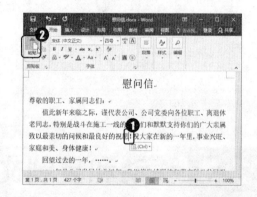

> **提示**
>
> 选中文本，按下"Ctrl+X"组合键也可以剪切文本；将光标定位到目标位置，按下"Ctrl+V"组合键也可以粘贴文本。

3.3.2 复制文本

对于文档中内容重复部分的输入，可通过复制粘贴操作来完成，从而提高文档编辑效率。复制文本的具体操作如下。

微课：复制文本

01 选中要复制的文本，在"开始"选项卡的"剪贴板"组中单击"复制"按钮，复制文本，如下图所示。

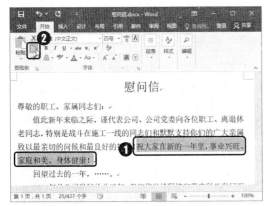

02 然后将光标定位到目标位置，单击"剪贴板"组中的"粘贴"按钮，粘贴文本即可，如下图所示。

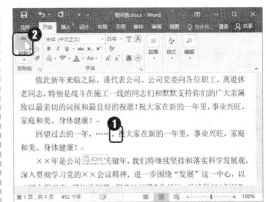

3.3.3 使用"剪贴板"窗格

Word 2016 为用户提供了"剪贴板"窗格，在其中可以一次性对多个对象进行复制和粘贴的操作，或者对同一个对象进行多次复制和粘贴的操作。使用"剪贴板"窗格的具体操作如下。

微课：使用"剪贴板"窗格

01 在"开始"选项卡的"剪贴板"组中，单击右下角的功能扩展按钮，打开"剪贴板"窗格，如下图所示。

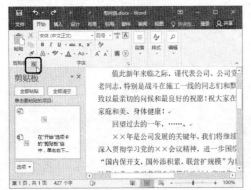

02 在文档中选择要复制或剪切的文本，单击"开始"选项卡"剪贴板"组中的"复制"或"剪切"按钮，或者通过"Ctrl+C"或"Ctrl+X"组合键复制或剪切文本。此时"剪贴板"窗格中将按照操作的先后顺序显示出复制或剪切的对象，如下图所示。

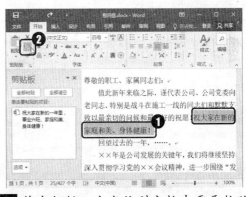

03 将光标插入点定位到文档中需要粘贴对象的位置，在"剪贴板"窗格中单击需要粘贴的对象，即可将其粘贴到指定位置，如下图所示。

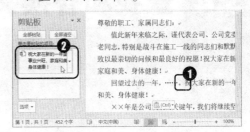

04 完成粘贴后，如果该对象不再需要使用，可在"剪贴板"窗格中单击该对象右侧的下拉按钮，在打开的下拉菜单中单击"删除"命令，将其从"剪贴板"窗格中删除，如右图所示。

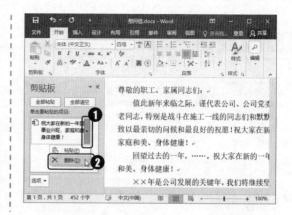

😊 提示

在"剪贴板"窗格中单击"全部清空"按钮，将清除剪贴板中的全部对象；单击"全部粘贴"按钮，会将剪贴板中的全部对象粘贴到文档中当前光标插入点所在的位置。

3.3.4　设置"粘贴选项"

在 Word 2016 中，默认情况下，进行了粘贴操作后，将在粘贴的内容后出现一个"粘贴选项"标记 。单击该标记，可在弹出的下拉菜单中选择粘贴方式。当执行其他操作时，该标记会自动消失，如下图（左边）所示。

微课：设置"粘贴选项"

此外，通过单击"剪贴板"组中的"粘贴"按钮执行粘贴操作时，若单击"粘贴"按钮下方的下拉按钮，在弹出的下拉列表中可选择粘贴方式，如下图（右边）所示，且将鼠标指针指向某个粘贴方式时，可在文档中预览粘贴后的效果。若在下拉列表中单击"选择性粘贴"选项，可在弹出的"选择性粘贴"对话框中选择其他粘贴方式。

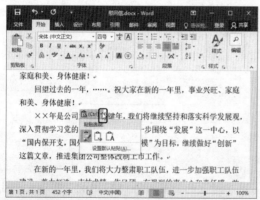
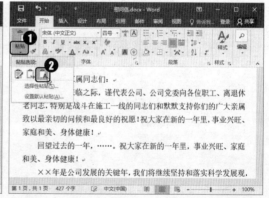

3.4　查找和替换文本

如果想要知道某个字、词或一句话是否出现在文档中及出现的位置，可以用 Word 的"查找"功能进行查找。当发现某个字或词全部输错了，可以通过 Word 的"替换"功能进行替换，以避免逐一修改的烦琐，达到事半功倍的效果。本节将介绍在 Word 2016 中查找和替换文本的方法。

3.4.1 查找文本

微课：查找文本

若要查找某文本在文档中出现的位置，或要对某个特定的对象进行修改操作，可以通过"查找"功能将其找到。

1. 通过"导航"窗格查找

Word 2016 提供了"导航"窗格，通过该窗格可以快速实现文本的查找。使用"导航"窗格查找文本的具体操作如下。

01 在要查找内容的文档中切换到"视图"选项卡，然后勾选"显示"组中的"导航窗格"复选框，显示出"导航"窗格，如下图所示。

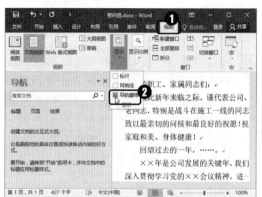

02 在打开的"导航"窗格的搜索框中输入要查找的文本内容，此时文档中将突出显示要查找的全部内容，如下图所示。

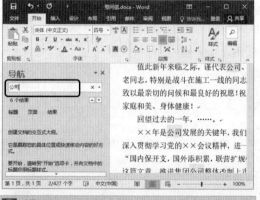

> 😊 **提示**
>
> 如果要取消突出显示，可以在"导航"窗格的搜索框中删除输入的内容，或者直接关闭"导航"窗格即可。

03 如果查找的对象为英文，可以根据需要精确设置查找条件，在"导航"窗格中单击搜索框右侧的下拉按钮，在弹出的下拉菜单中单击"选项"命令，如下图所示。

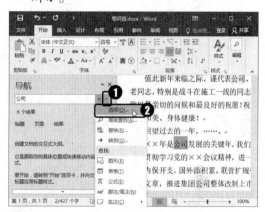

04 弹出"'查找'选项"对话框，在其中可以为英文对象设置查找条件，如区分大小写、全字匹配等，勾选相应复选框后单击"确定"按钮即可，如下图所示。

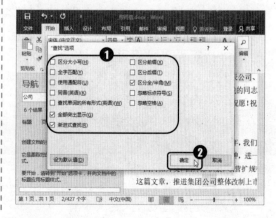

2. 通过对话框查找

在 Word 2016 中，除了通过"导航"窗格查找文本，还可以通过"查找和替换"对话框进行查找，具体操作如下。

01 在 Word 文档的"开始"选项卡中，单击"编辑"组中的"查找"下拉按钮，在打开的下拉菜单中单击"高级查找"命令，如下图所示。

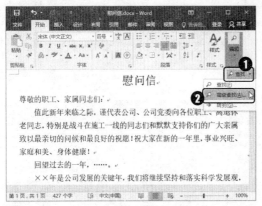

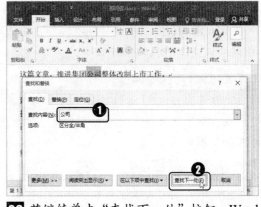

02 弹出"查找和替换"对话框，输入要查找的文本内容，单击"查找下一处"按钮，此时 Word 会自动从光标插入点所在位置开始查找，当找到第一个位置时，并以选中的形式显示，如下图所示。

03 若继续单击"查找下一处"按钮，Word 会继续查找，当查找完成后会弹出提示对话框提示完成搜索，单击"确定"按钮将其关闭，如下图所示。然后在返回的"查找和替换"对话框中单击"关闭"按钮关闭该对话框即可。

> 😊 **提示**
>
> 在"导航"窗格中，若单击搜索框右侧的下拉按钮，在弹出的下拉菜单中单击"高级查找"命令，可弹出"查找和替换"对话框。

在"查找和替换"对话框中单击"更多"按钮，可以展开该对话框，此时可为查找对象设置查找条件，例如只查找设置了某种字体、字号或字体颜色等格式的文本内容，以及使用通配符进行查找等。

- 若只查找设置了某种字体、字号或字体颜色等格式的文本内容，可以单击左下角的"格式"按钮，在弹出的菜单中单击"字体"命令，在接下来弹出的对话框中进行设置。

- 查找英文文本时，在"查找内容"文本框中输入查找内容后，在"搜索选项"选项组中可以设置查找条件。例如选中"区分大小写"复选框，Word 将按照大小写查找与查找内容一致的文本。

- 若要使用通配符进行查找，在"查找内容"文本框中输入含有通配符的查找内容后，需要勾选"搜索选项"选项组中的"使用通配符"复选框。

> **注意**
> 在 Word 中进行查找和替换操作时，通配符主要有"?"与"*"两个，并且要在英文输入状态下输入，其中"?"代表一个字符，"*"代表多个字符。

3.4.2 替换文本

通过 Word 的"替换"功能可以自动查找指定的内容，并将其替换为需要的内容。以替换多余的段落标记，取消文档中多余的空行为例，具体操作如下。

微课：替换文本

01 将光标插入点定位在文档的起始处，在"开始"选项卡的"编辑"组中单击"替换"按钮，如下图所示。

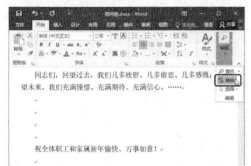

02 弹出"查找和替换"对话框，并自动打开了"替换"选项卡，将光标定位到"查找内容"文本框中，然后单击"更多"按钮，如下图所示。

03 此时在对话框中展开了更多选项，单击"特殊格式"下拉按钮，在打开的下拉菜单中单击"段落标记"选项，如下图所示。

04 可以看到"查找内容"文本框中输入了代表段落标记的代码，本例设置"替换为"文本框中为空，不输入内容。此时单击"查找下一个"按钮，Word 将自动选中并定位到符合条件的内容处。单击"替换"按钮即可将当前所选内容替换，并自动定位到下一处，如下图所示。

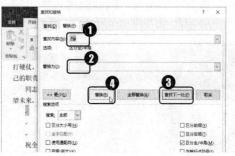

☺ 提示

　　将光标定位到文档起始处，在"查找和替换"对话框的"替换"选项卡中设置好要替换和替换后的内容后，单击"全部替换"按钮，Word 将自动替换文档中所有符合指定条件的内容，并弹出提示对话框提示一共替换了多少处，然后单击"确定"按钮确认即可。

3.5 撤销与恢复操作

在编辑文档的过程中，Word 会自动记录执行过的操作。通过撤销与恢复功能，可以撤销已执行的错误操作，或取消错误的撤销操作。本节主要介绍撤销与恢复操作的方法。

微课：撤销与恢复操作

3.5.1 撤销操作

　　在编辑文档的过程中，当出现一些误操作时，例如误删了一段文本、替换了不该替换的内容等，都可以利用 Word 提供的"撤销"功能来执行撤销操作，其方法有以下几种。

- 单击快速访问工具栏上的"撤销"按钮 🔄，可以撤销上一步操作，继续单击该按钮，可以撤销多步操作，直到"无路可退"。
- 单击"撤销"按钮右侧的下拉按钮 🔄▾，在弹出的下拉列表中可选择撤销到某一指定的操作，如右图所示。
- 按下"Ctrl+Z"（或"Alt+BackSpace"）组合键，可以撤销上一步操作，继续按下该组合键可以撤销多步操作。

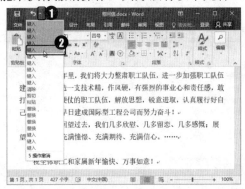

3.5.2 恢复操作

　　撤销某一操作后，可以通过"恢复"功能取消之前的撤销操作，其方法有以下几种。

- 单击快速访问工具栏中的"恢复"按钮 🔄，可以恢复被撤销的上一步操作，继续单击该按钮，可以恢复被撤销的多步操作。
- 按下"Ctrl+Y"组合键可以恢复被撤销的上一步操作，继续按下该组合键可以恢复被撤销的多步操作。

3.6 高手支招

本章主要介绍了文本输入、选择、删除、复制与移动、查找与替换以及撤销与恢复等知识。本节将对一些相关知识中延伸出的技巧和难点进行讲解。

3.6.1　快速替换多余空行

问题描述：文档中有很多多余的空行，一个一个替换太麻烦了，有没有办法快速将其替换掉呢？

解决方法：可以在设置查找内容时，设置两个连续的段落标记为一组，设置替换的内容为一个段落标记，意味着在有两个连续的段落标记时将其中一个删除，然后通过多次"全部替换"，即可实现文档中多余空行快速清除，并保证不误删非空行的段落标记。具体操作方法如下。

将光标插入点定位在文档的起始处，在"开始"选项卡的"编辑"组中单击"替换"按钮。弹出"查找和替换"对话框，并自动打开在"替换"选项卡，将光标定位到"查找内容"文本框中，输入两个代表段落标记的代码"^p^p"，在"替换为"文本框中输入一个代表段落标记的代码"^p"，然后单击"全部替换"按钮，在弹出的提示对话框中单击"确定"按钮。重复执行替换操作，直到文档中没有多余的空行。

3.6.2　在文档中插入当前日期

问题描述：在编辑通知、信函等文档时，通常会在结尾处输入日期，有什么办法可以快速输入系统当前日期和时间，减少手动输入量吗？

解决方法：要输入当前日期，输入当前年份（例如"2015 年"）后按下"Enter"键即可，但这种方法只能输入如"2015 年 11 月 18 日星期三"这种格式。如果要输入其他格式的日期和时间，可以使用"日期和时间"对话框实现。具体操作方法如下。

将光标定位在需要插入当前日期的位置，切换到"插入"选项卡，单击"文本"组中的"日期和时间"按钮，弹出"日期和时间"对话框，在"可用格式"列表框中选择需要的格式选项，单击"确定"按钮即可，如下图所示。

3.6.3 禁止"Insert"键的改写模式

问题描述： 在文档中输入文字时，光标插入点后原有的文字被删除了，新输入了几个字，就删除了几个原有的文字。这是这么回事？怎样才能够正常输入？

解决方法： 这是因为在 Word 中，文本的输入有插入和改写两种模式。通常情况下，输入模式为"插入"，即将光标定位到文档中需要输入文字的位置，即可在该位置输入文字。如果将光标定位文档中，然后按下了"Insert"键，将切换为"改写"模式，在该模式下输入文字时，会将光标插入点后的文字删除，输入几个字就删除几个原有文字。再次按下"Insert"键即可切换回"插入"模式。如果要禁止通过"Insert"键切换到"改写"模式，方法如下。

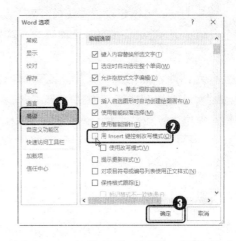

切换到"文件"选项卡，单击"选项"命令，打开"Word 选项"对话框，切换到"高级"选项卡，在"编辑选项"栏中取消勾选"用 Insert 键控制改写模式"复选框，然后单击"确定"按钮，保存设置即可。

3.7 综合案例——制作会议通知文件

结合本章所讲的知识要点，本节将以制作一个会议通知文件为例，讲解如何在 Word 2016 中输入与编辑文本。

"会议通知"文件制作完成后的效果，如下图所示。

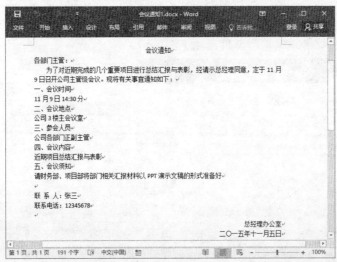

01 打开"素材文件\第3章\会议通知.docx"文件。该文档为一个空白文档，光标默认定位在文档起始位置，输入标题空格和"会议通知"，如下图所示。

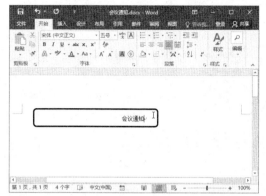

02 按下"Enter"键即可另起一行，根据需要输入文本内容，如下图所示。

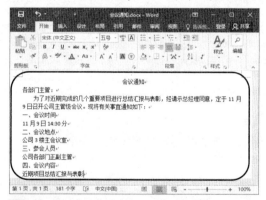

03 将光标定位到需要插入当前日期的位置，切换到"插入"选项卡，单击"文本"组中的"日期和时间"按钮，如下图所示。

04 弹出"日期和时间"对话框，在"可用格式"列表框中选择需要的格式选项，单击"确定"按钮，如下图所示。

05 返回文档，可以看到在目标位置输入了所选格式的当前日期，如下图所示。

第 4 章

设置文字和段落格式

》》 **本章导读**

在 Word 文档中输入文本后，为了能突出重点、美化文档，可以对文本
设置字体、字号、字体颜色、加粗、倾斜、下画线和字符间距等格式，
从而让千篇一律的文字样式变得丰富多彩。本章将详细介绍设置文字和
段落格式的方法。

》》 **知识要点**

   ✓ 设置文字格式   ✓ 设置段落格式
   ✓ 设置特殊的中文版式

4.1 设置文字格式

在 Word 文档中输入文本后，默认显示的字体为"宋体(中文正文)"，字号为"五号"，字体颜色为黑色。如果用户对 Word 默认的文字格式不满意，可以根据自己的需要自定义设置。本节主要介绍如何设置字体、字号、字形、文字颜色、字符间距等格式。

4.1.1 设置字体和字号

默认情况下，Word 2016 显示的字体为"宋体"，字号为"五号"，用户可以自定义设置需要的字体和字号，具体操作如下。

微课：设置字体和字号

01 选中要设置字体的文本，在"开始"选项卡的"字体"组中单击"字体"文本框右侧的下拉按钮，然后在打开的下拉列表中单击需要的字体，如下图所示。

02 选中要设置字号的文本，在"开始"选项卡的"字体"组中单击"字号"文本框右侧的下拉按钮，在打开的下拉列表中单击需要的字号即可，如下图所示。

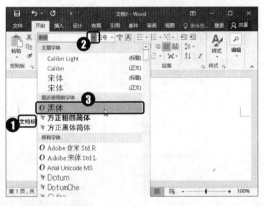

> 😊 **提示**
>
> 选中文本，在"字体"或"字号"下拉列表中，将光标指向某选项后，可以在文档中预览到相应的设置效果。

4.1.2 设置文字颜色

Word 2016 默认的字体颜色为"黑色"，用户可以根据需要自定义设置字体颜色，具体操作如下。

微课：设置文字颜色

01 选中要设置的文本，在"开始"选项卡的"字体"组中单击"字体颜色"按钮右侧的下拉按钮，在打开的下拉菜单中单击需要的色块，即可快速设置字体颜色，如下图所示。

02 如果需要自定义其他字体颜色，可以选中要设置的文本，在"字体颜色"下拉菜单中单击"其他"命令，如下图所示。

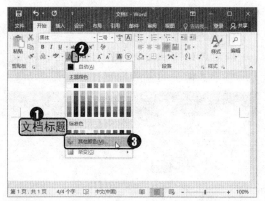

03 弹出"颜色"对话框，在"标准"选项卡中提供了更多颜色，选中需要的颜色后，单击"确定"按钮即可，如下图所示。

04 如果在"标准"选项卡中提供的预设颜色无法满足需求，可以切换到"自定义"选项卡，根据颜色模式自定义需要的颜色，设置好后单击"确定"按钮即可，如下图所示。

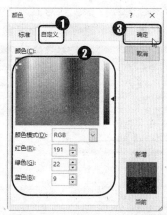

4.1.3 设置更多字形

字形是指文字的字符格式。在 Word 中，除字体、字号、文字颜色等基本设置之外，我们还可以为文本设置加粗、倾斜、添加下画线、上标、下标以及带圈字符等字形效果。

微课：设置更多字形

1. 设置文字加粗和倾斜

在设置文本格式的过程中，有时还可以对某些文本设置加粗、倾斜效果，以达到醒目的作用。

方法为：选中要设置的文本，在"开始"选项卡的"字体"组中单击"加粗" **B** 或"倾斜" *I* 按钮，即可为所选文本设置加粗或倾斜效果。选中设置了加粗或倾斜效果的文本，再次单击"加粗"或"倾斜"按钮，使其呈未选中状态，即可取消设置的加粗或倾斜效果，如下图所示。

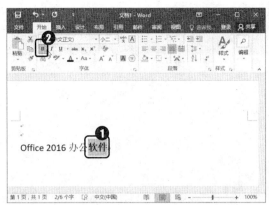

2. 添加下画线

在设置文本格式的过程中，对某些词、句添加下画线，不但可以美化文档，还能让文档轻重分明、突出重点，具体操作如下。

01 选中要设置的文本，在"开始"选项卡的"字体"组中单击"下画线"下拉按钮，在打开的下拉菜单中单击需要的线条样式，即可快速为文本添加下画线，如下图所示。

02 如果需要自定义下画线的颜色，可以选中要设置的文本，在"下画线"下拉菜单中展开"下画线颜色"子菜单，在其中根据需要选择下画线的颜色，如下图所示。

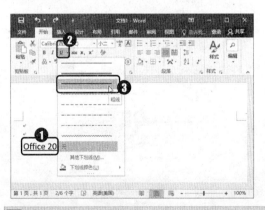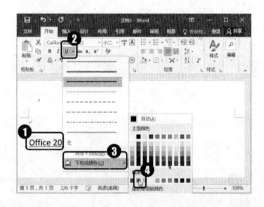

🙂 提示

选中添加了下画线的文本，在"字体"组中打开"下画线"下拉菜单，单击"无"选项，即可取消添加的下画线；单击"其他下画线"命令，在打开的对话框中提供了更多的下画线线型供用户选择。

3. 设置文字上标或下标

在编辑文档的过程中，如果想输入诸如 X^2 或 Y_2 之类的数据，就涉及设置上标或下标的方法。

以设置 X_y^4 为例，设置文字上标和下标的方法为：选中要设置的文本，如"y"，在"开始"选项卡的"字体"组中单击"下标"按钮 x_2，即可使其以下标效果显示，如下图（左边）所示。选中要设置的文本，如"4"，在"开始"选项卡的"字体"组中单击"上标"

按钮 $\mathbf{x}^2$，即可使其以上标效果显示，如下图（右边）所示。

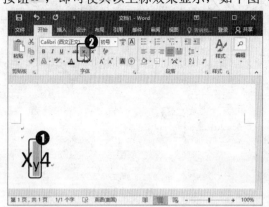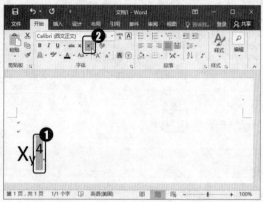

😊 **提示**

选中设置了上标或下标效果的文本，再次单击"字体"组中的"上标"或"下标"按钮，使其呈未选中状态，即可取消设置的上标或下标效果。

4. 设置带圈字符

在编辑文档的过程中，如果想输入诸如①之类的数据，可以通过 Word 的"带圈字符"功能来实现，具体操作如下。

01 选中要设置的文字，在"开始"选项卡的"字体"组中单击"带圈字符"按钮 ㊗，如下图所示。

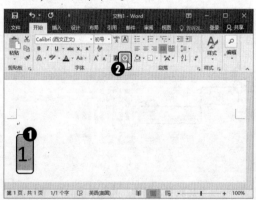

02 弹出"带圈字符"对话框，在样式栏中根据需要选择一种样式，在"圈号"栏中选择文字和圈号样式，然后单击"确定"按钮，如下图所示。

😊 **提示**

要取消字符的带圈效果，则选中设置了带圈效果的文字，在"字体"组中单击"带圈字符"按钮，打开对话框，在"样式"栏中选择"无"选项即可。

4.1.4 使用"字体"对话框

在 Word 2016 中，要对文字格式进行设置，除了可以通过"开始"选

微课：使用"字体"对话框

项卡"字体"组中的一些按钮进行相应设置外，还可以通过"字体"对话框，进行各种详细设置。打开"字体"对话框的方法主要有以下两种。

- 选中要设置的文本，在"开始"选项卡的"字体"组中，单击右下角的功能扩展按钮 ，即可打开"字体"对话框，默认显示"字体"选项卡，在其中可以对文本的字体格式进行各种设置。

- 选中要设置的文本后右击鼠标，在弹出的快捷菜单中单击"字体"命令，也可打开"字体"对话框，如下图所示。

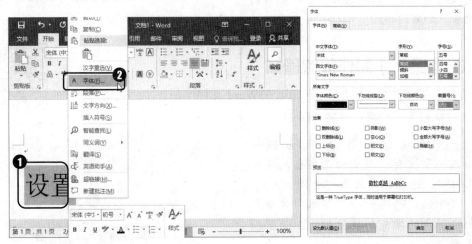

4.1.5 设置字符间距

字符间距是指各字符间的距离，通过调整字符间距可以使文字排列得更紧凑或者更松散。为了让文档的版面更加协调，可以根据需要设置字符间距，具体操作如下。

微课：设置字符间距

01 选中要设置的文本，在"开始"选项卡的"字体"组中，单击右下角的功能扩展按钮 ，如下图所示。

02 弹出"字体"对话框，切换到"高级"选项卡，在"字符间距"栏中，打开"间距"下拉列表，选择"加宽"选项，如下图所示。

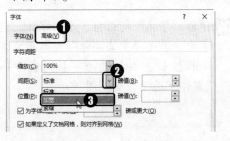

03 在对应的间距"磅值"微调框中输入需要的磅值，然后单击"确定"按钮确认设置，如下图所示。

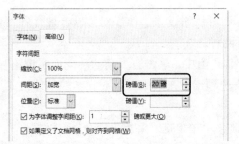

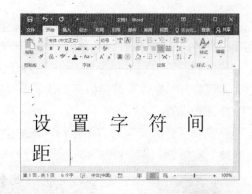

04 返回文档,即可看到设置字符间距后的
效果,如右图所示。

4.1.6 【案例】制作放假通知

微课:制作放假通知

结合本节所讲的知识要点,下面以在 Word 文档中制作放假通知为例,
讲解如何设置文字格式,具体操作如下。

01 打开"素材文件\第 4 章\放假通
知.docx"文件。该文档已经输入了基
本内容,选中标题文本"放假通知",
在"开始"选项卡的"字体"组中单
击右下角的功能扩展按钮 ,如下图
所示。

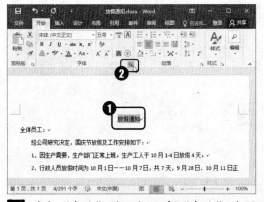

02 弹出"字体"对话框,在"字体"选项
卡中,单击"中文字体"文本框右侧的
下拉按钮,在打开的下拉列表中选择
"黑体"选项,如下图所示。

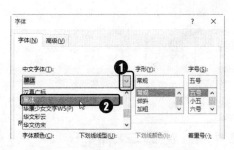

03 在"字形"列表框中选择"加粗"选项,
在"字号"列表框中选择"小二"选项。
然后单击"字体颜色"文本框右侧的下
拉按钮,在打开的下拉菜单中单击红色
色块,如下图所示。

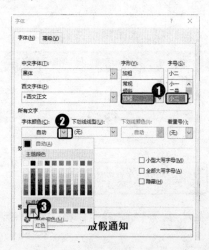

04 设置完成后，在"预览"窗口中可以预览效果，确认无误后单击"确定"按钮即可，如下图所示。

05 返回文档，即可看到设置后的效果，如下图所示。

4.2 设置段落格式

在输入文本内容时，按下"Enter"键进行换行后会产生段落标记，凡是以段落标记结束的一段内容便为一个段落。段落的基本格式主要包括对齐方式、段落缩进、行间距以及段间距等。本节主要介绍如何设置对齐方式、段落缩进、段间距、行间距、项目符号、段落编号等格式。

4.2.1 设置段落对齐方式

对齐方式是指段落在文档中的相对位置，段落的对齐方式有左对齐、居中、右对齐、两端对齐和分散对齐5 种。

默认情况下，段落的对齐方式为两端对齐，若要更改为其他对齐方式，可将光标定位到要设置的段落中，然后在"开始"选项卡的"段落"组中单击相应的对齐方式按钮即可。

微课：设置段落对齐方式

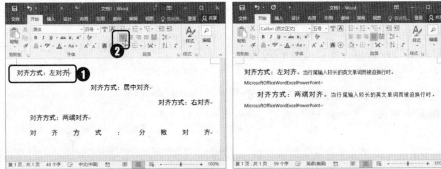

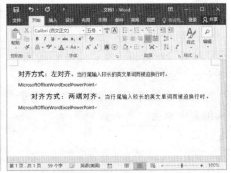

需要注意的是，从表面上看，"左对齐"与"两端对齐"两种对齐方式没有什么区别，但当行尾输入较长的英文单词而被迫换行时，若使用"左对齐"方式，文字会按照不满页宽的方式进行排列；若使用"两端对齐"方式，文字的距离将被拉开，从而自动填满页面。

4.2.2 设置段落缩进

为了增强文档的层次感，提高可阅读性，可以对段落设置合适的缩进。

微课：设置段落缩进

段落的缩进方式有左缩进、右缩进、首行缩进和悬挂缩进 4 种。

- 左缩进：指整个段落左边界距离页面左侧的缩进量。
- 右缩进：指整个段落右边界距离页面右侧的缩进量。
- 首行缩进：指段落首行第 1 个字符的起始位置距离页面左侧的缩进量。很多文档都采用首行缩进方式，缩进量为两个字符。
- 悬挂缩进：指段落中除首行以外的其他行距离页面左侧的缩进量。悬挂缩进方式一般用于一些较特殊的场合，如杂志、

报刊等。

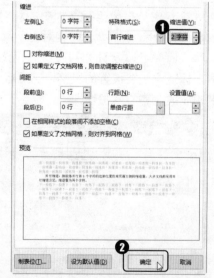

以对文档中的段落设置"首行缩进：2 字符"为例，具体操作如下。

01 将光标定位到要设置缩进的段落中，或选中要设置的段落，在"开始"选项卡的"段落"组中单击右下角的功能扩展按钮，如下图所示。

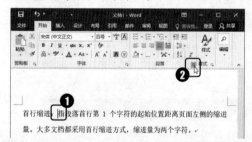

02 弹出"段落"对话框，在"缩进和间距"选项卡的"缩进"栏中，单击"特殊格式"列表框右侧的下拉按钮，在打开的下拉列表中单击"首行缩进"选项，如下图所示。

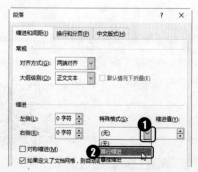

03 在对应的"缩进值"微调框中设置数据为"2 字符"，然后单击"确定"按钮即可，如下图所示。

04 返回文档，即可看到设置后的效果，如下图所示。

4.2.3 设置段间距和行间距

为了使整个文档看起来疏密有致，可以对段落设置合适的间距或行距。间距是指相邻两个段落之间的距离，行距是指段落中行与行之间的距离。

微课：设置段间距和行间距

1. 设置段间距

在 Word 2016 中设置段落间距的具体操作如下。

01 将光标定位到要设置缩进的段落中，或选中要设置的段落，在"开始"选项卡的"段落"组中单击右下角的功能扩展按钮 ，如下图所示。

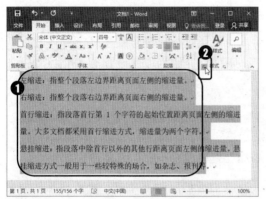

02 弹出"段落"对话框，在"缩进和间距"选项卡的"间距"栏中，在"段前"和"段后"微调框中根据需要设置段落间距数值，然后单击"确定"按钮，如下图所示。

03 返回文档，即可看到设置后的效果，如下图所示。

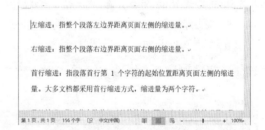

2. 设置行间距

在 Word 2016 中设置行间距的方法主要有以下两种。

- 通过对话框：选中要设置的段落，在"开始"选项卡的"段落"组中单击右下角的功能扩展按钮 ，弹出"段落"对话框，在"缩进和间距"选项卡的"间距"栏中，单击"行距"列表框右侧的下拉按钮，在打开的下拉列表中选择需要的行距，然后单击"确定"按钮即可，如下图（左边）所示。
- 通过功能区：选中要设置的段落，在"开始"选项卡的"段落"组中单击"行和段落间距"下拉按钮，在打开的下拉菜单中选择需要的行距选项即可，如下图（右边）所示。

> ☺ **提示**
>
> 在"行和段落间距"下拉菜单中，单击"增加段落前的空格"命令或"增加段落后的空格"命令，可以增加所选段落的段前距或段后距。

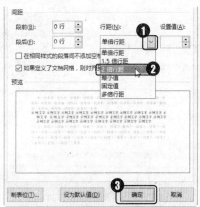
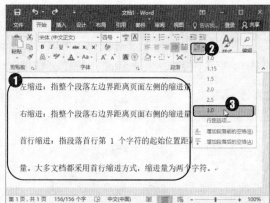

4.2.4　设置项目符号

在制作规章制度、管理条例等方面的文档时，可以通过项目符号或编号来组织内容，从而使文档层次分明、条理清晰。下面将介绍为段落设置项目符号的方法。

微课：设置项目符号

1. 添加项目符号

项目符号是指添加在段落前的符号，一般用于并列关系的段落。为段落添加项目符号，可以更加直观、清晰地查看文本。要在文档中添加内置的项目符号，具体操作如下。

01 选中要设置的段落，在"开始"选项卡的"段落"组中单击"项目符号"按钮右侧的下拉按钮，如下图所示。

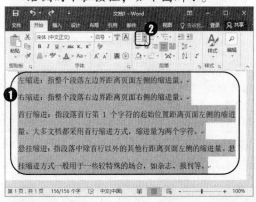

02 在打开的下拉菜单中，将鼠标指针指向需要的项目符号时，可在文档中预览应用后的效果，对其单击即可应用到所选段落中，如下图所示。

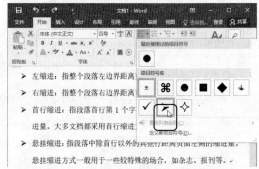

> **提示**
>
> 在含有项目符号的段落中，按下"Enter"键换到下一段时，会在下一段自动添加相同样式的项目符号，此时若直接按下"Back Space"键或再次按下"Enter"键，可取消自动添加项目符号。

2. 自定义项目符号

根据操作需要，还可以对段落添加自定义样式的项目符号。以在文档中插入特殊符号样式的项目符号为例，具体操作如下。

01 选中要添加项目符号的段落，在"段落"组中单击"项目符号"按钮右侧的下拉按钮，在打开的下拉菜单中选择"定义新项目符号"选项，如下图所示。

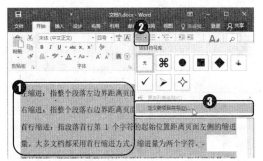

02 弹出"定义新项目符号"对话框，单击"符号"按钮，如下图所示。

03 在弹出的"符号"对话框中选择需要作为项目符号的符号，然后单击"确定"按钮，如下图所示。

04 返回"定义新项目符号"对话框，单击"确定"按钮，如下图所示。

05 返回到文档，可以看到自定义的项目符号应用到了当前所选段落中。再次单击"项目符号"按钮右侧的下拉按钮，在弹出的下拉菜单中可以看到之前设置的项目符号样式，如下图所示。

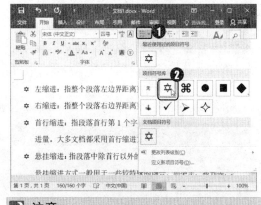

> **注意**
>
> 如果所选段落设置了段落缩进格式，则自定义项目符号后，需要保持段落的选中状态，再次打开"项目符号"下拉菜单，在其中单击自定义的项目符号，才能将其应用到所选段落中。

4.2.5 设置段落编号

为了更加清晰地显示文本之间的结构与关系，用户可以在文档中的各个要点前添加编号，以便增加文档的条理性。

微课：设置段落编号

1. 添加段落编号

默认情况下，在以"一、"、"1."或"A."等编号开始的段落中，按下"Enter"键换到下一段时，下一段会自动产生连续的编号。

若要对已经输入好的段落添加编号，可以通过"段落"组中的"编号"按钮实现，具体操作如下。

01 打开文档，选中需要添加编号的段落，在"段落"组中单击"编号"按钮右侧的下拉按钮，如下图所示。

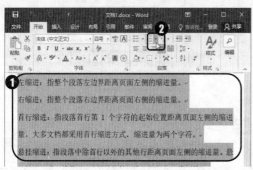

02 在弹出的下拉列表中，将鼠标指针指向需要的编号样式时，可以在文档中预览应用后的效果，对其单击即可应用到所选段落中，如下图所示。

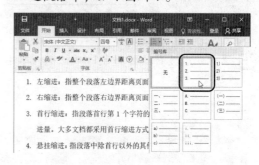

2. 自定义编号格式

根据操作需要，可以对段落添加自定义样式的编号，具体操作如下。

01 打开文档，选中需要添加编号的段落，然后单击"段落"组中"编号"按钮右侧的下拉按钮，在弹出的下拉菜单中选择"定义新编号格式"命令，如下图所示。

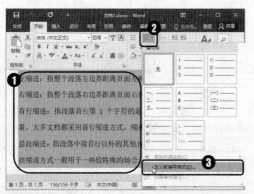

02 弹出"定义新编号格式"对话框，在"编号样式"下拉列表框中选择编号样式，本例选择"1,2,3…"，此时"编号格式"

文本框中将出现"1."字样，且以灰色显示，将"1"后面的"."删除掉，在"1"前输入"第"字，在后面输入"条"字，单击"确定"按钮，如下图所示。

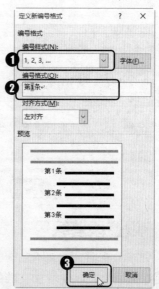

03 返回文档，即可看见所选段落应用了刚才自定义的编号样式。再次单击"编号"按钮右侧的下拉按钮，在弹出的下拉菜单中可以看到设置的自定义编号样式，如右图所示。

😊 **提示**

如果所选段落设置了段落缩进格式，则自定义编号格式后，需要保持段落的选中状态，再次打开"编号"下拉菜单，在其中单击自定义的编号样式，才能将其应用到所选段落中。

3. 设置编号值

在 Word 文档中设置编号后，如果需要让某个编号重新以编号 1 开始，可自定义设置编号值，具体操作如下。

01 打开文档，将插入点定位到需要更改编号值的段落中，然后在"段落"组中单击"编号"按钮右侧的下拉按钮，在弹出的下拉列表中选择"设置编号值"命令，如下图所示。

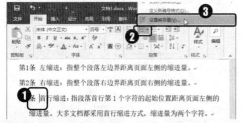

02 弹出"起始编号"对话框，默认选中"开始新列表"单选按钮，在"值设置为"微调框中将值设置为"1"，然后单击"确定"按钮，如下图所示。

03 返回文档，即可看到原编号值为"第 5 条"的段落重新以编号"第 1 条"开始了，如下图所示。

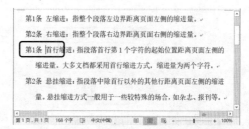

4.2.6 【案例】编排值班室管理制度

结合本节所讲的知识要点，下面以在 Word 文档中编排值班室管理制度为例，讲解如何设置段落格式，具体操作如下。

微课：编排值班室管理制度

01 打开"素材文件\第 4 章\值班室管理制度.docx"文件。将光标定位到标题段落中，然后在"开始"选项卡的"段落"组中单击"居中"按钮≡，如下图所示。

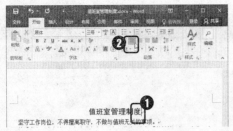

02 选中全部段落,在"开始"选项卡的"段落"组中单击右下角的功能扩展按钮,如下图所示。

03 弹出"段落"对话框,在"缩进和间距"选项卡的"缩进"栏中,设置首行缩进2字符;在"间距"栏中,设置行距为"1.5倍行距",然后单击"确定"按钮,如下图所示。

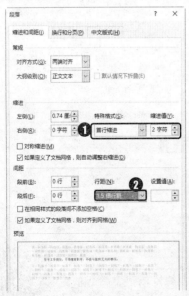

04 选中需要添加编号的段落,然后在"段落"组中单击"编号"按钮右侧的下拉按钮,在弹出的下拉菜单中选择"定义新编号格式"命令,如下图所示。

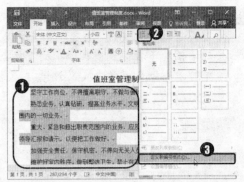

05 弹出"定义新编号格式"对话框,在"编号样式"下拉列表框中选择编号样式,本例选择"一,二,三(简)…",此时"编号格式"文本框中将出现"一."字样,且以灰色显示,删除".",在"一"前输入"第"字,在后面输入"条"字,设置对齐方式为"右对齐",单击"确定"按钮,如下图所示。

06 返回文档,由于之前设置了段落缩进格式,无法直接将自定义的段落编号样式应用到文档中,此时显示的是其他内置样式的编号,如下图所示。

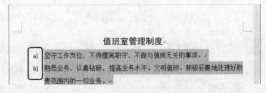

07 保持段落的选中状态,在"段落"组中
单击"编号"按钮右侧的下拉按钮,在
弹出的下拉菜单中选择自定义的编号
样式,将其应用到所选段落中,如右图
所示。

4.3 设置特殊的中文版式

如果需要制作带有特殊效果的文档,可以应用一些特殊的排版方式,如首字
下沉、竖排文档等,从而使文档更加生动。本节主要介绍如何设置文字竖排、
纵横混排、首字下沉、中文注音等格式,以及使用制表符的方法。

4.3.1 文字竖排

通常情况下,文档的排版方式为水平排版,不过有时也需要对文档进
行竖直排版,以追求更完美的效果。设置竖直排版主要可以通过以下两种
方法实现。

微课:文字竖排

- 通过下拉菜单:切换到"布局"选项卡,在"页面设置"组中单击"文
  字方向"下拉按钮,在打开的下拉菜单中单击"垂直"选项即可,如下图所示。

 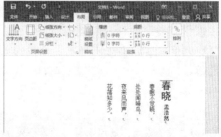

- 通过对话框:切换到"布局"选项卡,在"页面设置"组中单击"文字方向"下拉按钮,
  在打开的下拉菜单中单击"文字方向选项"命令,打开"文字方向"对话框,在"应用
  于"下拉列表中选择应用范围,在"方向"栏中选择文字方向,然后单击"确定"按钮
  即可,如下图所示。

😊 **提示**

在"应用于"下拉列表中选择应用范围为"插入点之后",文档将另起一页,光标插入点后的文字将改变方向。

4.3.2　纵横混排

微课:纵横混排

使用 Word 的纵横混排功能,可以在横排的段落中插入竖排的文本,制作出特殊的段落效果,具体操作如下。

01 选择要设置纵向放置的文字,在"开始"选项卡的"段落"组中单击"中文版式"下拉按钮,在打开的下拉菜单中单击"纵横混排"选项,如下图所示。

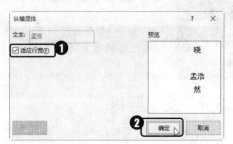

03 返回文档,即可看到设置后的效果,如下图所示。

02 弹出"纵横混排"对话框,勾选"适应行宽"复选框,然后单击"确定"按钮,如下图所示。

😊 **提示**

在"纵横混排"对话框中勾选"适应行宽"复选框后,纵向排列的所有文字的总高度将不会超过该行的行高。取消勾选该复选框,则纵向排列的每个文字将在垂直方向上占据一行的行高空间。

4.3.3　首字下沉

微课:首字下沉

首字下沉是一种段落修饰,是将段落中的第一个字或开头几个字设置不同的字体、字号,该类格式在报刊、杂志中比较常见。设置首字下沉的具体操作如下。

01 将光标定位到要设置首字下沉的段落,切换到"插入"选项卡,在"文本"组中单击"首字下沉"下拉按钮,在打开的下拉菜单中单击"首字下沉选项"选项,如右图所示。

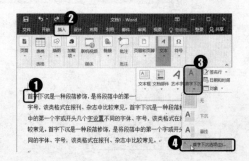

02 弹出"首字下沉"对话框，在"位置"栏中选择"下沉"选项，在"选项"栏中根据需要设置"下沉行数"和"距正文"距离，设置完成后单击"确定"按钮，如下图所示。

03 返回文档，即可看到设置后的效果，如下图所示。

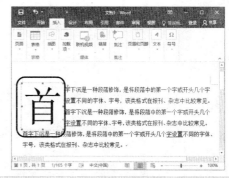

> 💡 **提示**
>
> 将光标定位到要设置首字下沉的段落，切换到"插入"选项卡，在"文本"组中单击"首字下沉"下拉按钮，在打开的下拉菜单中单击"下沉"选项，即可根据默认设置，快速设置下沉行数为3，距正文距离为0的首字下沉效果。

4.3.4 中文注音

Word 2016 提供了中文注音功能，通过该功能可以快速在中文文字上方添加拼音标注，具体操作如下。

微课：中文注音

01 选中要标注拼音的文字，在"开始"选项卡的"字体"组中单击"拼音指南"按钮，如下图所示。

02 弹出"拼音指南"对话框，在其中可以对拼音的对齐方式、字体、字号、偏移量等进行设置，设置完成后单击"确定"按钮，如下图所示。

03 返回文档，即可看到在中文文字上方添加拼音标注之后的效果，如下图所示。

> 🔧 **注意**
>
> 不选择文字，直接单击"拼音指南"按钮，Word将自动选择光标插入点附近的字或词，为其添加拼音。

4.4 高手支招

本章主要介绍了设置文字格式、设置段落格式、设置特殊的中文版式等知识。
本节将对一些相关知识中延伸出的技巧和难点进行讲解。

4.4.1 让英文在单词中间换行

问题描述：可以让英文单词在中间换行吗？

解决方法：在文档中行末有英文单词时，由于默认情况下单词中间不换行，Word 将自动拉伸该行字符间的间距。为了避免拉伸字符间距，可以设置英文在单词中间换行。具体操作方法如下。

将光标定位到要设置的段落中，单击"开始"选项卡中"段落"组右下角的功能扩展按钮，打开"段落"对话框，切换到"中文版式"选项卡，在"换行"栏中勾选"允许西文在单词中间换行"复选框，然后单击"确定"按钮即可。

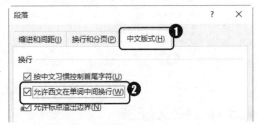

4.4.2 设置特大号字体

问题描述：在编辑文档时，需要设置特别大的文字，但是字号列表框中的字号不够大，怎么办？

解决方法：如果要设置特大号的字体，可以直接在字号列表框中输入数字，来设置文字的大小，可以输入的数值为 1～1638。

选中要设置的文字，将光标定位到"开始"选项卡中"字体"组的"字号"下拉列表框中，直接输入需要的磅值即可，如下图（左边）所示。或者选中要设置的文字，打开"字体"对话框，在"字号"文本框中输入需要的磅值，然后单击"确定"按钮即可，如下图（右边）所示。

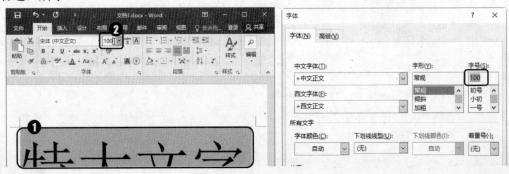

4.4.3 将图片设置为项目符号

问题描述： 可以把图片设置为项目符号吗？

解决方法： 可以。在 Word 2016 中，自定义项目符号时，可以将图片设置为项目符号，具体操作方法如下。

选中要添加项目符号的段落，在"段落"组中单击"项目符号"按钮右侧的下拉按钮，在打开的下拉菜单中选择"定义新项目符号"选项，弹出"定义新项目符号"对话框。单击"图片"按钮，在弹出的"插入图片"对话框中根据需要联机搜索图片，或单击"浏览"按钮，在打开的"插入图片"对话框中选择本地电脑中保存的图片，然后单击"插入"按钮。返回"定义新项目符号"对话框，单击"确定"按钮即可，如下图所示。

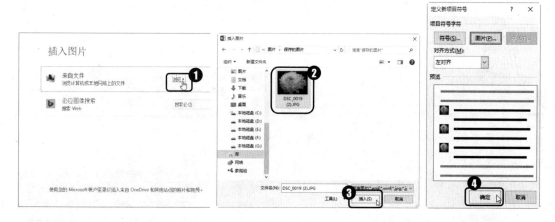

4.5 综合案例——制作公司管理规范

结合本章所讲的知识要点，本节将以制作一个公司管理规范文件为例，讲解如何在 Word 2016 中设置文字和段落格式。

"公司管理规范"文件制作完成后的效果如下图所示。

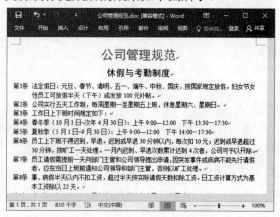

01 打开"素材文件\第 4 章\公司管理规范.doc"文件。该文档中已经输入了基本内容，选中标题文本"公司管理规范"，在"开始"选项卡的"字体"组中单击右下角的功能扩展按钮 ，如下图所示。

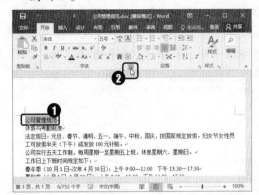

02 弹出"字体"对话框，在"字体"选项卡中设置标题字体、字号、文字颜色等，设置完成后单击"确定"按钮，如下图所示。

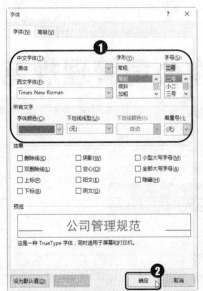

03 返回文档，在"开始"选项卡的"字体"组中，设置小标题"休假与考勤制度"和"日常管理制度"的字体和字号，如下图所示。

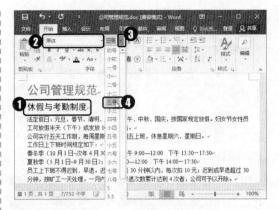

04 选中标题和小标题文本，在"开始"选项卡的"段落"组中单击"居中"按钮 ，设置对齐方式，如下图所示。

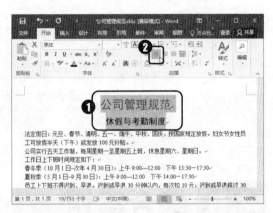

05 选中"休假与考勤制度"小标题下需要添加编号的段落，然后在"段落"组中单击"编号"按钮右侧的下拉按钮，在弹出的下拉菜单中选择"定义新编号格式"命令，如下图所示。

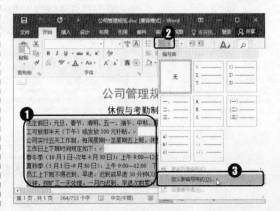

06 弹出"定义新编号格式"对话框，在"编号样式"下拉列表框中选择编号样式，本例选择"1,2,3…"，此时"编号格式"文本框中将出现"1."字样，且以灰色显示，将"1"后面的"."删除掉，在"1"前输入"第"字，在后面输入"条"字，设置"对齐方式"为"右对齐"，然后单击"确定"按钮，如下图所示。

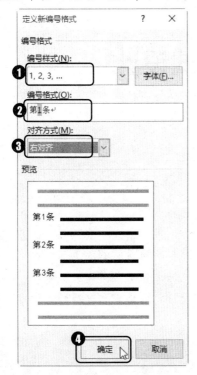

07 返回文档，即可看见所选段落应用了刚才自定义的编号样式，如下图所示。

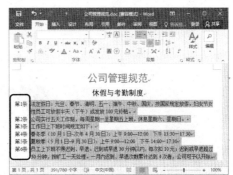

08 选中"日常管理制度"小标题下需要添加编号的段落，再次单击"编号"按钮右侧的下拉按钮，在弹出的下拉菜单中可以看到设置的自定义编号样式，单击即可将其应用到所选段落中，如下图所示。

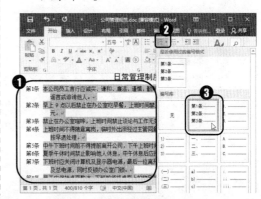

第 5 章

页面格式和版式设计

》 **本章导读**

完成文档的编辑后若需要将文档进行输出，需要提前对文档的页面格式和版式进行设置，通过相关设置后打印出的文档才能更加美观，更符合客户需求。本章将详细介绍在 Word 2016 中设置页面格式和进行版式设计的方法。

》 **知识要点**

- ✓ 页面设置
- ✓ 分栏排版
- ✓ 设置文档背景
- ✓ 设计页眉和页脚
- ✓ 边框和底纹

5.1 页面设置

将 Word 文档制作好后，用户可以根据实际需要对页面进行设置，主要包括设置页边距、纸张大小和纸张方向等。本节主要介绍在 Word 中设置页面大小、页面方向、页边距和文档网格的方法。

5.1.1 设置页面大小和方向

默认情况下，Word 中的页面为 A4 大小，默认方向为纵向。当需要打印的文档为奖状、图表等文档时，则需要将纸张设置为横向。此外，为了使打印后文档有不同的显示效果，还需要根据实际情况对纸张的大小进行设置，方法如下。

微课：设置页面大小和方向

- 设置页面大小：打开文档，切换到"布局"选项卡，在"页面设置"组中单击"纸张大小"下拉按钮，在打开的下拉列表中单击需要的选项即可，如下图（左边）所示。
- 设置页面方向：打开文档，切换到"布局"选项卡，在"页面设置"组中单击"纸张方向"下拉按钮，在打开的下拉列表中单击需要的选项即可，如下图（右边）所示。

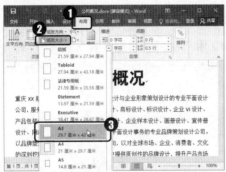

> **提示**
> 切换到"布局"选项卡，单击"页面设置"组右下角的功能扩展按钮，在打开的"页面设置"对话框的"纸张"选项卡中，也可以设置页面大小，在"页边距"选项卡中，也可以设置纸张方向。

5.1.2 设置页边距

文档的版心主要是指文档的正文部分，用户在设置页面属性过程中可以通过对页面边距进行设置以达到控制版心大小的目的。设置页边距主要有以下两种方法。

微课：设置页边距

- 通过功能区：打开文档，切换到"布局"选项卡，在"页面设置"组中单击"页边距"下拉按钮，在打开的下拉列表中单击需要的选项即可，如下图（左边）所示。
- 通过对话框：打开文档，切换到"布局"选项卡，单击"页面设置"组右下角的功能扩展按钮，打开"页面设置"对话框，在"页边距"选项卡中的"页边距"栏中，根据需要设置"上"、"下"、"左"、"右"页边距，然后单击"确定"按钮即可，如下图（右边）所示。

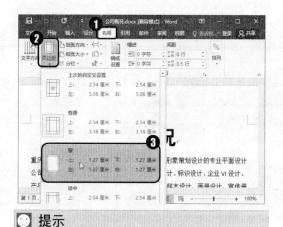

☺ **提示**

在"多页"下拉列表中提供了多个选项。例如
选择"对称页边距"选项，可以完成打印册子的功
能；选择"拼页"选项，可以在一页内打印两个不
连续的页码；选择"书籍折页"选项，可以实现书
籍的对折功能。

5.1.3　设置文档网格

在页面设置对话框中的文档网格选项卡中，用户还可以通过设置页面
网格线调整字与字或者行与行之间的间距，具体操作如下。

微课：设置文档网格

01 打开"素材文件\第 5 章\公司概况.docx"
文件。切换到"布局"选项卡，单击"页
面设置"组右下角的功能扩展按钮 ，
如下图所示。

微调框中输入"23"和
"18 磅"，然后单击"绘图网格"按钮，
如下图所示。

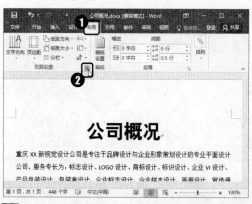

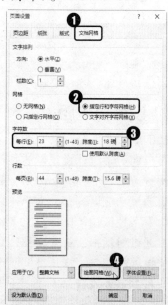

02 打开"页面设置"对话框，切换到"文
档网格"选项卡中，在"网格"组中选
中"指定行和字符网格"单选按钮，在
"字符数"组合框中的"每行"和"跨度"

03 打开"网格线和参考线"对话框，在对话框中设置页面网格线的对齐方式、网格线以及间距的起点等，设置后单击"确定"按钮，如下图所示。

04 返回"页面设置"对话框，然后单击对话框右下角的"字体设置"按钮，打开"字体"对话框。根据需要设置字体、字符间距、文字效果等，完成后单击"确定"按钮，如下图所示。

05 返回"页面设置"对话框，然后单击"确定"按钮，即可完成文档网格设置。返回文档，即可查看设置文档网格后的最终效果，如下图所示。

5.1.4 【案例】制作邀请函

结合本节所讲的知识要点，下面以制作邀请函为例，讲解如何在 Word 文档中进行页面设置，具体操作如下。

微课：制作邀请函

01 打开"素材文件\第 5 章\邀请函.docx"文件，其中已经输入了文本内容。切换到"布局"选项卡，单击"页面设置"组右下角的功能扩展按钮，如下图所示。

02 弹出"页面设置"对话框，在"页边距"选项卡的"纸张方向"栏中，选择"横向"选项，如下图所示。

03 切换到"纸张"选项卡，在"纸张大小"栏中，设置纸张大小为"A5"，然后单击"确定"按钮即可，如下图所示。

04 返回文档，双击"文件"选项卡之外的

任意选项卡，隐藏功能区，然后在状态栏中拖动缩放滑块缩放显示文档，即可查验设置后的效果，如下图所示。

😊 提示

"页面设置"对话框的 4 个选项卡中都有一个"设为默认值"按钮，用户在各个选项卡中设置完成后只需单击该按钮，即可将所设格式设置为 Word 默认页面样式。

5.2 设计页眉和页脚

页眉是每个页面页边距的顶部区域，以书籍为例，通常显示书名、章节等信息。页脚是每个页面页边距的底部区域，通常显示文档的页码等信息。对页眉和页脚进行编辑，可起到美化文档的作用。本节主要介绍在 Word 中设置页眉和页脚的方法。

5.2.1 添加页眉和页脚

在 Word 2016 中，用户可以为文档设计页眉和页脚，在其中插入文本、图形、图片等对象，以显示时间、日期、页码、公司名称、文档标题、作者姓名、公司徽标等信息。在 Word 中，添加页眉和页脚的方法基本相同。以自定义页眉和页脚为例，具体操作如下。

微课：添加页眉和页脚

01 打开"素材文件\第 5 章\公司财务管理制度.docx"文件，其中已经输入了文本内容。切换到"插入"选项卡，在"页眉和页脚"组中单击"页眉"或"页脚"下拉按钮，在打开的下拉菜单中选择一种内置的页眉或页脚样式即可，如下图所示。

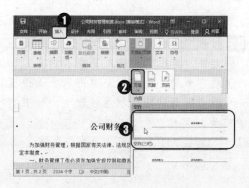

02 此时文档将进入页眉和页脚编辑状态，并出现"页眉和页脚工具/设计"选项卡。将光标定位到页眉中，即可输入需要的文本内容，然后将光标定位到目标位置，单击"插入"组中的"日期和时间"按钮，如下图所示。

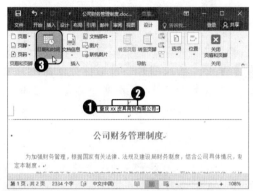

03 弹出"日期和时间"对话框，在"可用格式"列表框中选择需要的日期和时间格式，勾选"自动更新"复选框，然后单击"确定"按钮，如下图所示。

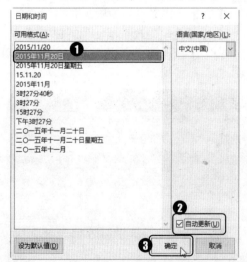

04 返回文档，可以看到页眉中插入了时间信息。将光标插入点定位到日期和时间信息之前，此时 Word 将自动选中插入的时间信息，然后在"位置"组中单击"插入'对齐方式'选项卡"按钮，如下图所示。

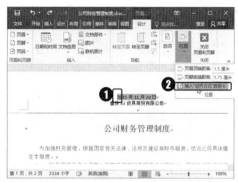

05 弹出"对齐制表位"对话框，在其中可以设置所选对象在页眉或页脚中的对齐方式，本例选择"右对齐"单选按钮，然后单击"确定"按钮，如下图所示。

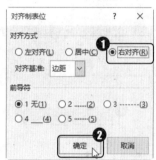

06 返回文档，可以看到时间信息在页眉中右对齐后的效果。将光标定位到页眉左上角处，在"插入"组中单击"文档部件"→"文档属性"→"标题"命令，如下图所示。

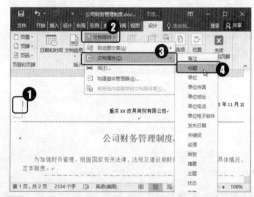

07 返回文档，可以看到在所选位置插入了相应的部件，根据需要输入文本即可，如下图所示。

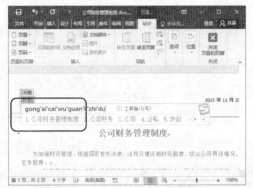

08 选中页眉中的文本，如公司名称，切换到"文件"选项卡，在"字体"组中可以根据需要设置字体、字号、文字倾斜效果、文本颜色等，如下图所示。

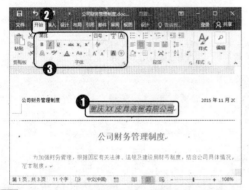

09 切换回"页眉和页脚工具/设计"选项卡，在"导航"组中单击"转至页脚"按钮，如下图所示。

10 此时 Word 将切换到页脚，以便进行编辑。将光标定位到目标位置，在"插入"组中单击"图片"按钮，如下图所示。

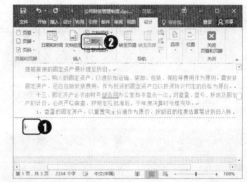

11 弹出"插入图片"对话框，根据图片文件保存位置找到并选中要插入页脚的图片，单击"插入"按钮，如下图所示。

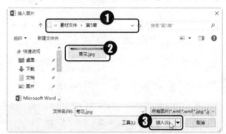

12 返回文档，可以看到页脚中插入了所选图片，在"页眉和页脚工具/设计"选项卡的"关闭"组中单击"关闭页眉和页脚"按钮，即可退出页眉和页脚编辑状态，如下图所示。

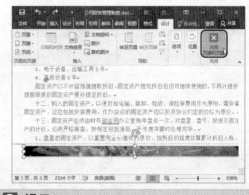

😊 **提示**

默认情况下，在 Word 文档中设置的页眉和页脚将应用到该文档的所有页面中，在"页眉和页脚/设计"选项卡的"选项"组中勾选相应的复选框，然后根据需要设置页眉和页脚，即可设计出奇偶页不同或首页不同的页眉和页脚。

5.2.2 添加页码

微课：添加页码

如果一篇文档含有很多页，为了打印后便于排列和阅读，应对文档添加页码。在使用 Word 提供的页眉/页脚样式时，部分样式提供了添加页码的功能，即插入某些样式的页眉/页脚后，会自动添加页码。若使用的样式没有自动添加页码，就需要手动添加，具体操作如下。

01 打开"素材文件\第 5 章\公司财务管理制度.docx"文件，其中已经输入了文本内容。切换到"插入"选项卡，单击"页眉和页脚"组中的"页码"下拉按钮，在打开的下拉菜单中选择页码位置，如"页面底端"，在展开的子菜单中根据需要选择一种页码样式，如"圆形"，如下图所示。

😊 **提示**

在文档的页眉或页脚处双击，也可进入页眉和页脚编辑状态，并自动切换到"页眉和页脚工具/设计"选项卡。

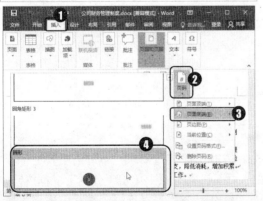

02 返回文档，Word 将自动进入页眉和页脚编辑状态，并切换到"页眉和页脚工具/设计"选项卡，在所选位置可以看到插入的页码。如果需要设置页码的起始数值或格式，可以将光标定位到文档中的任意页码处，然后在"页眉和页脚"组中单击"页码"下拉按钮，在打开的下拉菜单中单击"设置页码格式"命令，如下图所示。

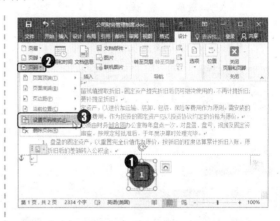

03 弹出"页码格式"对话框，在"编号格式"下拉列表中可以选择页码的编号格式，在"页码编号"栏中选择"起始页码"单选按钮，然后在对应的微调框中进行设置，即可编辑文档的起始页码，设置完成后，单击"确定"按钮即可，如下图所示。

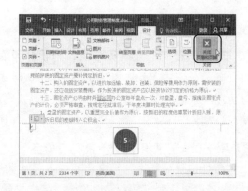

> 💬 **提示**
>
> 　　如果要删除添加的页码，只需在"页眉和页脚工具/设计"选项卡的"页眉和页脚"组中单击"页码"下拉按钮，在打开的下拉菜单中单击"删除页码"命令，即可快速删除文档中所有添加的页码。

04 返回文档，即可看到设置后的效果，在"页眉和页脚工具/设计"选项卡中单击"关闭页眉和页脚"按钮，即可退出页眉和页脚编辑状态，如右图所示。

5.3 分栏排版

为了提高阅读兴趣、创建不同风格的文档或节约纸张，可进行分栏排版。本节主要介绍在 Word 2016 中对文档进行分栏排版的方法。

5.3.1 创建分栏

在 Word 中创建分栏排版的方法主要有以下两种。

微课：创建分栏

- 快速分栏：选中要进行分栏排版的文本，切换到"布局"选项卡，在"页面设置"组中单击"分栏"下拉按钮，在打开的下拉菜单中选择需要的分栏排版方式即可，如下图所示。

- 自定义分栏：如果 Word 提供的预设分栏方式不能满足需求，可以选中要进行分栏排版的文本，切换到"布局"选项卡，在"页面设置"组中单击"分栏"下拉按钮，在打开的下拉菜单中单击"更多分栏"命令，打开"分栏"对话框，在其中根据需要设置分栏栏数、栏宽和间距等，设置完成后单击"确定"按钮即可，如下图所示。

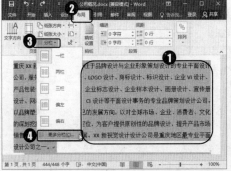
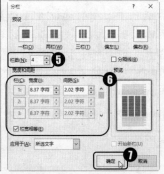

5.3.2 设置栏宽、间距和分隔线

在文档中进行分栏排版时，用户可以根据需要设置栏宽和间距，并选择显示分隔线。

选中要设置栏宽、间距或分隔线的文本，在"布局"选项卡的"页面设置"组中执行"分栏"→"更多分栏"命令，打开"分栏"对话框，在其中即可进行相应设置：勾选"分隔线"复选框，将在文档中显示各栏的分隔线；在"宽度和间距"栏下，在各栏对应的"宽度"微调框中，可以根据需要设置该栏栏宽；在"间距"微调框中，可以设置该栏间距；设置完成后单击"确定"按钮即可。

微课：设置栏宽、间距和分隔线

5.3.3 使用分栏符

进行分栏排版后，所选文本将从第一栏开始依次往后排列。如果排版希望从某处文字开始出现在下一栏顶部，可以通过插入分栏符来实现。

微课：使用分栏符

如下图所示，分两栏排版后，文档中的两段文字在栏中依次排列，第一段的部分内容和第二段在同一栏中，要使两段文字各处一栏，只需将光标定位到第二段文字开头处，然后切换到"布局"选项卡，在"页面设置"组中单击"分隔符"下拉按钮，在打开的下拉菜单中单击"分栏符"命令，插入分栏符即可。

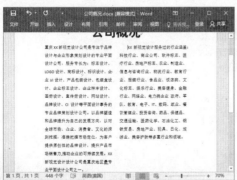

5.4 边框和底纹

在制作文档时，为了修饰或突出文档中的内容，可以对标题、重点段落或页面添加边框或底纹效果。本节主要介绍在 Word 2016 中，对文本、段落或页面添加边框或底纹的方法。

5.4.1 添加边框

在 Word 2016 中，可以为文本字符、段落以及页面等对象添加边框，下面将分别进行介绍。

1. 添加字符边框

在 Word 2016 中为文本添加字符边框的方法为：在文档中选中要添加

微课：添加字符边框

字符边框的文本，在"开始"选项卡的"字体"组中单击"字符边框"按钮Ⓐ，即可为所选文本添加默认的黑色直线边框，如下图所示。

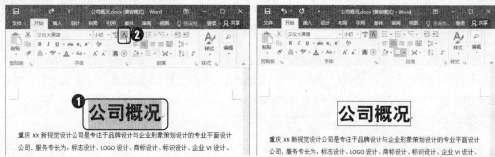

2. 添加段落边框

段落边框作用于所选段落，其设置方法与设置字符边框类似，但更为复杂。设置段落边框可以自定义设置内部边框、外部边框、上下边框或者所有边框，并选择边框的颜色。

微课：添加段落边框

方法为：选中需要添加边框的段落，在"开始"选项卡的"段落"组中单击"边框"下拉按钮，在打开的下拉菜单中单击"边框和底纹"命令，弹出"边框和底纹"对话框，默认切换到"边框"选项卡，在其中设置边框的线条样式、颜色和宽度等选项，然后单击"确定"按钮即可，如下图所示。

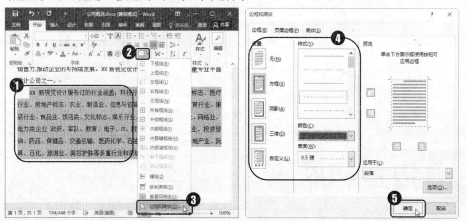

☺ 提示

选中需要添加边框的段落，在"开始"选项卡的"段落"组中单击"边框"下拉按钮，在弹出的下拉菜单中选择一种边框样式，如"外侧框线"选项，即可快速添加默认线条样式的段落边框。

3. 添加页面边框

在 Word 2016 中，为了让文档更具实用性，还可以为文档页面设置边框。

微课：添加页面边框

设置页面边框的方法为：打开文档，切换到"设计"选项卡，然后单击"页面背景"组中的"页面边框"按钮，弹出"边框和底纹"对话框，在"页面边框"选项卡中，可以在"样式"下拉列表中选择边框样式，也可以在"艺术型"

下拉列表中选择边框样式，选择好后根据需要设置颜色、宽度等相关参数，然后单击"确定"按钮即可，如下图所示。

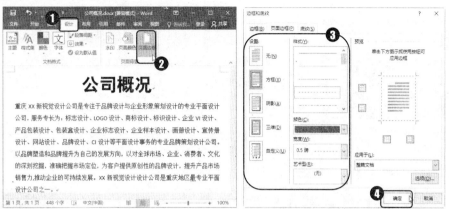

> **注意**
> 对页面设置艺术型边框时，若所选样式的边框已经设置了黑色以外的颜色，则无法更改其颜色。

5.4.2 添加底纹

在 Word 2016 中，可以为文本字符、段落等对象添加底纹，下面将分别进行介绍。

> **提示**
> 为文档页面添加底纹，以纯色、图案或图片等填充文档页面，属于设置文档背景的范畴，在下一节"设置文档背景"中将进行详细介绍。

1．添加字符底纹

在 Word 2016 中为文本添加底纹的方法为：在文档中选中要添加底纹的文本，在"开始"选项卡的"字体"组中单击"字符底纹"按钮 ，即可为所选文本添加默认的灰色底纹。

微课：添加字符底纹

2．添加段落底纹

在 Word 中不仅可以为文本设置底纹，还可以为整个段落设置底纹，添加段落底纹后，不仅文字有了底纹，段落标记也会被底纹覆盖。

在 Word 2016 中，不仅可以为段落设置纯色底纹，还可以设置有图案
的底纹，方法为：选中需要添加底纹的段落，在"开始"选项卡的"段落"组中单击"边框"下拉按钮，在弹出的下拉菜单中单击"边框和底纹"命令，弹出"边框和底纹"对话框，切换到"底纹"选项卡，在"填充"下拉列表中选择需要的底纹颜色，在"图案"栏中根据需要设置图案样式和图案颜色，然后单击"确定"按钮即可，如下图所示。

微课：添加段落底纹

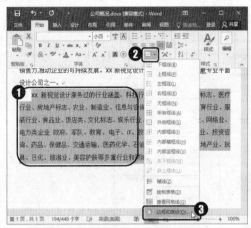
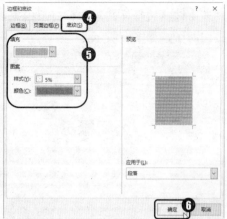

5.4.3 【案例】制作求职信

结合本节所讲的知识要点，下面以在 Word 文档中制作求职信为例，讲解如何在文档中添加边框和底纹，具体操作如下。

微课：制作求职信

01 打开"素材文件\第 5 章\求职信.docx"文件，其中已经输入了文本内容。切换到"设置"选项卡，单击"页面背景"组中的"页面边框"按钮，如下图所示。

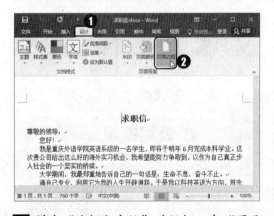

02 弹出"边框和底纹"对话框，在"页面边框"选项卡中，在"艺术型"下拉列表中选择边框样式，然后设置宽度为"9磅"，在"设置"列表中选择"方框"选项，单击"确定"按钮即可，如下图所示。

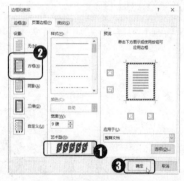

03 返回文档，即可看到设置后的效果。选中需要添加底纹的段落，在"开始"选项卡的"段落"组中单击"边框"下拉按钮，在弹出的下拉菜单中单击"边框和底纹"命令，如下图所示。

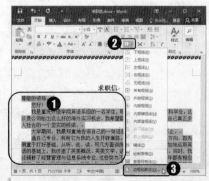

04 弹出"边框和底纹"对话框，切换到"底纹"选项卡，在"填充"下拉列表中选择需要的底纹颜色，在"图案"栏中根据需要设置图案样式和图案颜色，然后单击"确定"按钮即可，如下图所示。

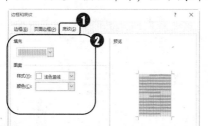

05 返回文档，即可看到添加段落底纹后的效果，如下图所示。

☺ **提示**

在"边框和底纹"对话框中，彩色的"艺术型"线条样式，用户无法自定义颜色，默认为黑色的"艺术型"线条样式，可以根据需要自定义颜色。

5.5 设置文档背景

在制作一些有特殊用途的文档时，为了增加文档的生动感和实用性，常常需要对文档的页面进行设置，如设置背景颜色、添加水印等。本节主要介绍在 Word 2016 中设置页面颜色和添加水印的方法。

5.5.1 设置页面颜色

为了使文档更加美观，可以对文档设置页面颜色，用于渲染文档。在 Word 2016 中可以使用纯色、纹理、图案或图片等为文档设置页面颜色，具体操作如下。

微课：设置页面颜色

01 打开"素材文件\第 5 章\公司概况.docx"文件。切换到"设计"选项卡，单击"页面背景"组中的"页面颜色"按钮，在打开的下拉菜单中将光标指向任意颜色，即可预览设置效果，单击色块即可应用至文档页面，如下图所示。

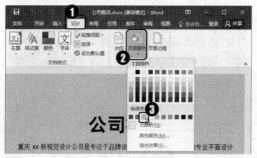

02 如果主题颜色中没有所需颜色，此时可

以在打开的下拉菜单中单击"填充效果"命令，如下图所示。

03 弹出"填充效果"对话框，切换到"纹理"选项卡，选择"水滴"纹理，然后单击"确定"按钮，如下图所示。

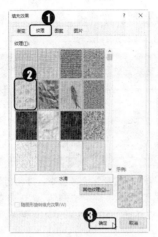

04 返回文档，即可查看应用"水滴"纹理后效果，如下图所示。

05 再次打开"填充效果"对话框，切换到"图案"选项卡，并分别设置前景色和背景色，并根据需要选择一种图案，设

置后单击"确定"按钮，如下图所示。

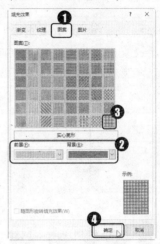

06 返回文档，即可查看以图案填充页面背景后的效果，如下图所示。

> 😊 **提示**
>
> 在"填充效果"对话框中，切换到"渐变"选项卡，可以自定义渐变颜色、透明度、底纹样式等参数，设置以渐变填充页面背景。切换到"图片"选项卡，单击"选择图片"按钮，在弹出的"插入图片"对话框中，可以选择联机搜索图片，或单击"浏览"按钮，使用本地电脑中保存的图片作为页面背景。

5.5.2 添加水印

水印是指将文本或图片以水印的方式设置为页面背景。文字水印多用于说明文件的属性，如一些重要文档中都带有"机密文件"字样的水印。图片水印大多用于修饰文档，如一些杂志的页面背景通常为一些淡化后的图片。对文档添加水印的具体操作如下。

微课：添加水印

01 打开"素材文件\第 5 章\公司概况.docx"文件。切换到"设计"选项卡，单击"页面背景"组中的"水印"按钮，在打开的下拉菜单中单击需要的内置水印样式，即可将该样式应用到文档中，如下图所示。

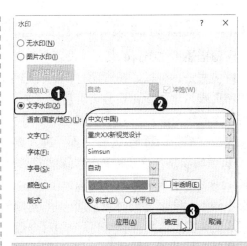

02 若需要自定义水印样式，可以再次单击"水印"按钮，然后在打开的"水印"下拉列表中选择"自定义水印"命令，如下图所示。

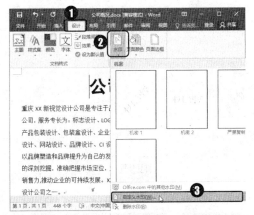

😊 **提示**

　　在打开的"水印"对话框中，若选择"图片水印"单选按钮，然后单击"选择图片"按钮，在打开的"插入图片"对话框中可以选择图片作为水印背景。

04 返回文档，即可看到设置自定义水印后的效果，如下图所示。

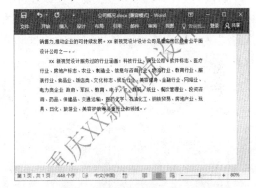

03 弹出"水印"对话框，本例选择"文字水印"单选按钮，然后根据需要设置其文字、字体、文本颜色以及版式等效果，设置后单击"确定"按钮，如下图所示。

😊 **提示**

　　单击"页面背景"组中的"水印"按钮，在弹出的下拉列表中单击"删除水印"选项，即可删除添加的水印。

5.6 高手支招

本章主要介绍了页面设置、设置页眉和页脚、设置分栏排版、设置边框和底纹以及设置文档背景等知识。本节将对一些相关知识中延伸出的技巧和难点进行解答。

5.6.1　设置奇偶页不同的页眉和页脚

问题描述：在 Word 中可以设置奇偶页不同的页眉和页脚吗？

解决方法：可以。在双面打印的文档中，往往需要对奇数页和偶数页设置不同效果的页眉和页脚，比如要在偶数页页眉显示公司名称，在奇数页页眉显示文档名称和日期，这时可以按照下面的操作方法实现。

双击文档中的页眉/页脚位置，进入页眉/页脚编辑状态，在出现的"页眉和页脚工具/设计"选项卡的"选项"组中勾选"奇偶页不同"复选框，此时页眉/页脚的左侧会显示相关提示信息，用户可以分别对奇数页与偶数页插入不同样式的页眉/页脚，并根据需要编辑相应的内容即可。

5.6.2　为文字设置自定义边框和底纹

问题描述：除了通过"字符底纹" A 和"字符边框" A 按钮，为文字添加默认的边框和底纹外，可以为文字设置更多样式的边框和底纹吗？

解决方法：可以。选中要设置的文字，打开"边框和底纹"对话框，在相应的选项卡中设置边框和底纹时，单击"预览"栏下方的"应用于"下拉按钮，在打开的下拉列表中选择"文字"选项，选择将设置的边框和底纹样式应用于文字，然后在完成边框和底纹的设置后单击"确定"按钮，返回文档，即可看到设置后的效果，如下图所示。

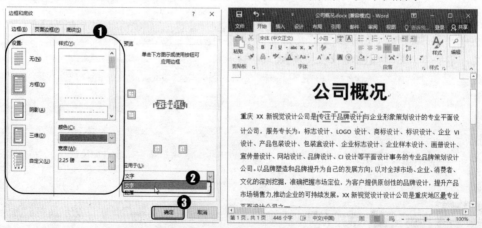

5.6.3　对分栏后的文档内容进行平均分配

问题描述：在分栏排版后，怎样能使左右栏的行数均等？

解决方法：进行分栏排版后，文本内容将从第一栏开始依次排列，因此可能产生左右栏行数不均等的情况。为了使页面更美观，可以通过"连续"分节符来平衡各栏行数。

在分栏后各栏行数不平衡的情况下，将光标定位到分栏文档的末尾，然后切换到"布局"选项卡，在"页面设置"组中单击"分隔符"下拉按钮，在打开的下拉菜单中单击"分节符"栏中的"连续"命令即可，如下图所示。

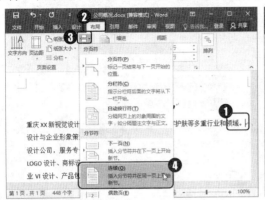 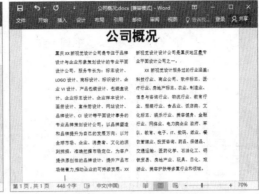

5.7 综合案例——制作员工行为规范

结合本章所讲的知识要点，本节将以制作员工行为规范文件为例，讲解如何在 Word 2016 中进行页面格式的设置和版式设计。

"员工行为规范"文件制作完成后的效果如下图所示。

01 打开"素材文件\第 5 章\员工行为规范.docx"文件。同时选中各节标题文字，在"开始"选项卡的"段落"组中单击"边框"下拉按钮，在打开的下拉菜单中单击"边框和底纹"命令，如右图所示。

02 弹出"边框和底纹"对话框，此时"边框"选项卡的"应用于"下拉列表中默认选择了"文字"选项，根据需要设置线条样式、颜色和宽度，在"设置"列表中选中"阴影"选项，如下图所示。

03 切换到"页面边框"选项卡，此时"应用于"下拉列表中默认选择"整篇文档"选项，在"艺术型"下拉列表中选择需要的边框线条样式，根据需要设置线条颜色和宽度，在"设置"列表中选中"方框"选项，然后单击"确定"按钮，如下图所示。

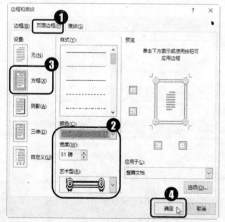

04 返回文档，即可看到设置文本边框和页面边框后的效果。切换到"设计"选项卡，在"页面背景"组中单击"页面颜色"下拉按钮，在打开的下拉菜单中单

击"填充效果"命令，如下图所示。

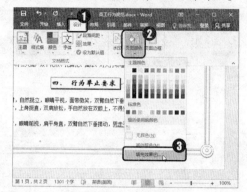

05 弹出"填充效果"对话框，切换到"纹理"选项卡，选择一种纹理。本例选择"羊皮纸"选项，然后单击"确定"按钮，如下图所示。

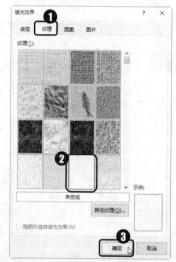

06 返回文档，即可看到设置以纹理填充页面背景后的效果，如下图所示。

第 6 章

图文制作与表格

》》 **本章导读**

对文档进行排版时，仅仅会设置文字格式远远不够。如果要制作出一篇具有吸引力的精美文档，往往需要在文档中插入图片、自选图形、文本框和表格等对象。本章将介绍在 Word 2016 中使用图片、自选图形、文本框和表格等对象的方法。

》》 **知识要点**

- ✓ 使用图片
- ✓ 使用文本框
- ✓ 绘制与编辑自选图形
- ✓ 插入与编辑表格

6.1 使用图片

在制作文档时，有时需要插图配合文字解说，通过制作出图文并茂的文档，给阅读者带来精美、直观的视觉冲击。本节主要介绍在 Word 2016 中插入与编辑图片的方法。

6.1.1 在文档中插入图片

微课：在文档中插入图片

如果要将电脑中收藏的图片插入到文档中，可以通过单击"插图"组中的"图片"按钮实现，具体操作如下。

01 打开"素材文件\第 6 章\寻猫启事.docx"文件。将光标定位到目标位置，切换到"插入"选项卡，在"插图"组中单击"图片"按钮，如下图所示。

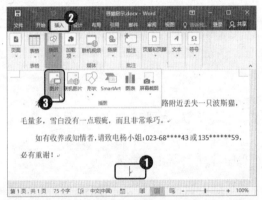

02 弹出"插入图片"对话框，根据图片保存路径找到并选中要插入文档的图片，然后单击"插入"按钮，如下图所示。

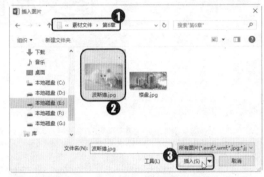

03 返回文档，可以看到目标位置插入了所选图片，如下图所示。

😊 **提示**

将光标定位到目标位置，切换到"插入"选项卡，在"插图"组中单击"联机图片"按钮，在打开的对话框中，在搜索文本框中输入关键字，然后按下"Enter"键联机搜索图片，即可在搜索结果中选择需要的图片，单击"插入"按钮将其插入文档。

6.1.2 插入屏幕截图

微课：插入屏幕截图

Word 2016 拥有屏幕截图功能，通过该功能，可以快速截取屏幕图像，并直接插入到文档中。屏幕截图分两种情况：截取窗口和截取区域。

> 😊 **提示**
>
> "屏幕截图"功能会智能监视活动窗口（打开且没有最小化的窗口），可以很方便地截取活动窗口的图片并插入到当前文档中。而使用"屏幕截图"功能插入屏幕截图时，可以插入任意区域的屏幕截图。

- 截取窗口：将光标定位到需要插入图片的位置，切换到"插入"选项卡，单击"插图"组中的"屏幕截图"按钮，在打开的下拉菜单的"可用视窗"栏中，将以缩略图的形式显示当前所有活动窗口，单击某个要插入的窗口图，即可将该窗口截图并插入到文档中，如下图（左边）所示。

- 截取区域：将光标定位到需要插入图片的位置，切换到"插入"选项卡，单击"插图"组中的"屏幕截图"按钮，在打开的下拉菜单中单击"屏幕剪辑"命令，当前文档窗口将自动缩小，整个屏幕将朦胧显示，这时用户可按住鼠标左键不放，拖动鼠标选择截取区域，被选中的区域将呈高亮显示，选好截取区域后，松开鼠标左键，Word 2016 会自动将截取的屏幕图像插入文档中，如下图（右边）所示。

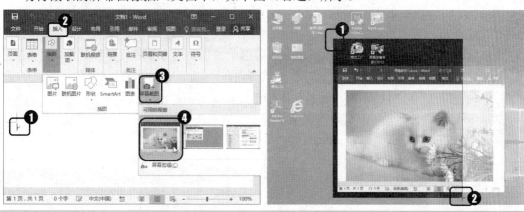

> 😊 **提示**
>
> 截取屏幕截图时，选择"屏幕剪辑"选项后，屏幕中显示的内容是打开当前文档之前所打开的窗口或对象。

6.1.3 调整图片大小和位置

在 Word 文档中插入图片后，如果图片过大或过小，都可以根据需要调整其大小。此外，我们还可以根据实际情况设置图片在文档中的位置，即所谓的图文混排方式。

1. 调整图片大小

通常情况下，插入到文档中的图片大多需要经过不同程度的大小缩放，才能满足实际需求。可以通过鼠标调整，或通过功能区、对话框精确调整。

微课：调整图片大小

- 使用鼠标调整：选中插入的图片，图片四周将出现 8 个控制点，将鼠标指针指向其中一个控制点，指针将变成双向箭头形状，此时按下鼠标左键拖动，当图片调整到合适大小后释放鼠标左键即可，如下图（左边）所示。

> ☺ **提示**
>
> 按下"Shift"键的同时拖动鼠标，图片将按比例自动调整大小。例如，将鼠标指针指向图片下方中间的控制点时进行拖动，图片的高度会随之改变，但宽度不变；若按住"Shift"键的同时拖动鼠标，则高度和宽度同时发生改变。

- 通过功能区调整：选中图片，切换到"图片工具/格式"选项卡，在"大小"栏中自定义高度和宽度值，然后按下"Enter"键确认即可，如下图（右边）所示。

- 通过对话框调整：右击图片，在弹出的快捷菜单中单击"大小和位置"命令，在弹出的"布局"对话框中默认切换到"大小"选项卡，在"高度"栏中设置高度值，在"宽度"栏中设置宽度值，然后单击"确定"按钮即可，如下图所示。

> ☺ **提示**
>
> 在"布局"对话框默认勾选了"锁定纵横比"复选框，若取消勾选该复选框，则可自定义图片的高度值或者宽度值。

2. 调整图片位置

通常情况下，图片是以嵌入的方式插入到文档中的，如果需要更改图片和文字的环绕方式，即图片位置，可通过下面的方法实现。

微课：调整图片位置

- 选中图片，在"图片工具/格式"选项卡中单击"排列"组中的"位置"下拉按钮，在弹出的下拉列表中单击需要的文字环绕方式即可，如下图（左边）所示。
- 右击图片，在弹出的快捷菜单中单击"大小和位置"命令，在弹出的"布局"对话框中切换到"文字环绕"选项卡,在"环绕方式"栏中选中需要的文字环绕方式,在"环绕文字"栏设置相关参数,然后单击"确定"按钮即可,如下图(右边)所示。

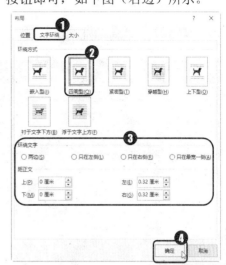

> 😊 **提示**
>
> 对图片进行各种编辑设置后,单击"调整"组中的"重设图片"按钮 ,即可使图片恢复插入时的原始状态,清除所有编辑和设置的效果。

6.1.4 旋转图片

将图片插入到文档后,还可以对其进行翻转,即旋转 90°、水平翻转等,方法为:选中要进行旋转的图片,切换到"图片工具/格式"选项卡,单击"排列"组中的"旋转"下拉按钮,在弹出的下拉菜单中单击需要的命令即可。

微课:旋转图片

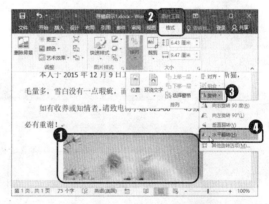

> 😊 **提示**
>
> 如果要为图片设置更加精确的旋转角度,可在"旋转"下拉菜单中单击"其他旋转选项"命令,在弹出的"布局"对话框中默认切换到"大小"选项卡,在"旋转"微调框中输入精确的旋转角度值,然后单击"确定"按钮即可。

6.1.5 裁剪图片

将图片插入到文档后,我们还可以将图片中不需要的部分裁剪掉。在 Word 2016 中裁剪图片,不仅可以按照常规的方法裁剪,还可以将图片裁剪为形状等。

微课:裁剪图片

- 常规裁剪:选中要裁剪的图片,切换到"图片工具/格式"选项卡,单击"大小"组中的"裁剪"按钮,此时图片四周的 8 个控制点上将出现黑色的竖条,单击某个竖条,按下鼠标左键进行拖动,此时鼠标指针变为黑色十字状,在合适位置释放鼠标左键,然后

按下 "Enter" 键确认裁剪即可，如下图（左边）所示。

- 将图片裁剪为形状：选中要裁剪的图片，切换到"图片工具/格式"选项卡，单击"大小"组中的"裁剪"下拉按钮，在弹出的下拉列表中单击"裁剪为形状"选项，在展开的子菜单中单击需要的形状选项即可，如下图（右边）所示。

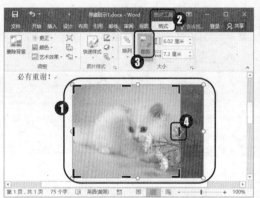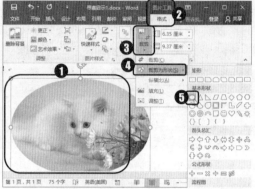

6.1.6 调整图片色彩

在 Word 2016 中，插入图片之后，还可以根据需要调整图片的锐化/柔化、亮度/对比度和颜色等。

选中要调整色彩的图片，切换到"图片工具/格式"选项卡，单击"调整"组中的"更正"下拉按钮，在打开的下拉菜单中单击需要的选项，即可调整图片锐化/柔化、亮度/对比度，如下图（左边）所示。单击"颜色"下拉按钮，在打开的下拉菜单中单击需要的选项，即可调整图片的颜色饱和度、色调，或重新着色，如下图（右边）所示。

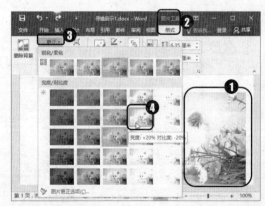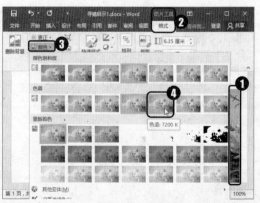

☺ 提示

选中图片，单击"调整"组中的"艺术效果"下拉按钮，在打开的下拉菜单中可以为图片设置如画图刷、铅笔素描等艺术效果。

6.1.7 【案例】制作售楼海报

结合本节所讲的知识要点,下面以在 Word 文档中制作售楼海报为例, 讲解如何在文档中插入与编辑图片,具体操作如下。

微课:制作售楼海报

01 打开"素材文件\第6章\售楼海报.docx" 文件。将光标定位到要插入图片的位 置,切换到"插入"选项卡,在"插 图"组中单击"图片"按钮,如下图 所示。

02 弹出"插入图片"对话框,根据图片保 存路径找到并选中要插入文档的图片, 然后单击"插入"按钮,如下图所示。

03 返回文档,即可看到目标位置插入了所 选图片。选中图片,切换到"图片工具/ 格式"选项卡,在"图片样式"组中单

击"快速样式"下拉按钮,在打开的下 拉菜单中单击需要的图片样式,如"柔 化边缘矩形",如下图所示。

04 返回文档,删除多余空行,即可看到插 入并编辑图片后的效果,如下图所示。

6.2 绘制与编辑自选图形

通过 Word 2016 提供的绘制图形功能,可以在文档中"画"出各种样式的形 状,如线条、椭圆和旗帜等,以满足文档设计的需要。本节主要介绍在 Word 2016 中绘制与编辑自选图形的方法。

6.2.1 绘制自选图形

微课：绘制自选图形

在 Word 2016 中绘制自选图形的方法十分简单：打开文档，切换到"插入"选项卡，然后单击"插图"组中的"形状"按钮，打开的下拉菜单中单击需要的形状，此时光标呈十字状，在需要插入自选图形的位置按住鼠标左键不放，然后拖动鼠标进行绘制，当绘制到合适大小时释放鼠标即可，如下图所示。

在绘制图形的过程中，若配合"Shift"键的使用可绘制出正方形、正圆形、正五角星等特殊图形。例如绘制"矩形"图形时，同时按住"Shift"键不放，可绘制出一个正方形。

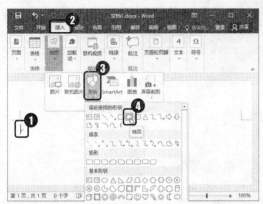
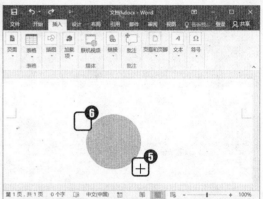

> 💡 提示
>
> 单击"插图"组中的"形状"按钮后，在弹出的下拉列表中右击某个绘图工具，在弹出的快捷菜单中单击"锁定绘图模式"命令，可连续使用该绘图工具进行绘制。当需要退出绘图模式时，按下"Esc"键即可。

6.2.2 更改形状

微课：更改形状

绘制自选图形后，还可以根据需要更改自选图形的形状。

方法为：选中自选图形，切换到"绘图工具/格式"选项卡，在"插入形状"组中单击"编辑形状"下拉按钮，在打开的下拉菜单中展开"更改形状"子菜单，在其中选择需要的形状，单击即可。

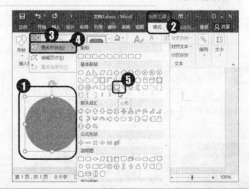

> 😊 提示
>
> 在文档中绘制形状后，选中形状，将光标指向自选图形，当光标呈 ✛ 形状时，通过鼠标拖动，即可移动自选图形位置。将光标指向图形四周的控制点，当光标成双向箭头形状时，通过鼠标拖动，即可调整图形大小。

6.2.3 设置形状样式和效果

微课：设置形状样式

　　在文档中绘制自选图形之后，还可以根据需要对形状样式进行设置，例如设置填充颜色、形状轮廓、形状效果等，或快速套用内置的形状样式，方法如下。

- 设置形状填充：选中自选图形，切换到"绘图工具/格式"选项卡，在"形状样式"组中单击"形状填充"下拉按钮，在打开的下拉菜单中，可以根据需要设置以纯色、渐变、纹理、图片等填充形状，如下图（左边）所示。

- 设置形状轮廓：选中自选图形，切换到"绘图工具/格式"选项卡，在"形状样式"组中单击"形状轮廓"下拉按钮，在打开的下拉菜单中，可以根据需要设置形状轮廓的线条样式、线条粗细、线条颜色等，如下图（右边）所示。

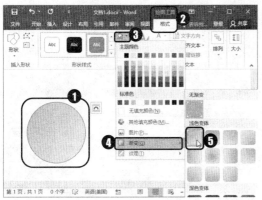
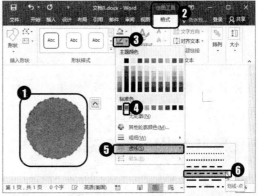

- 设置形状轮廓：选中自选图形，切换到"绘图工具/格式"选项卡，在"形状样式"组中单击"形状效果"下拉按钮，在打开的下拉菜单中，可以展开相应的子菜单，根据需要设置阴影、映像、发光、柔滑边缘、棱台、三维旋转等形状效果，如下图（左边）所示。

微课：设置形状效果

- 应用形状样式：选中自选图形，切换到"绘图工具/格式"选项卡，在"形状样式"组的快速样式列表框右侧单击"其他"下拉按钮，在打开的形状样式下拉列表中，可以选择一种样式快速套用，如下图（右边）所示。

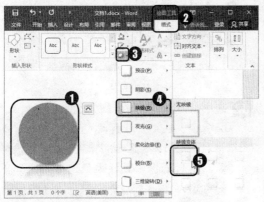
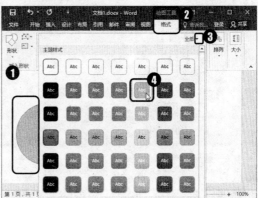

6.2.4 为图形添加文字

在 Word 2016 中，用户可以在绘制的自选图形中添加文字。方法为：右击自选图形，在弹出的快捷菜单中单击"添加文字"命令，此时该自选图形中将呈可编辑文字状态，根据需要输入文字即可，如下图所示。

微课：为图形添加文字

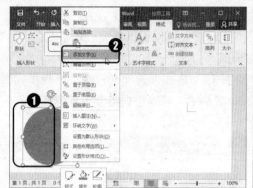 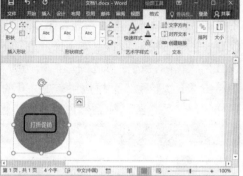

☺ 提示

在自选图形中输入文字后，选中文字，切换到"开始"选项卡，在"字体"组中，也可以根据需要设置字体、字号、文字颜色等。

6.2.5 【案例】绘制招聘流程图

微课：绘制招聘流程图

结合本节所讲的知识要点，下面以在 Word 文档中制作招聘流程图为例，讲解如何在文档中绘制与编辑自选图形，具体操作如下。

01 打开"素材文件\第 6 章\招聘流程图.docx"文件。切换到"插入"选项卡，单击"插图"组中的"形状"按钮，在打开的下拉菜单中单击需要的形状，如下图所示。

鼠标进行绘制，当绘制到合适大小时释放鼠标左键即可，如下图所示。

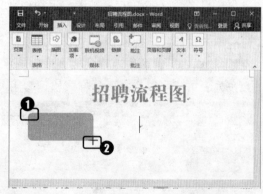

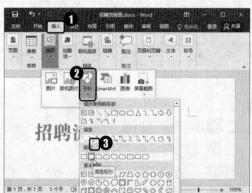

02 此时光标呈十字状，在需要插入自选图形的位置按住鼠标左键不放，然后拖动

03 选中自选图形，切换到"绘图工具/格式"选项卡，在"形状样式"组中单击▲或▼按钮，切换显示列表框中的形状样式，然后选择一种样式快速套用，如下图所示。

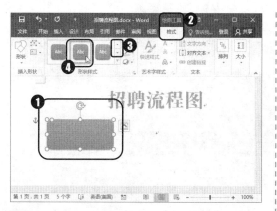

04 右击自选图形，在弹出的快捷菜单中单击"添加文字"命令，如下图所示。

05 此时该自选图形中将呈可编辑文字状态，根据需要输入文字，然后选中文字，切换到"开始"选项卡，在"字体"组

中根据需要设置字体、字号、文字颜色等，如下图所示。

06 按照上述方法继续添加并编辑形状，完成招聘流程图的制作即可，如下图所示。

☺ 提示
在"插入"选项卡的"插图"组中，通过单击"SmartArt"按钮，可以使用 SmartArt 图形功能，快速制作出预设好了样式的流程图、组织结构图等，而不必逐一绘制、编辑自选图形。

6.3 使用文本框

若要在文档的任意位置插入文本，可以通过文本框实现。通常情况下，文本框用于插入注释、批注或说明性文字。本节主要介绍如何在 Word 2016 中使用文本框的方法。

6.3.1 插入内置文本框

Word 2016 提供了多种内置的文本框样式，方便用户使用。插入内置文本框的方法为：打开文档，切换到"插入"选项卡，在"文本"组中单击"文本框"下拉按钮，在打开的下拉菜单"内置"栏中，根据需要选择一种内置的文本框样式即可，如下图所示。

微课：插入内置文本框

6.3.2 绘制文本框

除了插入内置的文本框，还可以自己手动绘制文本框。方法为：打开文档，切换到"插入"选项卡，在"文本"组中单击"文本框"下拉按钮，在打开的下拉菜单中单击"绘制文本框"或"绘制竖排文本框"命令，此

微课：绘制文本框

时鼠标指针变为十字状，按下鼠标左键拖动可绘制文本框，然后在合适的位置释放鼠标左键即可，如下图所示。

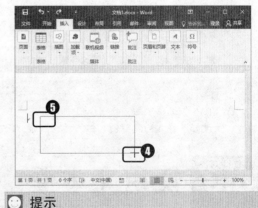

> ☺ **提示**
>
> 选中文本框，通过鼠标拖动文本框四周的控制点，即可调整文本框大小；选中文本框，当光标呈 形状时，通过鼠标拖动，即可调整文本框位置。

6.3.3 编辑文本框

插入文本框后，将光标定位到文本框中，即可根据需要编辑文字内容。输入文本内容后选中文本，切换到"开始"选项卡，即可通过"字体"组设置所选内容的字体格式，如下图（左边）所示。通过"段落"组设置所选内容的段落格式，如下图（右边）所示。

微课：编辑文本框

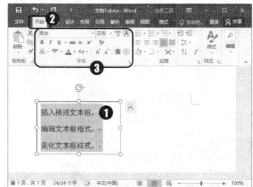
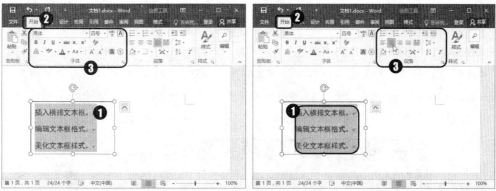

如果要对文本框进行美化操作，可以选中文本框，然后切换到"绘图工具/格式"选项卡，在其中进行相关编辑。

* 若要设置文本框的形状、填充效果和轮廓样式等格式，可以在"插入形状"、"形状样式"等组中操作，其方法与自选图形的操作相同，如下图（左边）所示。
* 若要对文本框内的文本内容进行艺术修饰，可以先选中文本内容，然后在"艺术字样式"组中，套用预设的艺术字样式，或分别打开"文本填充"、"文本轮廓"、"文字效果"下拉菜单，进行相应设置，如下图（右边）所示。

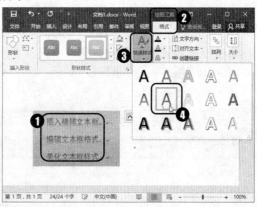

6.4 插入与编辑表格

当需要处理一些简单的数据信息时，如课程表、简历表、通讯录和考勤表等，可以在 Word 中插入表格来完成。本节主要介绍在 Word 2016 中插入与编辑表格的方法。

6.4.1 创建表格

在 Word 中可以通过多种方法创建表格。将光标定位在要插入表格的位置，切换到"插入"选项卡，单击"表格"组中的"表格"按钮，在打开的下拉菜单中，根据需要选择一种创建表格的方式，然后根据提示操作，即可在文档中插入表格。

微课：创建表格

- 快速插入表格：打开"表格"下拉菜单，在其中有一个 10 列 8 行的虚拟表格，此时移动鼠标可选择表格的行列值，选好后单击，即可在文档中插入需要的表格，如下图（左边）所示。

- 通过对话框插入：打开"表格"下拉菜单，单击"插入表格"命令，在弹出"插入表格"的对话框中通过微调框设置表格的行数和列数，在"'自动调整'操作"栏中根据需要进行设置，然后单击"确定"按钮即可，如下图（右边）所示。

- 手动绘制表格：打开"表格"下拉菜单，单击"绘制表格"命令，此时鼠标指针呈笔状 ✐，在文档中的目标位置处，按住鼠标左键拖动，到适当位置释放鼠标左键，即可绘制表格框线，完成绘制后，单击"绘制表格"选项或按下"Esc"键，即退出绘制表格状态，如下图（左边）所示。

- 插入带样式的表格：打开"表格"下拉菜单，展开"快速表格"子菜单，在其中根据需要选择一种内置的带样式的表格，即可将其快速插入到文档当中，如下图（右边）所示。

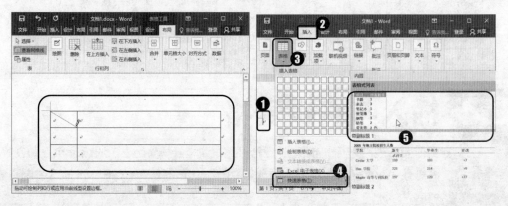

- 将文字转换为表格：在文档中输入表格所需的文本内容，使用 Tab 键或以制表符分隔文字，然后选中文本，打开"表格"下拉菜单，单击"文本转换成表格"命令，弹出"将文字转换成表格"对话框，根据需要调整各项参数设置，然后单击"确定"按钮即可，如下图所示。

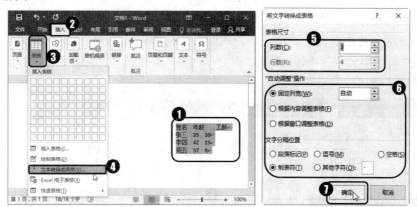

6.4.2 行、列与单元格的插入与删除

在文档中插入表格后，用户还可以对表格中的行、列和单元格等对象进行插入或删除操作，以制作出满足需要的表格。

- 通过功能区：选中要进行操作的目标行、列或单元格，切换到"表格工具/布局"选项卡，在"行和列"组中执行相应的命令，即可插入或删除行、列和单元格等对象，如下图（左边）所示。
- 通过快捷菜单：选中要进行操作的目标行、列或单元格，单击鼠标右键，在弹出的快捷菜单中，执行相应的删除命令，或展开"插入"子菜单，执行相应命令，即可插入或删除行、列和单元格等对象，如下图（右边）所示。

微课：行、列与单元格的
插入与删除

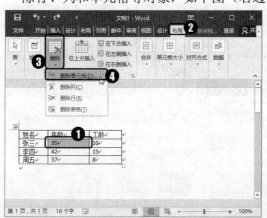
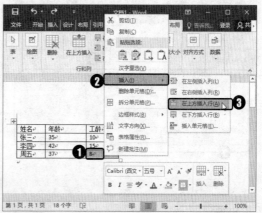

😊 提示

在插入或删除单元格时，将弹出对话框，用户需要在其中选择，对单元格进行插入或删除操作后，相邻的单元格要如何移动。例如"活动单元格下移"、"右侧单元格左移"等。

6.4.3 合并与拆分单元格

在文档中插入表格后，用户还可以对表格中的单元格进行合并与拆分操作，以制作出需要的表格。

- 合并单元格：选中要合并的多个单元格，切换到"表格工具/布局"选项卡，在"合并"组中单击"合并单元格"按钮即可，如下图（左边）所示。
- 拆分单元格：选中要拆分的单元格，切换到"表格工具/布局"选项卡，在"合并"组中单击"拆分单元格"按钮，弹出"拆分单元格"对话框，根据需要设置拆分的行列数，然后单击"确定"按钮即可，如下图（中间、右边）所示。

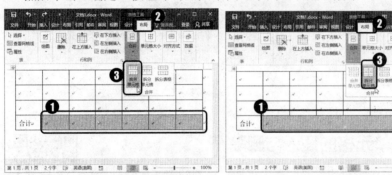
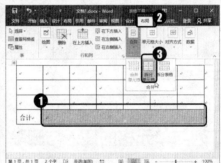

6.4.4 套用表格样式

在文档中插入表格后，用户还可以对表格的外观样式进行设置，使其更加美观。Word 2016 内置了多种表格样式，方便用户快速套用到表格中。

方法为：选中要应用内置样式的表格，切换到"表格工具/设计"选项卡，在"表格样式"组中单击"其他"下拉按钮▼，打开快速样式下拉列表，选择一种内置的表格样式即可，如下图所示。

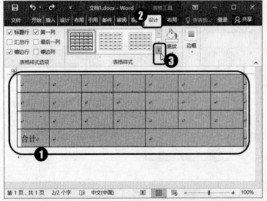
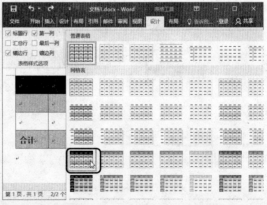

> 😊 **提示**
>
> 切换到"表格工具/设计"选项卡，在"表格样式"组中单击"底纹"下拉按钮，在打开的下拉菜单中可以根据需要设置表格底纹；在"边框"组中，可以根据需要设置表格边框的线条样式、粗细、颜色等。

6.4.5 【案例】制作产品销售记录表

结合本节所讲的知识要点，下面以在 Word 2016 文档中制作产品销售记录表为例，讲解如何在文档中插入与编辑表格，具体操作如下。

微课：制作产品销售记录表

01 打开"素材文件\第 6 章\产品销售记录表.docx"文件。将光标定位到要插入表格的位置，切换到"插入"选项卡，在"表格"组中单击"表格"下拉按钮，在打开的下拉菜单中通过虚拟表格快速在文档中插入一个 9 列 8 行的表格，如下图所示。

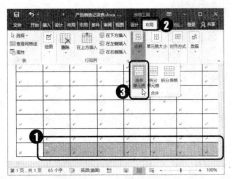

03 根据需要在表格中输入文字内容，删除多余空行即可，如下图所示。

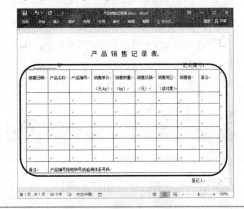

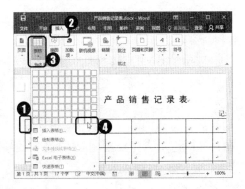

02 在表格第 8 行中，选中第 2 列到第 9 列的单元格，切换到"表格工具/布局"选项卡，在"合并"组中单击"合并单元格"按钮，如下图所示。

6.5 高手支招

本章主要介绍了使用图片、自选图形、文本框和表格等对象的知识。本节将对一些相关知识中延伸出的技巧和难点进行解答。

6.5.1 制作图片边缘发光效果

问题描述：在 Word 中插入图片之后，可以设置图片边缘发光的效果吗？

解决方法：可以。方法为：选中要设置的图片，切换到"图片工具/格式"选项卡，在"图片样式"组中单击"图片效果"下拉按钮，在打开的下拉菜单中展开"发光"子菜单，在其中可以选择一种预设的发光效果应用到图片中，如下图（左边）所示。或者可以单击"发光选项"命令，打开"设置图片格式"窗格，在其中设置发光效果的颜色、大小、透明度等，设置完成后单击"关闭"按钮 ✖ 关闭窗格即可，如下图（右边）所示。

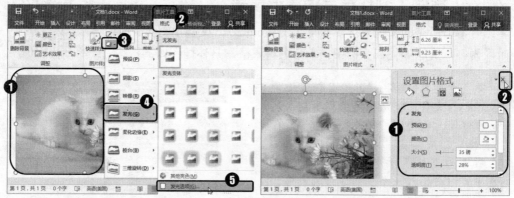

6.5.2 为纯底色的图片去除背景色

问题描述：在 Word 2016 中可以去除图片的背景色吗？

解决方法：对于拥有纯色背景的图片，可以通过 Word 2016 的删除背景功能轻松去除图片背景色，达到"抠图"的效果。

方法为：选中图片，切换到"图片工具/格式"选项卡，在"调整"组中单击"删除背景"按钮，此时将进入删除图片背景状态，并自动切换到"背景消除"选项卡，图片中要删除的部分将成亮紫色显示，如下图（左边）所示。在功能区选项卡中单击相应的按钮，然后在图片中标记要删除和要保留的区域，即可调整要删除的区域；设置完成后单击"保留更改"按钮，即可退出删除图片背景状态，完成图片背景色的删除操作，如下图（右边）所示。

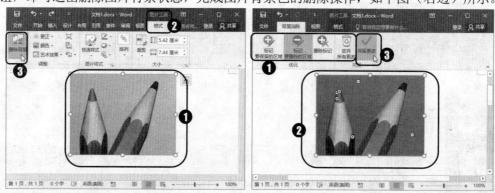

6.5.3 调整表格行高和列宽

问题描述：在 Word 中插入表格后，如何调整表格行高和列宽？

解决方法：要调整文档中表格的行高和列宽，可以通过以下方法实现。

- 鼠标拖动手动调整：将光标指向行与行之间，待指针呈 ÷ 状时，按下鼠标左键并拖动，表格中将出现虚线，待虚线到达合适位置时释放鼠标左键即可；将光标指向列与列之间，待指针呈 ╫ 状时，按下鼠标左键并拖动，当出现的虚线到达合适位置时释放鼠标左键即可，如下图（左边）所示。

- 通过微调框精确设置：选中要设置的单元格或单元格区域，切换到"表格工具/布局"选项卡，在"单元格大小"组中通过"高度"微调框可以调整单元格所在行的行高，通过"宽度"微调框可以调整单元格所在列的列宽。
- 通过命令快速调整：将光标插入点定位到某个单元格内，切换到"表格工具/布局"选项卡，在"单元格大小"组中单击"自动调整"按钮，在弹出的下拉列表中有"根据内容自动调整表格"、"根据窗口自动调整表格"和"固定列宽"3 个命令，单击相应的命令，即可自动调整行高和列宽，如下图（右边）所示。

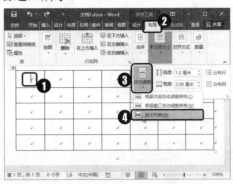

6.6 综合案例——制作招聘启事

结合本章所讲的知识要点，本节将以制作一个招聘启事文件为例，讲解如何在 Word 2016 中使用图片、自选图形、文本框或表格等对象。

"招聘启事"制作完成后的效果，如下图所示。

01 打开"素材文件\第 6 章\招聘启事.docx"文件，其中已经输入了文本内容。将光标定位到要插入表格的位置，切换到"插入"选项卡，单击"表格"组中的"表格"按钮，在打开的下拉菜单中单击"插入表格"命令，如下图所示。

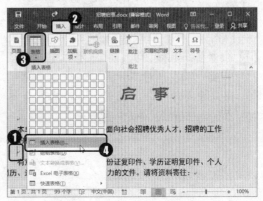

02 弹出"插入表格"对话框，设置表格列数为6，行数为13，选择"根据窗口调整表格"单选按钮，然后单击"确定"按钮，如下图所示。

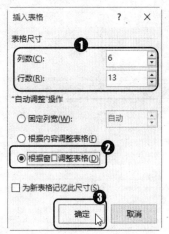

03 返回文档，可以看到其中插入了表格，根据需要输入表格内容，并适当地调整行高和列宽，然后选中整个表格，切换到"开始"选项卡，在"字体"组中设置字体、字号、文字颜色等，如下图所示。

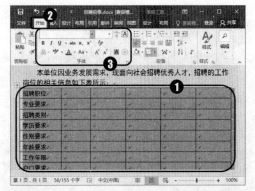

04 选中整个表格，切换到"表格工具/布局"选项卡，在"对齐方式"组中单击"水平居中"按钮，设置文本内容在表格中的对齐方式，如下图所示。

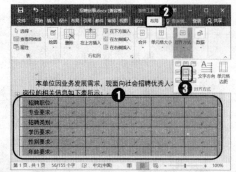

05 将光标定位到要插入文本框的位置，切换到"插入"选项卡，在"文本"组中单击"文本框"下拉按钮，在打开的下拉菜单的"内置"栏中，选择"奥斯汀引言"样式，如下图所示。

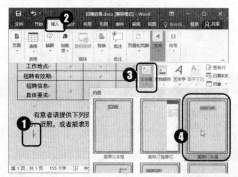

06 返回文档，可以看到插入了所选样式的文本框，在其中根据需要输入文本内容，然后选中文本框，通过单击鼠标左键并拖动，调整文本框的大小和位置即可，如下图所示。

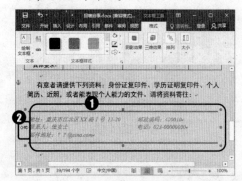

第 7 章

编辑长文档

》》 **本章导读**

Word 2016 中提供了多种视图方式，以方便对长文档进行查看。使用样式和模版可以快速对长文档进行排版。为文档添加目录可以方便用户快速查阅长文档。本章将介绍设置文档视图方式的方法，以及如何使用样式、模版、目录等处理长文档。

》》 **知识要点**

- ✓ 设置文档视图
- ✓ 使用样式和模版
- ✓ 制作目录

7.1 设置文档视图

在 Word 中查看文档时，可以在多种视图方式中进行选择。此外，还可以通过调节文档显示比例的方式进行查看。本节主要介绍切换视图模式，更改文档显示比例，以及使用导航窗格查看文档的方法。

7.1.1 切换视图方式

Word 2016 提供了页面视图、阅读版式视图、Web 版式视图、大纲视图和草稿视图 5 种视图方式供用户选择。

微课：切换视图方式

默认情况下，文档以页面视图方式显示，如果需要切换到其他视图方式，可以通过下面的方法实现。

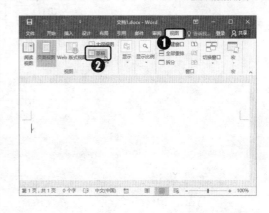

- 通过功能区切换：打开需要切换视图的 Word 文档，切换到"视图"选项卡，单击"文档视图"组中需要的视图方式按钮即可，如下图（右边）所示。
- 通过状态栏切换：打开需要切换视图的 Word 文档，单击窗口下方状态栏右侧需要的视图方式按钮 即可。

7.1.2 更改文档显示比例

默认情况下，Word 2016 将以 100%的比例显示文档中的内容，我们还可以根据需要调整文档的显示比例，从而更大范围的显示文档中的内容。方法主要有以下两种。

微课：更改文档显示比例

- 通过功能区：切换到"视图"选项卡，单击"显示比例"组中的"显示比例"按钮，弹出"显示比例"对话框，在"显示比例"栏设置合适的比例选项或精确的比例值，然后单击"确定"按钮即可，如下图所示。

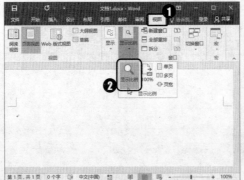

😊 提示
单击"显示比例"组中的"100%"按钮，可快速将文档恢复为100%的比例。

* 通过状态栏：单击状态栏显示比例调节工具 — ▮ — + 100% 中的"缩小"按钮 −
  或"放大"按钮 + 进行调整，单击其中的滑块 ▮ 也可以进行调整。此外，单击其右侧的
  "缩放级别"按钮 100%，也可以弹出"显示比例"对话框。

7.1.3 使用导航窗格

除了前面介绍的视图模式，我们还可以通过文档结构图和缩略图方式
查看文档内容。下面将介绍使用方法。

微课：使用导航窗格

1．文档结构图

使用文档结构图之前，首先需要为文档
中的文本应用标题样式，然后在应用文档结
构图功能时，Word 会自动根据标题样式将
文档的结构图显示出来。

使用文档结构图功能的方法为：切换到
"视图"选项卡，勾选"显示"组中的"导
航窗格"复选框，在窗口左侧显示的"导航"
窗格中，默认显示的文档应用了样式后的标
题结构，如右图（上图）所示。

2．缩略图

应用缩略图功能后，在导航窗格中将通
过小图片显示每页中的内容，这样可以方便
用户快速查看长篇文档。

方法为：切换到"视图"选项卡，勾选
"显示"组中的"导航窗格"复选框，在窗
口左侧显示的"导航"窗格中切换到"页面"
选项卡即可，如右图（下图）所示。

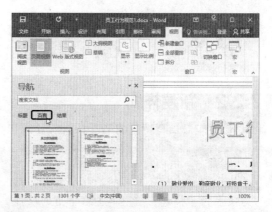

7.2 使用样式和模板

在编辑大型文档或要求具有统一格式风格的文档时，需要对多个段落重复设
置相同的文本格式，这时可以通过样式来重复应用格式，以减少工作量。如
果需要在多个文档中使用相同的样式，还可以自定义样式后将其保存为模板，
下次使用时直接导入模板文件即可。本节主要介绍在 Word 2016 文档中使用
样式和模板的方法。

7.2.1　应用样式

微课：应用样式

　　样式是指存储在 Word 之中的段落或字符的一组格式化命令，集合了字体、段落等相关格式。应用样式可以快速为文本对象设置统一的格式，从而提高文档的排版效率。

　　应用 Word 的内置样式主要可以通过以下两种方法实现。

- 将光标定位在需要应用样式的行中，或者选中要应用样式的整段文本，在"开始"选项卡的"样式"组中，单击下拉按钮打开下拉菜单，在其中单击需要的样式选项，即可将其应用到文档中，如下图（左边）所示。
- 将光标定位在需要应用样式的行中，或者选中要应用样式的整段文本，在"开始"选项卡中单击"样式"组右下角的功能扩展按钮，打开 "样式"窗格，在列表框中单击需要的样式选项即可，如下图（右边）所示。

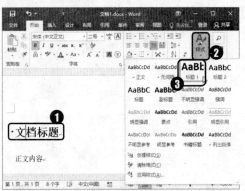

> 💡 **提示**
> 应用内置样式后，在"开始"选项卡的"样式"组中打开下拉菜单，单击"清除格式"命令，即可取消应用的样式。

7.2.2　新建样式

微课：新建样式

　　要制作一篇有特色的Word文档，还可以自己创建和设计样式。在 Word 2016 中新建样式的具体操作如下。

01 打开要新建样式的文档，在"开始"选项卡的"样式"组中单击右下角的功能扩展按钮，打开"样式"窗格，将光标插入点定位在需要应用样式的段落中，然后单击"新建样式"按钮，如下图所示。

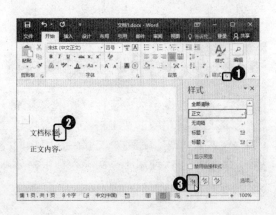

> 💡 **提示**
> 新建的样式通常只用于当前文档，如果需要经常使用某种样式，可以将样式所在文档保存为模版，下次使用时只需根据模版创建新文档即可。

02 弹出"根据格式设置创建新样式"对话框，在"属性"栏中设置样式的名称、样式类型等参数，在"格式"栏中为新建样式设置字体、字号等格式，若需要更为详细的格式设置，可以单击左下角的"格式"按钮，在打开的下拉菜单中进行相应的设置，例如要设置文字格式，可以单击"字体"命令，如下图所示。

03 弹出"字体"对话框，在其中根据需要进行设置，然后单击"确定"按钮，如下图所示。

04 返回"根据格式设置创建新样式"对话框，单击"确定"按钮，即可返回文档，看到当前段落应用新建的样式后的效果，如下图所示。

7.2.3 修改和删除样式

在 Word 2016 中，若样式的某些格式设置不合理，可以根据需要进行修改。修改样式后，所有应用了该样式的文本都会发生相应的格式变化，提高了排版效率。此外，对于多余的样式，也可以将其删除掉，以便更好地应用样式。

微课：修改和删除样式

- 修改样式：在"样式"窗格中，将光标指向需要删除的样式，单击该样式右侧出现的下拉按钮，在打开的下拉菜单中单击"修改"命令，如下图（左边）所示。弹出"修改样式"对话框，在其中根据需要设置样式，然后单击"确定"按钮即可。

☺ **提示**

在"样式"窗格中，使用鼠标右键单击样式选项，也可以在弹出的快捷菜单中执行删除或修改操作。

- 删除样式：在"样式"窗格中，将光标指向需要删除的样式，单击该样式右侧出现的下拉按钮，在打开的下拉菜单中单击"删除'（样式名）'"命令，如下图（右边）所示。在"样式"窗格中，将光标指向需要删除的样式，单击该样式右侧出现的下拉按钮，在打开的下拉菜单中单击"删除'（样式名）'"命令，单击"是"按钮，即可删除所选样式。

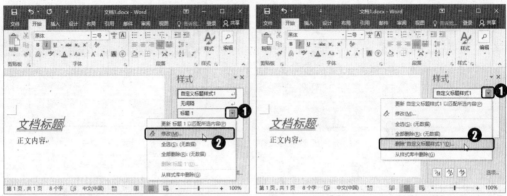

💬 **提示**

系统内置的样式只能从样式库中删除，使其不显示在样式库中。

7.2.4 【案例】制作购房协议书

结合本节所讲的知识要点，下面以在 Word 文档中制作购房协议书为例，讲解如何在文档中新建样式，具体操作如下。

微课：制作购房协议书

01 打开"素材文件\第 7 章\购房协议书.docx"文件。在"开始"选项卡的"样式"组中单击右下角的功能扩展按钮，打开"样式"窗格，将光标插入点定位在需要应用样式的段落中，然后单击"新建样式"按钮，如下图所示。

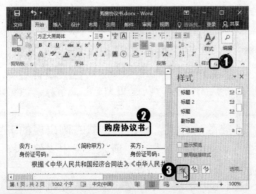

02 弹出"根据格式设置创建新样式"对话框，在"属性"栏和"格式"栏中根据

需要进行设置，然后单击"格式"按钮，在打开的下拉菜单中单击"边框"命令，如下图所示。

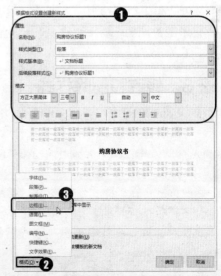

03 弹出"边框和底纹"对话框，在其中根

据需要进行设置，然后单击"确定"按钮，如下图所示。

04 返回"根据格式设置创建新样式"对话框，单击"确定"按钮，即可返回文档，看到当前段落应用新建的样式后的效果，如下图所示。

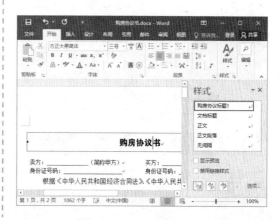

7.3 制作目录

目录通常位于正文之前，可以看作是文档或书籍的检索机制，用于帮助阅读者快速查找想要阅读的内容，还可以帮助阅读者大致了解整个文档的结构内容。本节主要介绍在文档中插入与编辑目录的方法。

7.3.1 自动生成目录

Word 2016 提供了几种内置样式，以便用户快速生成文档目录。自动生成目录的方法为：打开要插入目录的文档，将光标定位到文本内容之前，切换到"引用"选项卡，然后单击"目录"组中的"目录"按钮，在打开的下拉列表中选择需要的目录样式，即可将所选样式的目录插入到文档中，如下图所示。

微课：自动生成目录

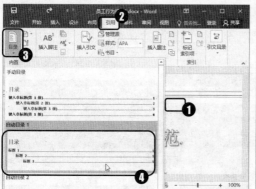

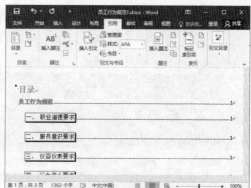

7.3.2　自定义提取目录

默认情况下，在 Word 2016 中自动生成目录时，可以提取 3 个级别的标题，如果需要提取更少或者更多级别的目录，可以自定义设置，具体操作如下。

微课：自定义提取目录

01 打开要插入目录的文档，将光标定位到文本内容之前，切换到"引用"选项卡，在"目录"组中单击"目录"按钮，在打开的下拉列表中单击"自定义目录"命令，如下图所示。

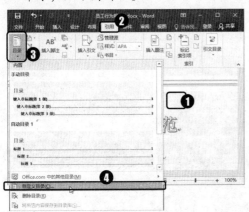

02 弹出"目录"对话框，在"常规"栏的"显示级别"微调框中设置需要显示的级别，然后单击"确定"按钮即可，如下图所示。

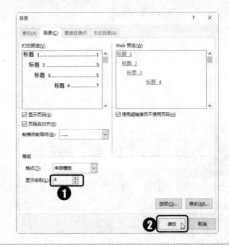

> ☺ **提示**
> 默认情况下，提取目录时会显示标题所在的页码，且标题和页码之间的前导符为省略号，如果不希望显示页码，可取消勾选"显示页码"和"页码右对齐"两个复选框。

7.3.3　更新目录

若文档中的标题有改动，例如更改了标题内容、添加了新标题等，或者标题对应的页码发生变化，可以对目录进行更新操作，以避免手动更改的麻烦。

微课：更新目录（删除目录）

更新目录的方法为：将光标定位在目录列表中，切换到"引用"选项卡，在"目录"组中单击"更新目录"按钮，然后在弹出的"更新目录"对话框中根据实际情况进行选择，单击"确定"按钮即可，如下图所示。

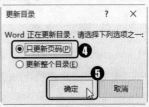

7.3.4 删除目录

插入目录后，如果要将其删除，方法为：将光标定位在目录列表中，切换到"引用"选项卡，在"目录"组中单击"目录"按钮，在打开的下拉列表中单击"删除目录"命令，即可删除当前目录，如下图（左边）所示。

如果插入的是内置样式的目录，单击目录所在区域，将显示一个框，单击左上角的"目录"按钮 ，在弹出的下拉菜单中单击"删除目录"命令，也可以快速删除目录，如下图（右边）所示。

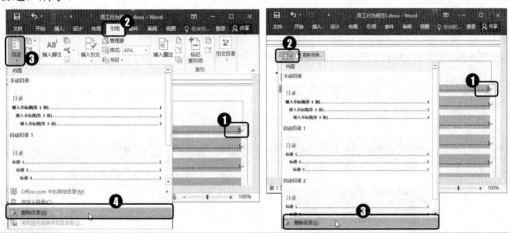

7.4 高手支招

本章主要介绍了设置文档视图，以及使用样式、模版、目录等处理长文档的知识。本节将对一些相关知识中延伸出的技巧和难点进行解答。

7.4.1 切换样式集

问题描述：在"开始"选项卡的"样式"中提供的内置样式不能满足需要，怎么办？

解决方法：Word 2016 提供了多套样式集，每套样式集都设计了成套的样式，分别用于设置文章标题、副标题等文本的格式，用户可以根据需要切换样式集，以满足编辑需要。切换样式集的方法为：打开文档，切换到"设计"选项卡，在"文档格式"组中单击"样式集"下拉按钮，在打开的下拉菜单中选择一种需要的样式集即可，如下图所示。切换样式集后，"开始"选项卡"样式"组中提供的内置样式将发生相应的变化。

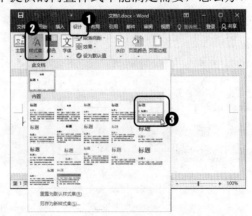

7.4.2　为样式指定快捷键

问题描述：对于一些使用频繁的样式，可以对其设置快捷键，以便提高文档的编辑速度吗？

解决方法：可以。方法为：在需要编辑的文档中打开"样式"窗格，单击要指定快捷键的样式选项右侧的下拉按钮，在弹出的下拉菜单中单击"修改"命令。打开"修改样式"对话框，单击"格式"按钮，在弹出的快捷菜单中单击"快捷键"命令，如下图（左边）所示。弹出"自定义键盘"对话框，光标将自动定位到"请按新快捷键"文本框中，在键盘上按下需要的快捷键，该快捷键即可显示在文本框中，然后在"将更改保存在"下拉列表框中选择保存位置，设置好后单击"指定"按钮，如下图（右边）所示。对样式指定快捷键后，该快捷键将移动到"当前快捷键"列表框中，单击"关闭"按钮关闭该对话框。返回"修改样式"对话框，单击"确定"按钮即可。

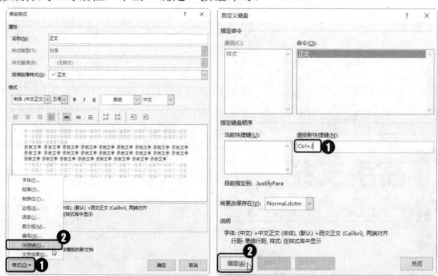

7.4.3　设置目录与页码之间的前导符样式

问题描述：默认情况下，提取目录时在标题和页码之间的前导符为省略号，可以设置其他样式的前导符吗？

解决方法：可以。方法为：在自定义提取目录时，在"目录"对话框中单击"制表符前导符"列表框右侧下拉按钮，在打开的下拉列表中即可选择需要的前导符样式。

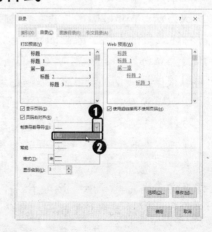

7.5 综合案例——制作国际工程招标说明书

结合本章所讲的知识要点，本节将以制作一个国际工程招标说明书文件为例，讲解如何在 Word 2016 中使用样式、模版、目录等处理长文档。

"国际工程招标说明书"制作完成后的效果，如下图所示。

 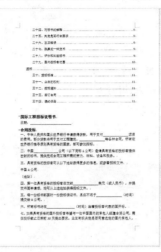 

01 打开"素材文件\第 7 章\国际工程招标说明书.docx"文件。切换到"设计"选项卡，在"文档格式"组中单击"样式集"按钮，在打开的下拉菜单中选择"黑白（经典）"样式集，如下图所示。

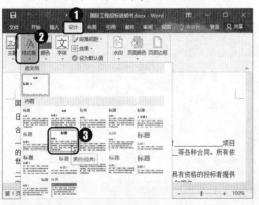

02 切换到"视图"选项卡，勾选"显示"组中的"导航窗格"复选框，打开"导航"窗格，如下图所示。

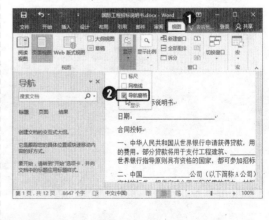

03 切换到"开始"选项卡，单击"样式"组右下角的功能扩展按钮，打开"样式"窗格。将光标定位在需要应用样式的标题行中，在窗格中单击需要的样式选项，应用样式，如下图所示。

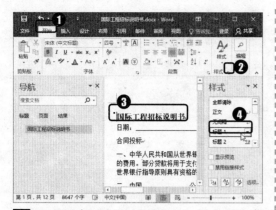

04 为文档中的各级标题应用好样式后，在"导航"窗格中可以查看文档应用了样式后的标题结构，确认无误后，单击"关闭"按钮❌关闭"样式"窗格和"导航"窗格即可，如下图所示。

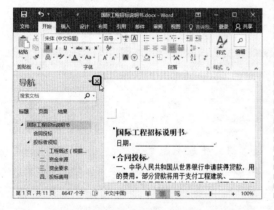

05 将光标定位到文档标题之前，切换到"引用"选项卡，然后单击"目录"组中的"目录"按钮，在打开的下拉列表中选择一种目录样式，如下图所示。

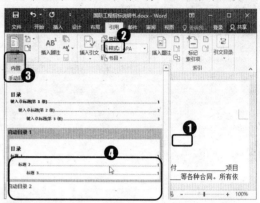

06 此时文档中将自动生成拥有3级标题的目录，如下图所示。

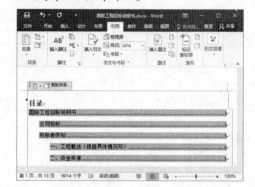

第 8 章

文档的打印及审阅

》》 **本章导读**

  在日常工作中，常常需要将制作完成的文档打印出来。而在一些正式场合中，为了保证文档的质量，文档编辑完成后，还需要对文档进行审阅、修订等操作，并为文档添加批注等。本章将介绍在 Word 2016 中打印与审阅文档的相关知识。

》》 **知识要点**

  ✓ 文档的打印   ✓ 文档的修订和批注

  ✓ 使用题注

8.1 文档的打印

在日常工作中，在编辑完成文档之后常常需要将该文档打印出来，即将制作的文档内容输出到纸张上。本节主要介绍设置打印选项、预览打印文档以及打印文档的方法。

8.1.1 设置打印选项

在打印文档之前，除了对文档页面进行一些设置，例如前面介绍过的设置纸张方向、纸张大小等之外，还可以进行一些打印设置，以便打印出符合需要的文档。

方法为：切换到"文件"选项卡，单击"选项"命令，打开"Word 选项"对话框，切换到"高级"选项卡，在"打印"栏中，根据需要勾选相应的复选框，然后单击"确定"按钮，即可完成相关的打印选项设置，如右图所示。

微课：设置打印选项

8.1.2 预览打印文档

打印文档前，用户可以在屏幕上预览打印后的效果，如果对文档中的某些地方不满意，可以返回编辑状态下对其进行修改。

对文档进行打印预览的方法为：打开需要打印的 Word 文档，切换到"文件"选项卡，然后选择左侧窗格的"打印"命令，在右侧窗格中即可预览打印效果，如下图所示。

微课：预览打印文档

> 💬 提示
>
> 对文档进行预览时，可以通过窗口右下角的显示比例调节工具 50% ——┼—— + 和"缩放到页面"按钮 调整预览效果的显示比例，以便能清楚地查看文档的打印预览效果。

8.1.3　打印文档

如果确认文档的内容和格式都正确无误，或者对各项设置都很满意，就可以开始打印文档了。

微课：打印文档

打印文档的操作方法为：打开需要打印的 Word 文档，切换到"文件"选项卡，在左侧窗格选择"打印"命令，在中间窗格的"份数"微调框中可设置打印份数，在"页数"文本框上方的下拉列表中可设置打印范围，相关参数设置完成后单击"打印"按钮，与电脑连接的打印机会自动打印输出文档。

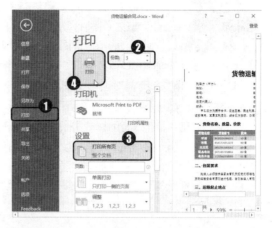

😊 **提示**

选中文档中的部分内容后，在"页数"文本框上方的下拉列表中选择"打印所选内容"选项，可打印选中的内容。

8.2　文档的修订和批注

在审阅文档时，通过修订功能，文档编辑者可以跟踪多个修订者对文档进行的修改。而审阅者可以将自己的见解以批注的形式插入到文档中，供作者查看或参考。本节主要介绍通过"审阅"功能对文档进行修订和批注的方法。

8.2.1　修订文档

对文档进行修订，通常是通过标记的方式插入到文档中的。在修订文档时，可以根据修订内容的不同以不同标记线条显示，让审阅者可以更明白地观看到文档的变化。

微课：修订文档

1．启动修订功能

在 Word 2016 文档中，启用修订功能的方法为：打开文档，切换到"审阅"选项卡，单击"修订"组中"修订"下拉按钮，在打开的下拉菜单中单击"修订"命令即可。此时"修订"按钮将呈高亮状态显示，表示文档呈修订状态，且文档的所有修改都将以修订的形式清楚地反映出来，如下图所示。

 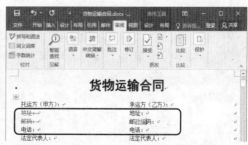

😊 **提示**

若要取消修订功能，再次单击"修订"按钮下方的下拉按钮，在弹出的下拉菜单中单击"修订"命令即可。此外，按下"Ctrl+Shift+E"组合键可以快速启动或取消修订功能。

2．修订标记显示设置

为了方便用户对修订前后的文档进行对比，在文档进行修订后，用户可以在文档的原始状态与修订后的状态之间进行切换，也可以设置显示部分修订标记。

修订文档后，默认显示的状态为显示"所有标记"，如果要查看原始文档，方法为：切换到"审阅"选项卡，在"修订"组中单击"显示以供审阅"下拉按钮，在打开的下拉菜单中，单击"原始状态"命令，即可查看原始文档；单击"所有标记"命令，即可查看修订后的状态，如下图（左边）所示。

此外，在"修订"组中单击"显示标记"下拉按钮，在打开的下拉菜单中，通过单击相应的命令，当该命令前方出现"√"标记时，该类修订标记将显示在文档中；当该命令前方的"√"标记被取消时，该类修订标记将不显示在文档中，如下图（右边）所示。

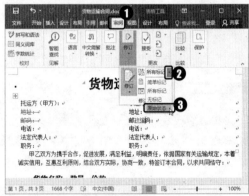 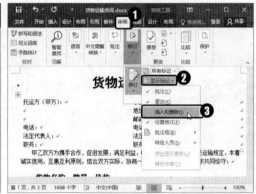

8.2.2 接受或拒绝修订

对于修订过的 Word 文档，作者可以对修订做出接受或拒绝操作。若接受修订，文档会保存为审阅者修改后的状态；若拒绝修订，文档会保存为修改前的状态。

1．接受修订

若要接受修订，可以通过下面两种操作方法实现（如右图所示）。

- 逐一接受：将光标定位到需要接受的修订中，切换到"审阅"选项卡，在"更改"组中单击"接受"下拉按钮，在打开的下拉菜单中单击"接受并移到下一条"或"接受修订"命令。

- 全部接受：在"更改"组中，单击"接受"下拉按钮，在打开的下拉菜单中单击"接受所有修订"命令。

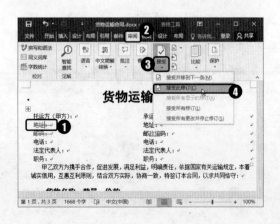

2. 拒绝修订

若不同意修订建议，可以通过下面两种方法实现（如右图所示）。

- 逐一拒绝：将光标定位到需要拒绝的修订中，切换到"审阅"选项卡，在"更改"组中单击"拒绝"下拉按钮，在打开的下拉菜单中单击"拒绝并移到下一条"或"拒绝更改"命令。

- 全部拒绝：在"更改"组中，单击"拒绝"下拉按钮，在打开的下拉菜单中单击"拒绝所有修订"命令。

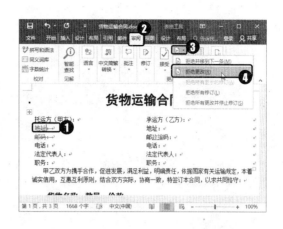

8.2.3 批注文档

修改他人文档时，可以通过插入批注的方法，使读者可以更清楚地看到审阅者的意见和评价，方便使用。

微课：批注文档

1. 插入批注

在 Word 文档中插入批注的方法为：选中要添加批注的文本，切换到"审阅"选项卡，在"批注"组中单击"新建批注"按钮；此时文档窗口右侧将建立一个标记区，且标记区中会为选定的文本添加批注框，通过连线将文本与批注框连接起来，根据需要在批注框中输入批注内容即可，如下图所示。

> **提示**
>
> 在"审阅"选项卡的"修订"组中，单击"显示标记"右侧的下拉按钮，在打开的下拉菜单中单击"批注"命令，取消批注勾选，即可在文档中将所插入的批注内容隐藏起来。

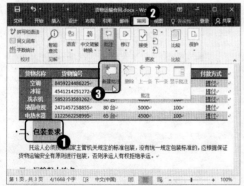 

2. 删除批注

如果进行了错误的批注，需要将其删除，主要有以下两种方法。

- 单击"删除批注"按钮：如果仅删除一个批注，将光标定位到批注中后，单击"审阅"选项卡"批注"组中的"删除"按钮即可；如果要同时删除文档中的所有批注，则单

击"删除"下拉按钮，在打开的下拉菜单中单击"删除文档中的所有批注"命令，如下
图（左边）所示。

● 选择"删除批注"命令：用鼠标右键单击要删除的批注，在弹出的快捷菜单中选择"删
除批注"命令即可，如下图（右边）所示。

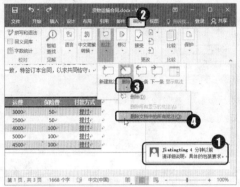
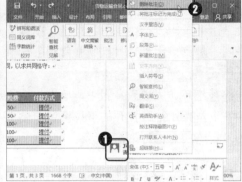

8.2.4 【案例】修订并审阅劳动合同

结合本节所讲的知识要点，下面以修订并审阅劳动合同为例，讲解如
何在 Word 2016 中审阅文档，具体操作如下。

微课：修订并审阅劳动合同

01 打开"素材文件\第 8 章\劳动合同.docx"
文件。切换到"审阅"选项卡，在"修
订"组中单击"修订"按钮 ，开启修
订功能，如下图所示。

02 此时"修订"按钮将呈高亮状态显示，
表示文档呈修订状态，且对文档的所有
修改都将以修订的形式清楚地反映出
来，如下图所示。

03 将光标定位到需要接受或拒绝的修订
中，切换到"审阅"选项卡，在"更改"
组中单击"接受"或"拒绝"下拉按钮，
在打开的下拉菜单中单击相应的命令
接受或拒绝修订即可，如下图所示。

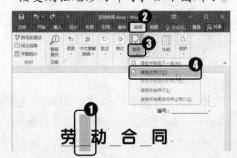

8.3 题注

编辑长文档时，如果文档中包含了多种对象，通过对不同的对象进行编号，可以让文档看起来更加有规律，也利于用户进行编辑。利用题注功能就可以大大节省时间，也不易出错，从而达到事半功倍的效果。本节主要介绍在 Word 2016 中使用题注、交叉引用和图表目录的方法。

8.3.1 使用题注

题注主要用来对文档中的表格、图表以及图片等各种对象进行标题注释，为长文档中的表格、图片和图表等进行表彰，可以保证项目编号始终保持统一。在 Word 2016 中，内置的标签样式（即题注）只有表格、图表和公式。要为图片添加题注，具体操作如下。

微课：使用题注

01 打开"素材文件\第 8 章\房屋出租.docx"文件。将光标定位在需要插入题注的位置，切换到"引用"选项卡，单击"题注"组中的"插入题注"按钮，如下图所示。

😊 **提示**

使用题注功能后，当用户重新对文档中的某些对象进行编辑或者删除后，需要为后面的题注进行重新编号。

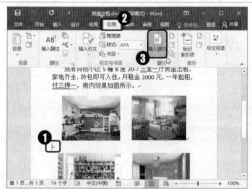

02 弹出"题注"对话框，单击"新建标签"按钮，如下图所示。

03 弹出"新建标签"对话框，在"标签"文本框中设置好标签样式，单击"确定"按钮，如下图所示。

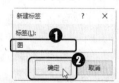

04 返回"题注"对话框，单击"确定"按钮，如下图所示。

05 返回文档，可以看到插入的题注。将光标定位在第 2 个需要插入题注的位置，单击"插入题注"按钮，如下图所示。

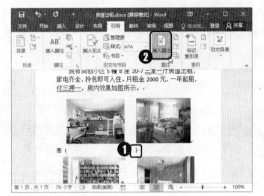

06 弹出"题注"对话框，可以看到此时自动编号为"图 2"，单击"确定"按钮，如下图所示。

07 按照同样的方法为文档中的其他图片添加题注，完成后的效果，如下图所示。

8.3.2 使用交叉引用

在编辑长文档时，经常遇到文档中包含了多个图片或者多个图表的情况。有时不仅需要为图片等对象添加题注，还需要在文字部分中引用这些题注编号。为了节省重复输入题注的时间，并方便及时更新编号，可以使用交叉引用来解决。

例如在文档中为图片添加题注，来为其编号（例如"图 1-1"）后，再通过交叉引用功能，在前面的文档段落中需要出现"图 1-1"的字样处引用该题注，具体操作如下。

> **注意**
>
> 为了避免使用交叉引用时出现错误，在文档的同一行中，只能存在一个题注。

01 打开"素材文件\第 8 章\房屋出租.docx"文件。在文档段落要引用题注处根据需要编辑文本，并对文档中的照片进行两两一组双栏排版，使每张照片和将要插入的题注各自独占一行。按照前面介绍的方法为文档中的多张图片插入如"图 1-1"形式的题注，如右图所示。

微课：使用交叉引用

02 将光标定位在文档段落中需要显示"如图 1-1"字样的位置，切换到"引用"选项卡，单击"题注"组中的"插入交叉引用"按钮⊞，如下图所示。

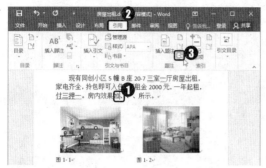

03 弹出"交叉引用"对话框，在"引用类型"下拉列表框中选中"图 1-"选项，在"引用内容"列表框中选中"整项题注"选项，在"引用哪一个题注"列表框中选中"图 1-1"选项，单击"插入"按钮，如下图所示。

04 此时文档中光标定位处，插入了所选的题注；在文档中，继续将光标定位到需要引用题注的下一个位置，如下图所示。

05 在"交叉引用"对话框的"引用哪一个题注"列表框中，选择要引用的题注，单击"插入"按钮，即可将其插入到文档中，按照这一办法，将需要引用的题注逐一插入到文档中需要的位置即可。插入题注后，"交叉引用"对话框的"取消"按钮变为"关闭"，单击该按钮，即可关闭对话框，如下图所示。

06 返回文档，完成交叉引用后的效果，如下图所示。

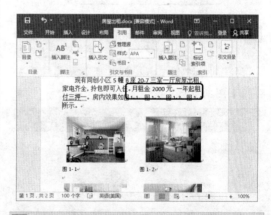

☺ **提示**

使用交叉引用功能后，在按住"Ctrl"键的同时，单击文档段落中的交叉引用，文档将跳转至引用指定的位置（默认为引用的题注处）。如果需要修改创建的交叉引用，可以选中要修改的交叉引用，然后切换到"引用"选项卡，单击"插入交叉引用"按钮，打开"交叉引用"对话框，在其中重新设置引用项目后，单击"插入"按钮即可。

8.3.3 使用图表目录

微课：使用图表目录

在 Word 文档中，通过图表目录功能，可以快速为文档中的图片、图表、幻灯片，或其他插图对象创建目录，列出它们是说明文字及在文档中的页码。图表目录的使用是以插入题注标签为前提的。用户需要根据题注标签来创建图表目录，具体操作如下。

01 打开"素材文件\第 8 章\房屋出租.docx"文件。对文档中的照片进行两两一组双栏排版，使每张照片和将要插入的题注各自独占一行。按照前面介绍的方法为文档中的图片插入题注，如下图所示。

02 将光标定位在文档中插入图表目录的位置，切换到"引用"选项卡，单击"题注"组中的"插入表目录"按钮，如下图所示。

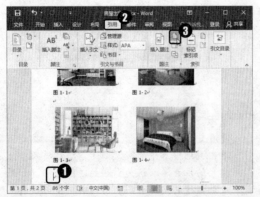

03 弹出"图表目录"对话框，默认打开"图表目录"选项卡，保持默认设置，单击"选项"按钮，如下图所示。

04 弹出"图表目录选项"对话框，勾选"样式"复选框，在对应的下拉列表框中选择"题注"选项，然后单击"确定"按钮，如下图所示。

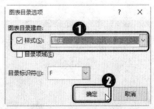

05 返回文档，即可看到在目标位置插入了根据题注创建的图表目录，如下图所示。

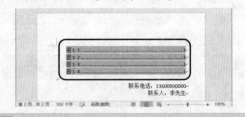

> **注意**
> 与使用交叉引用时一样，为了避免生成图表目录时出现错误，在文档的同一行中，只能存在一个题注。

8.4 高手支招

本章主要介绍了打印文档、修订文档，以及在文档中添加批注、题注和索引等知识。本节将对一些相关知识中延伸出的技巧和难点进行解答。

8.4.1 设置批注框样式

问题描述：默认的批注框样式不好看，可以自定义批注框的样式吗？

解决方法：可以。设置批注框样式的方法为：切换到"审阅"选项卡，单击"修订"组右下角的功能扩展按钮，弹出"修订选项"对话框，在其中单击"高级选项"按钮，打开"高级修订选项"对话框，在"标记"栏的"批注"下拉列表框中可以根据需要选择批注框的配色方案，在"批注框"栏中可以设置批注框的宽度和在 Word 窗口中的位置等，设置完成后单击"确定"按钮返回"修订选项"对话框，单击"确定"按钮保存设置即可。

8.4.2 快速更新图表目录

问题描述：在文档中添加了图表目录后，如果对文档中的图表等及其题注进行了修改，如何才能快速更新对应的图表目录？

解决方法：在使用了图表目录的文档中，如果在编辑文档后，需要及时更新图表目录，可以选中插入的图表目录，然后切换到"引用"选项卡，在"题注"组中单击"更新图表目录"按钮，在弹出的"更新图表目录"对话框中选择只更新页码或更新整个目录，然后单击"确定"按钮即可。

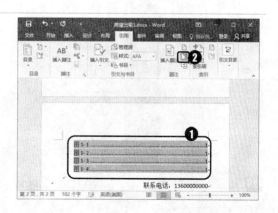

8.4.3 设置题注编号格式

问题描述：在使用题注时，可以自定义题注编号的样式吗？

解决方法：可以。方法为：在创建题注时，设置好题注标签后，在"题注"对话框中单击"编号"按钮，即可打开"题注编号"对话框，在"格式"下拉列表框中可以选择一种编号格式。勾选"包含章节号"复选框后，可以设置在题注编号中自动使用章节号。设置完成后单击"确定"按钮，返回"题注"对话框，即可完成题注编号格式的设置，如下图所示。

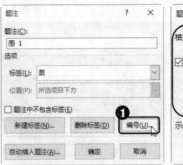
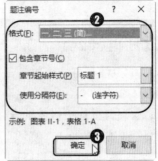

8.5 综合案例——审阅与打印员工考核制度

结合本章所讲的知识要点，本节将以编辑员工考核制度文件为例，讲解如何在 Word 2016 中审阅与打印文档。

"员工考核制度"制作完成后的效果，如下图所示。

01 打开"素材文件\第 8 章\员工考核制度.docx"文件。切换到"审阅"选项卡，单击"修订"组中"修订"按钮，此时"修订"按钮将呈高亮状态显示，表示文档呈修订状态，如右图所示。

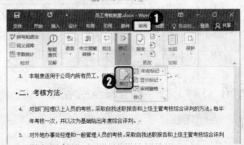

02 选中要添加批注的文本，切换到"审阅"选项卡，在"批注"组中单击"新建批注"按钮，如下图所示。

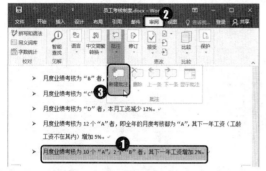

03 此时文档窗口右侧将建立一个标记区，且标记区中会为选定的文本添加批注框，通过连线将文本与批注框连接起来，根据需要在批注框中输入批注内容即可，如下图所示。

04 切换到"文件"选项卡，单击"打印"命令，在右侧的窗格中可以预览打印效果。根据需要在中间窗格的"份数"微调框中设置打印份数，在"设置"栏中设置打印范围、纸张大小、纸张方向、页边距、缩放比例等，相关参数设置完成后单击"打印"按钮，与电脑连接的打印机将自动打印输出文档，如下图所示。

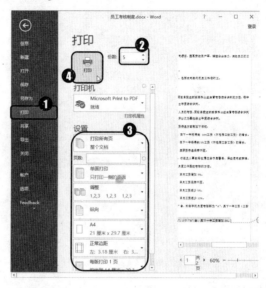

第 3 篇　Excel 篇

第 9 章

Excel 基础操作

》》**本章导读**

在使用 Excel 2016 制作电子图表之前，需要先掌握一些 Excel 的基础操作。本章将详细介绍在 Excel 2016 中对工作表、行、列、单元格和单元格区域等基本的操作。

》》**知识要点**

- ✔ 工作表的基本操作
- ✔ 单元格和区域的基本操作
- ✔ 行与列的基本操作

9.1 工作表的基本操作

工作表是由多个单元格组合而形成的一个平面整体，是一个平面二维表格。本节主要介绍如何对工作表进行基本的管理，包括插入与删除工作表、移动与复制工作表、重命名工作表、显示与隐藏工作表等基础的操作方法。

9.1.1 工作表的创建

工作表的创建大多分为两种，一种是随着工作簿的创建一同创建，还有一种是从现有的工作簿中创建新工作表。

微课：工作表的创建
（删除工作表）

1. 随着工作簿一同创建

在创建工作簿时，系统默认已经包含了名为"Sheet1"的工作表，如果用户想在创建工作簿时创建多张工作表，可以通过设置来改变新建工作簿时工作表的数目。

方法为：切换到"文件"选项卡，单击"选项"命令，打开"Excel 选项"对话框，默认打开"常规"选项卡，在"新建工作簿时"栏的"包含的工作表数"微调框中设置默认包含的工作表数目，然后单击"确定"按钮即可，如右图所示。

设置完成后，下次新建工作簿时，默认自动创建的工作表会随着设置数目而定，并自动命名为 1~n。

2. 从现有工作簿中创建

在现有工作簿中创建工作表的方法有以下几种。

- 单击工作表标签右侧的"新工作表"按钮⊕，在工作表的末尾处可以快速插入新工作表。
- 在键盘上按下"Shift+F11"组合键，可以在当前工作表前插入新工作表。
- 在"开始"选项卡的"单元格"组中单击"插入"下拉按钮，在打开的下拉菜单中单击"插入工作表"命令，如右图所示。

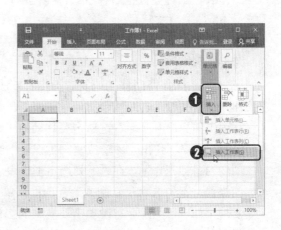

- 在当前工作表的标签上单击鼠标右键，在弹出的快捷菜单中选择"插入"命令，然后在弹出的"插入"对话框中保持默认选择"工作表"选项，单击"确定"按钮即可，如下图所示。

9.1.2　工作表的复制和移动

移动与复制工作表是使用 Excel 管理数据时比较常用的操作。工作表的移动与复制操作主要分两种情况，即工作簿内操作与跨工作簿操作，下面将分别进行介绍。

微课：工作表的复制和移动

1．在同一工作簿内操作

在同一个工作簿中移动或复制工作表的方法很简单，主要是利用鼠标拖动来操作，方法如下。

- 移动工作表：将光标指向要移动的工作表，使用鼠标左键按住工作表标签，拖动到目标位置后，释放鼠标左键即可，如下图（左边）所示。
- 复制工作表：将光标指向要复制的工作表，在按住"Ctrl"键的同时使用鼠标左键拖动工作表，至目标位置后释放鼠标左键即可，如下图（右边）所示。

2．跨工作簿操作

在不同的工作簿间移动或复制工作表方法较为复杂，主要是通过"移动或复制工作表"对话框来实现，方法如下。

- 移动工作表：用鼠标右键单击要移动的工作表标签，在弹出的快捷菜单中单击"移动或复制"命令，弹出"移动或复制工作表"对话框，在"工作簿"下拉列表框中选择要移动到的目标工作簿，在"下列选定工作表之前"列表框中，选择移动后在目标工作簿中的位置，不勾选"建立副本"复选框，单击"确定"按钮即可。
- 复制工作表：用鼠标右键单击要复制的工作表标签，在弹出的快捷菜单中单击"移动或复制"命令，弹出"移动或复制工作表"对话框，在"工作簿"下拉列表框中选择要移动到的目标工作簿，在"下列选定工作表之前"列表框中，选择移动后在目标工作簿中的位置，勾选"建立副本"复选框，单击"确定"按钮即可，如下图所示。

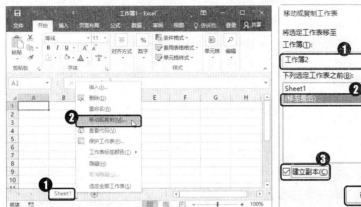

9.1.3　删除工作表

在编辑工作簿时，如果工作簿中存在多余的工作表，可以将其删除。删除工作表的方法主要有以下两种。

- 在工作簿窗口中，用鼠标右键单击需要删除的工作表标签，在弹出的快捷菜单中单击"删除"命令即可，如下图（左边）所示。
- 切换到需要删除的工作表，在"开始"选项卡的"单元格"组中，单击"删除"下拉按钮，在打开的下拉菜单中单击"删除工作表"命令，如下图（右边）所示。

 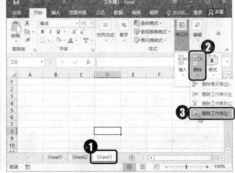

9.1.4　重命名工作表

在默认情况下，工作表以 Sheet1、Sheet2、Sheet3……依次命名，在实际应用中，为了区分工作表，可以根据表格名称、创建日期、表格编号等对工作表进行重命名。重命名工作表的方法主要有以下两种。

微课：重命名工作表

- 在 Excel 窗口中，双击需要重命名的工作表标签，此时工作表标签呈可编辑状态，直接输入新的工作表名称即可，如下图（左边）所示。
- 用鼠标右键单击工作表标签，在弹出的快捷菜单中，单击"重命名"命令，此时工作表标签呈可编辑状态，直接输入新的工作表名称，如下图（右边）所示。

9.1.5 更改工作表标签颜色

当一个工作簿中存在很多工作表，不方便用户查找时，可以通过更改工作表标签颜色的方式来标记常用的工作表，使用户能够快速查找到需要的工作表，具体操作如下。

微课：更改工作表标签颜色

01 在 Excel 窗口中使用鼠标右键单击需要更改颜色的工作表标签，在弹出的快捷菜单中单击"工作表标签颜色"命令，然后在展开的颜色面板中选择需要的颜色即可，如下图所示。

02 如果没有合适的颜色，可以单击"其他颜色"命令，在弹出的"颜色"对话框中根据需要设置颜色，设置好后单击"确定"按钮即可，如下图所示。

9.1.6 显示和隐藏工作表

用户因为应用需要或者安全隐私，需要将某些工作表隐藏时，也可以使用工作表的隐藏功能，将工作簿中的一些工作表隐藏显示。隐藏工作表的方法主要有以下两种。

微课：显示和隐藏工作表

- 单击想要隐藏的工作表的标签，将其选中，在"开始"选项卡的"单元格"组中单击"格式"下拉按钮，在打开的下拉菜单中单击"隐藏和取消隐藏"命令，然后在展开的子菜单中单击"隐藏工作表"命令即可，如下图（左边）所示。

- 在工作表标签上单击鼠标右键，在弹出的快捷菜单中选择"隐藏"命令，如下图（右边）所示。

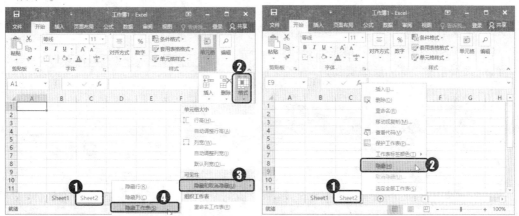

　　工作簿内至少需要保留一张工作表，如果你需要隐藏所有内容的工作表，可以在插入一张空白工作表之后再隐藏该工作表。

　　如果要取消隐藏工作表，可以使用以下两种方法。

- 选中想要隐藏的工作表，在"开始"选项卡的"单元格"组中单击 "格式"下拉按钮，在打开的下拉菜单中单击"隐藏和取消隐藏"命令，然后在展开的子菜单中单击"取消隐藏工作表"命令，在弹出的"取消隐藏"对话框中选择需要取消隐藏的工作表，再单击"确定"按钮即可。

- 在工作表标签上单击鼠标右键，在弹出的快捷菜单中单击"取消隐藏"命令，然后在"取消隐藏"对话框中选择需要取消隐藏的工作表，再单击"确定"按钮即可，如下图所示。

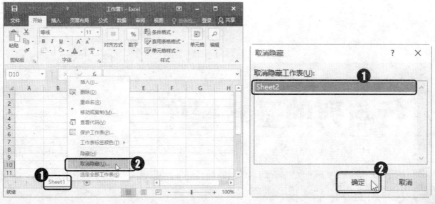

9.1.7 【案例】制作生产日报表

　　结合本节所讲的知识要点，下面以制作生产日报表为例，讲解在 Excel 2016 中工作表的基本操作，具体操作如下。

微课：制作生产日报表

01 同时打开"素材文件\第 9 章\生产日报表.xlsx"和"素材文件\第 9 章\生产日报表（统计）.xlsx"文件。在"生产日报表（统计）"工作簿中，使用鼠标右键单击"Sheet 1"工作表标签，在弹出的快捷菜单中单击"移动或复制"命令，如下图所示。

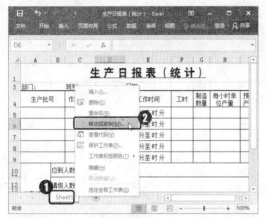

02 弹出"移动或复制工作表"对话框，在"工作簿"下拉列表框中选择"生产日报表.xlsx"选项，在"下列选定工作表之前"列表框中选择"（移至最后）"选项，勾选"建立副本"复选框，单击"确定"按钮，如下图所示。

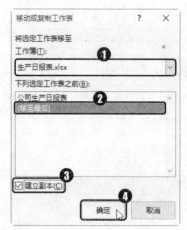

03 切换到"生产日报表"工作簿，可以看到其中复制了"生产日报表（统计）"工作簿中的"Sheet 1"工作表，双击该工作表标签，此时工作表标签呈可编辑状态，直接输入新的工作表名称"生产日报表（统计）"即可，如下图所示。

9.2 行与列的基本操作

在工作表的行与列中输入数据时，经常会遇到涉及选择行与列、设置行高和列宽、插入行与列、移动和复制行与列、删除行与列等操作。本节主要介绍行与列的各种基本操作。

9.2.1 认识行与列

我们常说的表格，是由许多横线和竖线交叉而成一排排格子，在这些线条围成的格子中填上数据，就是我们使用的表了。比如学生用的课程表、公司用的考勤表等。

Excel 作为一个电子表格软件，最基本的操作形态就是由横线和竖线组成的标准表格。在 Excel 工作表中，横线所分隔出来的区域称之为行（Row），竖线分隔出来的区域称之为列（Column），行和列交叉所形成的格子就称之为单元格（Cell）。

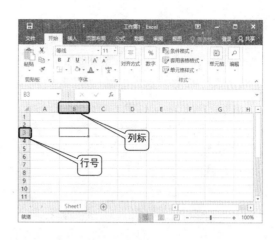

在窗口中，左侧一排垂直标签的阿拉伯数字是电子表格的行号标识，上方水平标签的英文字母是电子表格的列号标识，这两组标签分别被称为"行号"和"列标"，如右图所示。

9.2.2 选择行和列

微课：选择行和列

制作电子表格时，需要选择工作簿中的行与列进行相应的操作，选择行和列包括选定单行或单列、选择相邻连续的多行或多列，以及选择不相邻的多行和多列。

1．选择单行或单列

用鼠标单击某个行号标签或列标标签，即可选中单选或单列。当选中某行之后，该行的行号标签会改变颜色，而所有列标签会加亮显示，此行的所有单元格也会加亮显示，以表示该行正处于选中状态。相应的，选中单列的方法也是一样的。

2．选择相邻的多行或多列

用鼠标单击某行的标签后，按住鼠标左键不放，向上或者向下拖动即可选中连续的多行。选中相邻的多列的方法与选中相邻的多行相似，选中列标之后向左或向右拖动即可。

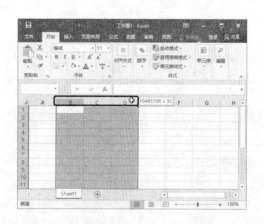

在拖动鼠标时，行或列标签上会出现一个带数字和字母的提示框，如右图的"1048576R×3C"，表示你选中了 1048576 行（Row）及 3 列（Column）。如选择多行时，也会显示"nR×nC"，其中的 n 表示行数和列数。

3．选择不相邻的多行或多列

如果要选择不相邻的多行或多列，可以选中单行或单列之后，按下"Ctrl"键不放，然后用鼠标继续单击多个行或列的标签，直至选择完所有需要选择的行或列之后再松开"Ctrl"键。

9.2.3 设置行高和列宽

在默认情况下，行高与列宽都是固定的，当单元格中的内容较多时，可能无法将其全部显示出来，这时就需要设置单元格的行高或列宽了。

微课：设置行高和列宽

1. 精确设置行高和列宽

精确设置行高和列宽的方法主要有以下两种。

- 选中需要调整的行或列，在"开始"选项卡的"单元格"组中单击"格式"下拉按钮，在打开的下拉菜单中单击"行高"（列宽）命令，然后在弹出的"行高"（列宽）对话框中输入精确的行高（列宽）值，单击"确定"按钮即可，如下图（左边）所示。
- 选中需要调整的行或列，单击鼠标右键，在弹出的快捷菜单中单击"行高"（列宽）命令，然后在弹出的"行高"（列宽）对话框中输入精确的行高（列宽）值，单击"确定"按钮即可，如下图（右边）所示。

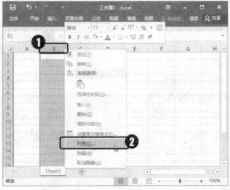

2. 拖动改变行高和列宽

用户只需将光标移至行号或列标的间隔线处，当鼠标指针变为"十"或者"╬"形状时，按住鼠标左键不放并拖动，此时列标签上方会出现一个提示框以显示当前的列宽。当调整到合适的列宽时，松开鼠标左键即可完成列宽的设置，如右图所示。如果要设置行高，操作方法与设置列宽相似。

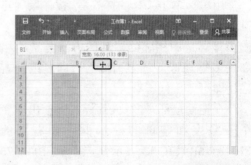

9.2.4 插入行与列

一个工作表创建之后并不是固定不变的，用户可以根据实际情况重新设置工作表的结构。例如根据实际情况插入行或列，以满足使用需求。方法主要有以下两种。

微课：插入行与列（删除行与列）

- 通过快捷菜单插入：用鼠标右键单击要插入行所在行号，在弹出的快捷菜单中单击"插入"命令即可，插入完成后将在选中行上方插入一整行空白单元格，如下图（左边）所示。同理，用鼠标右键单击某个列标，在弹出的快捷菜单中单击"插入"命令，可以在选中列左侧插入一整列空白单元格。

- 通过功能区插入：选中要插入行所在行号，在"开始"选项卡的"单元格"组中单机"插入"下拉按钮，在打开的下拉菜单中单击"插入工作表行"命令即可，完成后将在选中行上方插入一整行空白单元格，如下图（右边）所示。同理，选中要插入列所在的列标，执行"插入"→"插入工作表列"命令，即可在选中列左侧插入一整列空白单元格。

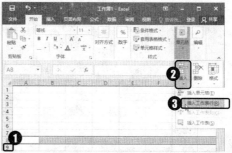

9.2.5　移动和复制行与列

在制作工作表时，经常需要更改表格放置顺序或复制表格内容，此时，可以使用移动或复制操作来实现。

微课：移动和复制行与列

1. 移动行与列

如果需要移动行或列，可以通过以下几种方法实现。

- 使用鼠标直接拖动：选定需要移动的列（行），然后将光标指向选定列（行）的绿色边框上，当鼠标指针呈 形状时，然后在按住"Shift"键的同时按住鼠标左键拖动，此时可以看到工作表中出现一条较粗的绿色横线，将该横线拖动到想要移动的位置后松开鼠标左键，再松开"Shift"键，即可移动所选列（行），如下图所示。

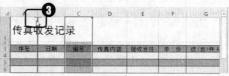

> 📌 **注意**
> 所选行（列）包含部分合并单元格时，进行移动操作时将弹出提示对话框，提示合并单元格无法移动。

- 通过功能区菜单：选定需要移动的列（行），单击"开始"选项卡上的"剪贴板"组中的"剪切"按钮✂，然后选定需要移动的目标位置的右一列（下一行），在"开始"选项卡的"单元格"组中单击"插入"下拉按钮，在打开的下拉菜单中单击"插入剪切的单元格"命令即可，如下图所示。

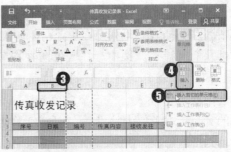

- 通过快捷菜单：选定需要移动的行或列，单击鼠标右键，在弹出的快捷菜单中单击"剪切"命令剪切所选列（行），然后选定需要移动的目标位置的右一列（下一行），单击鼠标右键，在弹出的快捷菜单中单击"插入剪切的单元格"命令即可，如下图所示。

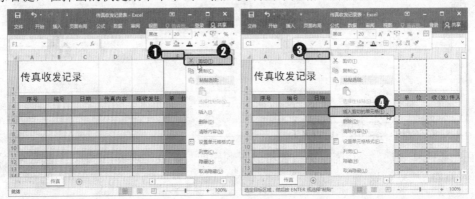

> **🔧 注意**
>
> 如果要移动多行（列），则选定多行或多列即可，但是非连续的多行不能同时移动。

2. 复制行与列

复制行与列与移动行与列的区别在于，前者保留了原有的行或列，而后者清除了原有的行与或列，操作方法十分相似。如果需要复制行或列，可以通过以下几种方法实现。

- 鼠标拖动保留数据：在选定行或列之后，将光标指向选定列（行）的绿色边框上，当鼠标指针呈形状时，在按下"Ctrl+Shift"组合键的同时按住鼠标左键，将其拖动到目标的位置，释放鼠标左键，再释放"Ctrl+Shift"组合键，即可将所选行或列复制到目标位置，并保留该位置处原有的数据，将其右移。

- 鼠标拖动替换数据：在选定行或列之后，将光标指向选定列（行）的绿色边框上，当鼠标指针呈形状时，在按住"Ctrl"键的同时按住鼠标左键，将其拖动到目标的位置，释放鼠标左键，再释放"Ctrl"键，即可将所选行或列复制到目标位置，并替换掉该位置处原有的数据。

> **☺ 提示**
>
> 如果目标行已有数据，或拖动鼠标的同时没有按下"Ctrl"键，在目标行松开鼠标左键后会弹出对话框询问"是否替换目标单元格内容"，此处单击"确定"按钮会移动并替换数据。

- 通过复制功能：选定需要移动的列（行），单击"开始"选项卡上的"剪贴板"组中的"复制"按钮，或者在键盘上按下"Ctrl+C"组合键复制列（行）。然后选定需要移动的目标位置的右一列（下一行），在"开始"选项卡的"单元格"组中单击"插入"下拉按钮，在打开的下拉菜单中单击"插入复制的单元格"命令，或单击鼠标右键，在弹出的快捷菜单中单击"插入复制的单元格"命令即可，如下图所示。

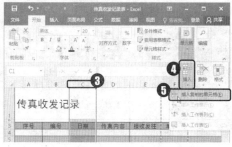

9.2.6 删除行与列

在 Excel 2016 中除了可以插入行或列，还可以根据实际需要删除行或列。删除行或列的方法主要有以下两种。

- 选中要删除的行或列，单击鼠标右键，在弹出的快捷菜单中单击"删除"命令即可，如下图（左边）所示。
- 选中想要删除的行或列，在"开始"选项卡的"单元格"组中的"删除"组中，单击"删除工作表行"或"删除工作表列"命令即可，如下图（右边）所示。

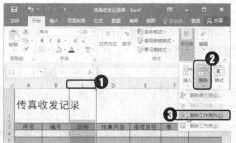

9.2.7 隐藏和显示行与列

用户在编辑工作表时，除了可以在工作表中插入或删除行和列，还可以根据需要隐藏或显示行和列。

- 隐藏行和列：如果工作表中的某行或某列暂时不用，或是不愿意让别人看见，可以将这些行或列隐藏。选中要隐藏的行或列，在选中部分单击鼠标右键，在弹出的快捷菜单中单击"隐藏"命令即可，如下图（左边）所示。

微课：隐藏和显示行列

- 显示行和列：如果想取消隐藏，即重新显示被隐藏的行或列，需要先选中被隐藏的行或列邻近的行或列。例如，要重新显示被隐藏的 C 至 E 列，需要先选中 B 列和 F 列，然后单击鼠标右键，在弹出的快捷菜单中单击"取消隐藏"命令即可，如下图（右边）所示。

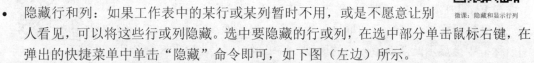
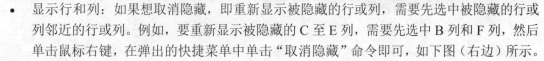

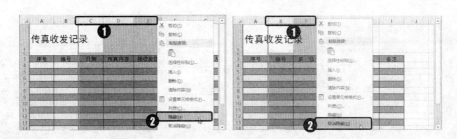

9.3 单元格和区域的基本操作

单元格和区域是工作表的基础构成元素，要熟练使用工作表，必须先学习和理解单元格和区域的基本操作。本节主要介绍选择单元格和区域的方法，以及插入和删除、移动和复制、合并和拆分单元格的方法。

9.3.1 认识单元格和区域

学习单元格和区域的基本操作，首先要对 Excel 工作表中的单元格和区域有一个基本的认识。下面将详细进行介绍。

1. 认识单元格

单元格（Cell）是构成工作表最基础的元素，是行和列相互交叉所形成的一个个格子，而每一张工作表中所包含的单元格数目共有 17,179,869,184 个。

工作表中的每一个单元格都可以通过单元格的地址来进行标识，单元格地址是由它所在行的行标和所在列的列标组成。行标的地址形式为"字母+数字"的形式，如 A5 单元格，就是位于 A 列第 5 行的单元格。

2. 认识单元格区域

区域是由多个单元格所构成的单元格群组组成。构成区域的多个单元格之间相互连接，它们所构成的区域就是连续区域，连续区域的形状为矩形。多个单元格之间也可以是不相互连接的，它们所构成的区域就是不连续区域。

对于连续的区域，可以用矩形区域左上角和右下角的单元格地址进行标识，如地址标识为"A3:C5"，则表示此区域包含了从 A3 到 C5 的所有单元格，包括"A3、A4、A5、B3、B4、B5、C3、C4、C5"这 9 个连续单元格。

9.3.2 选择单元格和区域

在 Excel 工作表中，用鼠标单击（左键）即可选定单元格。

活动单元格被选定之后边框显示为绿色矩形线框，在 Excel 工作窗口的名称框中会显示此活动单元格的地址，编辑栏中则会显示此单元格中的内容，活动单元格的行列标签会高亮显示。

微课：选择单元格和区域

> 🔑 **注意**
>
> 在当前工作表中，无论用户是否用鼠标单击过单元格，都存在一个被激活的活动单元格。

而在 Excel 中选取区域之后，目标区域中总是包含了一个活动单元格，工作窗口的名称框中显示的是活动单元格地址，编辑栏中显示的也是活动单元格中的内容。并且活动单元格的显示风格与其他单元格也不相同，区域中的其他单元格会加亮显示，活动单元格则正常显示。

选取区域的方法包括连续区域的选择取和不连续区域的选取。

1．连续区域的选取

对于连续单元格的选取有以下几种方法。

- 选定一个单元格后，按住鼠标左键不放，拖动选取相邻的连续区域。
- 选定一个单元格后按下"Shift"键，然后使用方向键在工作表中选择相邻的连续区域。
- 在工作窗口的名称框中输入区域地址，如"B3:F5"，然后按下"Enter"键即可选取并定位到目标区域。

> 提示
> 按下"Ctrl+A"组合键，或单击行号列标交叉处的三角形图标 ，即可选中当前工作表中所有单元格。

2．不连续区域的选取

- 对于不连续区域的选取，操作方法与连续区域的选取类似。
- 选定一个单元格之后，按下"Ctrl"键，然后用鼠标左键单击或拖拉选择多个单元格，或者连续区域。
- 按下"Shift+F8"组合键，进入"添加"模式，功能作用与按住"Ctrl"键相同。进入添加模式后，再用鼠标选取单元格或区域即可。
- 在工作窗口中的名称框中输入多个单元格地址或区域地址，地址间用半角状态下的逗号隔开，如"C5，C8：F9，G13"，输入完成后按下"Enter"键确认后即可选取定位到目标区域。

9.3.3 插入和删除单元格

在编辑工作表的过程中，有时需要插入或删除单元格（单元格区域），方法与插入和删除行或列的方法类似。

- 插入单元格：选中目标单元格（或区域），单击鼠标右键，在弹出的快捷菜单中单击"插入"命令，弹出"插入"对话框，根据需要选择活动单元格的移动位置，然后单击"确定"按钮即可，如下图所示。

微课：插入和删除单元格

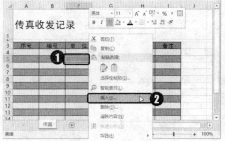
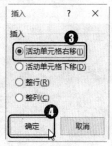

办公应用从入门到精通

如果要插入或删除多个不连续的单元格或单元格区域，则选定需要的多个单元格或单元格区域即可。

- 删除单元格：选中要删除的单元格（或区域），单击鼠标右键，在弹出的快捷菜单中单击"删除"命令，弹出"删除"对话框，根据需要选择单元格的移动选项，然后单击"确定"按钮即可，如下图所示。

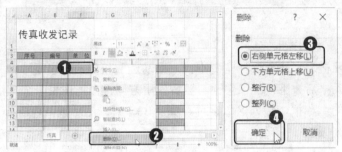

在"开始"选项卡的"单元格"组中单击"插入"或"删除"下拉按钮，在打开的下拉菜单中也可以选择执行"插入单元格"或"删除单元格"命令。

9.3.4 移动和复制单元格

要对单元格或单元格区域进行移动和复制操作，与移动和复制行或列的方法基本相同。

选中要移动或复制的单元格或区域后，按照移动和复制行或列的方法，通过键盘按键配合鼠标拖动即可。

微课：复制和移动单元格

此外，还可以通过先执行"剪切"、"复制"操作，再执行"插入剪切的单元格"、"插入复制的单元格"命令，然后选定活动单元格的移动位置，来实现单元格或单元格区域的移动和复制。具体操作方法详见"移动和复制行与列"小节，此处不再赘述。

9.3.5 合并和拆分单元格

合并单元格是将两个或多个单元格合并为一个单元格，在 Excel 中这是一个非常常用的功能。选中要合并的单元格区域，单击"开始"选项卡"对齐方式"组中的"合并后居中"按钮右侧的下拉按钮，在打开的下拉菜单中选择相应的命令即可合并或拆分单元格。

微课：合并和拆分单元格

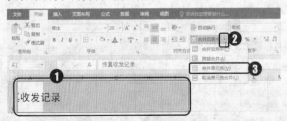

下拉菜单中各个命令的具体含义如下。

- "合并后居中"命令：将选择的多个单元格合并为一个大的单元格，并且将其中的数据自动居中显示。

- "跨越合并"命令：选择该命令可以将同行中相邻的单元格合并。
- "合并单元格"命令：选择该命令可以将单元格区域合并为一个大的单元格，与"合并后居中"命令类似。
- "取消单元格合并"命令：选择该命令可以将合并后的单元格拆分，恢复为原来的单元格。

9.4 高手支招

本章主要介绍了工作表、行和列、单元格和单元格区域的基本操作。本节将对一些相关知识中延伸出的技巧和难点进行解答。

9.4.1 如何一次插入多行

问题描述： 在工作表中插入行或列时，可以一次插入多行或多列吗？

解决方法： 可以。在 Excel 工作表中，如果想要插入多行或多列，可以先选中多行或多列单元格，然后执行"插入"命令，就能一次性快速插入多行或多列。

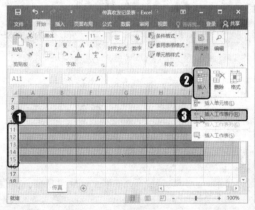

9.4.2 快速定位到当前的活动单元格

问题描述： 在编辑工作表时，有时需要对比工作表下方的数据，拖动垂直滚动条至工作表几百行后，原本需要编辑的活动单元格不见了，如何才能快速定位到当前活动单元格？

解决方法： 要快速定位到当前活动单元格可用以下两种方法来实现，第一种是按下键盘上的"Ctrl+Backspace"组合键可以快速定位到当前活动单元格；第二种是将光标定位到名称框，然后按下"Enter"键即可快速定位到当前活动单元格。

9.4.3 快速选中数据类型相同的单元格

问题描述： 在编辑电子表格时，有什么办法可以快速选中表格中数据类型相同的单元格，以便进行批量操作么？

　　解决方法：通过 Excel 的"定位条件"对话框，即可快速选中数据类型相同的单元格。方法为：先选中目标表格区域，然后在"开始"选项卡的"编辑"组中单击"查找和选择"下拉按钮，在打开的下拉菜单中单击"定位条件"命令，弹出"定位条件"对话框，在其中根据需要选择要定位的单元格的数据类型等，然后单击"确定"按钮，如下图所示。返回工作表，即可看到所选单元格区域中，符合条件的单元格被快速选中了。

9.5 综合案例——制作员工外出登记表

结合本章所讲的知识要点，本节将以制作员工外出登记表文件为例，讲解 Excel 2016 的基础操作。

　　"员工外出登记表"制作完成后的效果，如下图所示。

01 打开"素材文件\第 9 章\员工外出登记表.xlsx"文件，其中已经输入了基本内容。选中 A1:G1 单元格区域，在"开始"选项卡的"对齐方式"组中单击"合并后居中"按钮，合并标题区域，如右图所示。

02 按照上述的方法，设置合并表格中的
"年　月　日"、"姓名"、"中途出入记
录"、"员工签名"、"备注"等处所在单
元格区域，合并单元格后的效果如下图
所示。

03 根据需要，通过鼠标左键拖动，设置表
格行高和列宽，如下图所示。

04 双击工作表标签，进入可编辑状态，根
据需要重命名工作表标签即可，如下图
所示。

05 选中表格中多余的行，单击鼠标右键，
在弹出的快捷菜单中单击"删除"命令，
如下图所示。

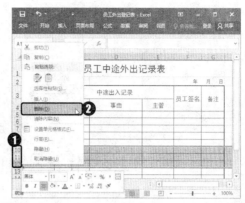

06 可以看到工作表中删除了所选行，如下
图所示。

第 10 章

在表格中输入和编辑数据

》》**本章导读**

要进行 Excel 表格制作和数据分析，输入数据是第一步。本章将详细介绍在 Excel 2016 中，在表格中输入和编辑数据，以及设置单元格格式等相关知识。

》》**知识要点**

- ✓ 输入数据
- ✓ 自动填充数据
- ✓ 编辑数据
- ✓ 设置单元格格式

10.1 输入数据

在 Excel 表格中，常见的数据类型有文本、数字、日期和时间等，输入不同的数据类型其显示方式将不相同。本节主要介绍在 Excel 表格中输入文本、数值、日期和时间等数据的方法。

10.1.1 输入文本

文本通常是指一些非数值性的文字、符号等，如公司的职员姓名、企业的产品名称、学生的考试科目等。除此之外，一些不需要进行计算的数字也可以保存为文本形式，如电话号码、身份证号码等。

微课：输入文本

所以，文本并没有严格意义上的概念，而 Excel 也将许多不能理解的数值和公式数据都视为文本。在表格中输入文本的常用方法有 3 种：选择单元格输入、双击单元格输入和在编辑栏中输入。

- 选择单元格输入：选择需要输入文本的单元格，然后直接输入文本，完成后按"Enter"键或单击其他单元格即可。

- 双击单元格输入：双击需输入文本的单元格，将光标插入到其中，然后在单元格中输入文本，完成后按"Enter"键或单击其他单元格即可。

- 在编辑栏中输入：选择单元格，然后在编辑栏中输入文本，单元格也会跟着自动显示输入的文本，完成后按"Enter"键或单击其他单元格即可，如图所示。

> 😊 提示
>
> 在单元格中输入数据后，按"Tab"键，可以自动将光标定位到所选单元格右侧的单元格中。

10.1.2 输入数值

数字是 Excel 表格中最重要的组成部分。在单元格中输入普通数字的方法与输入文本的方法相似，即选择单元格，然后输入数字，完成后按"Enter"键或单击其他单元格即可。

微课：输入数值

除了数字之外，还有一些特殊的符号也被 Excel 理解为数值，如百分号（%），货币符号（$）、科学计数符号（E）等。

> 🔧 注意
>
> 在 Excel 中表示和存储的数字最大精确到 15 位有效数字。如果输入的整数数字超出 15 位，Excel 会将 15 位之后的数字变为零。如果是大于 15 位有效数字的小数，Excel 则会将超出的部分截去。

在 Excel 表格中输入数据时，由于不同的数据类型其显示方式也会有所不同。为了使 Excel 表格正确显示出输入的数据，可以根据数据类型设置好单元格的数字格式，然后再输入数值。设置单元格数字格式的方法将在 10.4.4 节中进行介绍，此处不再赘述。

此外，为了精确显示数据，有时需要设置数据的小数位数。选中输入了数据的单元格，在"开始"选项卡的"数字"组中单机"增加小数位数"按钮 ⁰⁰ 或"减少小数位数"按钮 ⁰⁰ 来逐个增加或减少小数位数即可，如右图所示。

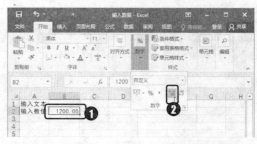

10.1.3　输入日期和时间

在 Excel 中，日期和时间是以一种特殊的数值形式来储存的，这种数值形式被称为"序列值"。序列值是介于一个大于等于 0，小于 2,958,466 的数值，所以日期也可以理解为一个包括在数值数据范畴中的数值区间。

微课：输入日期和时间

用户在输入日期和时间时，可以直接输入一般的日期和时间格式，也可以通过设置单元格格式，输入多种不同类型的日期和时间格式。

1．输入时间

如果要在单元格中输入时间，可以以时间格式直接输入，如输入"15:30:00"。在 Excel 中，系统默认的是按 24 小时制输入，如果要按照 12 小时制输入，就需要在输入的时间后加上"AM"或者"PM"字样表示上午或下午。

2．输入日期

输入日期的方法为：在年、月、日之间用"/"或者"-"隔开。例如，输入"15-12-10"，按下"Enter"键后就会自动显示为日期格式"2015/12/10"，如下图所示。

3．设置日期或时间格式

如果要使输入的日期或时间以其他格式显示，例如输入日期"2015/12/10"后自动显示为 2015 年 12 月 10 日，就需要设置单元格数字格式了。设置单元格数字格式的方法将在 10.4.4 节中进行介绍。

10.1.4　输入特殊数据

在 Excel 中，一些常规的数据，可以在选中单元格后直接输入；而要输入"0"开头的数据、身份证号码和分数等特殊数据，就需要使用特殊的方法。

微课：输入特殊数据

- 输入以"0"开头的数据：默认情况下，在单元格中输入"0"开头的数字时，Excel 会把它识别成数值型数据，而直接省略掉前面的"0"。例如，在单元格中输入序号"001"，Excel 会自动将其转换为"1"。此时，只需要在数据前加上英文状态下的单引号，就可以输入了。因为输入的的单引号使"001"被 Excel 识别为了文本型数据，如下图所示。

- 输入身份证号码：Excel 的单元格中默认显示 11 个字符，如果输入的数值超过 11 位，则使用科学计数法来显示该数值，如 1.23457E+14。由于身份证号码一般都是 18 位，因此，如果直接输入，就会变成科学计数格式。正确的方法是在身份证号码前面加一个英文状态下的单引号，然后再输入，如下图所示。

- 输入分数：默认情况下，在 Excel 中不能直接输入分数，系统会将其显示为日期格式。例如输入分数"3/4"，确认后将会显示为日期"3 月 4 日"。如果要在单元格中输入分数，需要在分数前加上一个"0"和一个空格，如下图所示。

	A	B	C	D
1	输入	输入数据	显示为	正确输入法
2	以"0"开头的数据	001	1	'001
3	身份证号	123456198012301234	1.23456E+17	'123456198012301234
4	分数	3/4	3月4日	0 3/4

10.1.5 【案例】制作员工信息登记表

结合本节所讲的知识要点，下面以制作员工信息登记表为例，讲解在 Excel 工作表中输入数据的方法，具体操作如下。

微课：制作员工信息登记表

01 打开"素材文件\第 10 章\员工信息登记表.xlsx"文件，其中已经输入了文本内容。将光标定位到 A2 单元格中，输入"'001"，如下图所示。

02 按下"Enter"键，即可得到以"0"开头的"员工编号"数据。将光标定位到 B2 和 E2 单元格中，输入员工姓名和所属部门等文本型数据，如下图所示。

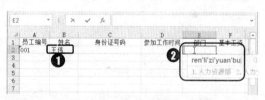

03 将光标定位到 C2 单元格中，输入"'123456198302281234"，然后按下"Enter"键，输入员工身份证号码，如下图所示。

04 将光标定位到 D2 单元格中，输入"2009-11-1"，然后按下"Enter"键，输入员工参加工作时间，如下图所示。

05 将光标定位到 F2 单元格中，输入
"1800"，然后按下"Enter"键，输入员
工基本工资，如下图所示。

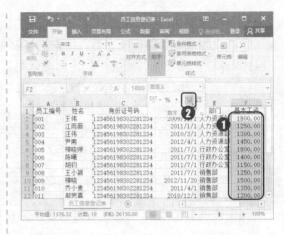

06 按照上述方法输入表格所需数据，然后
选中 F2 及以下单元格区域，在"开始"
选项卡的"数字"组中两次单击"增加
小数位数"按钮，使工资数据保留两
位小数，如下图所示。

10.2 编辑数据

在表格输入的过程中，难免会遇到有数据输入错误，或是某些内容不符
合要求，需要对单元格或其中的数据进行编辑，对不需要的数据进行删
除等情况。本节主要介绍在 Excel 中编辑单元格数据的方法。

10.2.1 修改单元格内容

在工作表中输入数据时，难免会出现错误。若发现输入的数据有误，可以根据实际情
况进行修改。包括修改单元格中部分数据、修改全部数据及撤销与恢复数据。

1. 修改单元格中部分数据

对于比较复杂的单元格内容，如公式，很可能遇到只需要修改很少一部分数据的情况，
此时可以通过下面两种方法进行修改。

- 双击需要修改数据的单元格，单元格处于编辑状态，此时将光标定位在需要修改的位置，
将错误字符删除并输入正确的字符，输入完成后按"Enter"键确认即可。

- 选中需要修改数据的单元格，将光标定位在"编辑栏"中需要修改的字符位置，然后将
错误字符删除并输入正确的字符，输入完成按"Enter"键确认即可。

2. 修改全部数据

对于只有简单数据的单元格，我们可以修改整个单元格内容。方法为：选中需要重新
输入数据的单元格，在其中直接输入正确的数据，然后按下"Enter"键确认，Excel 将自
动删除原有数据而保留重新录入的数据。

> 📌 注意
>
> 若双击需要修改的单元格，光标将定位在该单元格中，此时需要将原单元格中的数据删除后才能进行
> 输入。

3. 撤销与恢复数据

在对工作表进行操作时，可能会因为各种原因导致表格编辑错误，此时可以使用撤销和恢复操作轻松纠正过来。

- 撤销操作是让表格还原到执行错误操作前的状态。单击"快速访问工具栏"中的"撤销"按钮 即可。
- 恢复操作就是让表格恢复到执行撤销操作前的状态。只有执行了撤销操作后，"恢复"按钮 才会变成可用状态。恢复操作的方法和撤销操作类似，单击"快速访问工具栏"中的"恢复"按钮 即可。

> **提示**
> 若表格编辑步骤很多，在执行撤销或恢复操作时，单击"撤销"按钮或"恢复"按钮旁边的下拉按钮，然后在打开的下拉菜单中，单击需要撤销或恢复的操作，可以快速撤销多个操作或恢复多个操作。

10.2.2 查找与替换数据

在数据量较大的工作表中，若想手动查找并替换单元格中的数据是非常困难的，而 Excel 的查找和替换功能能够帮助用户快速进行相关操作。

微课：查找与替换数据

1. 查找数据

利用 Excel 提供的查找功能可以方便地查找到需要的数据，以提高工作效率。通过查找功能查找数据的的具体操作如下。

01 打开工作簿，在"开始"选项卡的"编辑"组中单击"查找和选择"下拉按钮，在打开的下拉菜单中单击"查找"命令，如下图所示。

> **提示**
> 在工作表中按下"Ctrl+F"组合键可以快速打开"查找和替换"对话框。

02 弹出"查找和替换"对话框，在"查找"选项卡的"查找内容"文本框中输入要查找的内容，单击"查找下一个"按钮，如下图所示。

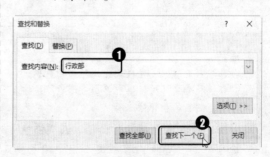

03 此时系统会自动选中符合条件的第一
个单元格，如果需要查找的不是该单元
格内容，则再次单击"查找下一个"按
钮继续查找，如下图所示。

04 此外，单击"查找全部"按钮，将在"查
找和替换"对话框的下方显示出符合条
件的全部单元格信息，如下图所示。

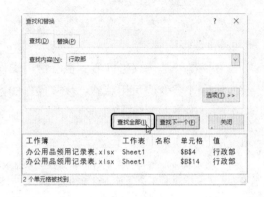

2．替换数据

如果要对工作表中查找到的数据进行修改，可以使用"替换"功能。通过该功能可以
快速地将符合某些条件的内容替换成指定的内容，以替换"行政部"为"行政办公室"为
例，具体操作如下。

01 打开工作簿，在"开始"选项卡的"编
辑"组中单击"查找和选择"下拉按钮，
在打开的下拉菜单中单击"替换"命令，
如下图所示。

💬 提示

如果想要更准确地查找或替换想要的数据，可
以在"查找和替换"对话框中单击"选项"按钮，
以显示更多的查找和替换选项。

02 弹出"查找和替换"对话框，在"替换"
选项卡的"查找内容"文本框中输入要
查找的内容，在"替换为"文本框中输
入要替换的内容，单击"查找下一个"

按钮，此时系统会自动地选中符合条件
的第一个单元格，如下图所示。

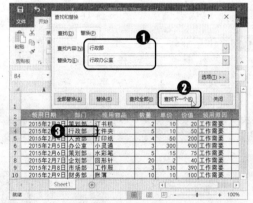

03 如果需要替换的不是该单元格内容，则
继续单击"查找下一个"按钮查找；如
果要替换该单元格的内容，则单击"替
换"按钮即可，如下图所示。

💬 提示

单击"替换"按钮后，Excel 将自动查找并选
中符合条件的下一个单元格。

户共替换了几处，单击"确定"按钮即可，如下图所示。

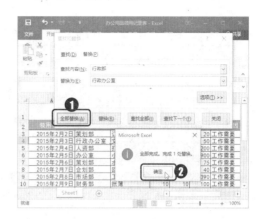

04 此外，单击"全部替换"按钮，系统将直接替换所有符合条件的单元格内容，替换完成后会弹出一个提示框，提醒用

10.2.3 为单元格添加批注

批注是附加在单元格中的，它是对单元格内容的注释。使用批注可以使工作表的内容更加清楚明了。制作表格的时候，有些单元格数据属性复杂，需要进行特别的说明，就可以用上批注。

微课：为单元格添加批注

1. 添加与编辑批注

在制作 Excel 电子表格时，如果要对一些复杂情况进行说明，可以抓住关键要素，为单元格添加简明扼要的批注。在 Excel 中使用批注的方法如下。

- 添加批注：选中要添加批注的单元格，单击鼠标右键，在弹出的快捷菜单中单击"插入批注"命令，此时出现批注编辑框，在其中输入批注内容，完成后单击工作表中的其他位置退出批注编辑状态即可，如下图所示。

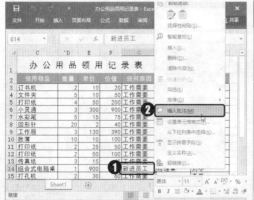

- 编辑批注：选中需要修改的批注所在的单元格，单击鼠标右键，在弹出的快捷菜单中单击"编辑批注"命令，此时批注编辑框处于可编辑状态。根据需要对批注内容进行编辑操作，然后单击工作表中的其他位置退出批注编辑状态即可。

- 删除批注：选中需要删除的批注所在的单元格，单击鼠标右键，在弹出的快捷菜单中单击"删除批注"命令，返回工作表即可看到该单元格中的批注被删除了。

2．隐藏与显示批注

默认情况下，在 Excel 中插入的批注为隐藏状态。在添加了批注的单元格的右上角可以看到一个红色的小三角，要查看被隐藏的批注，需要将光标指向批注所在单元格右上角的红色小三角。

用户可以根据需要将批注设置为始终显示，方法为：选中批注所在单元格，单击鼠标右键，在弹出的快捷菜单中单击"显示/隐藏批注"命令，即可设置显示被隐藏的批注。

在设置始终显示批注后，选中批注所在单元格，单击鼠标右键，在弹出的快捷菜单中单击"隐藏批注"命令，就可以再次隐藏批注了。

 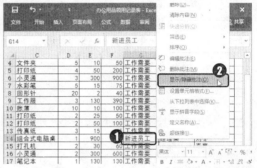

10.2.4　删除数据

在编辑工作表时，如果输入了错误或不需要的数据，可以及时删除。删除数据的方法主要有通过使用快捷键和使用快捷菜单两种方法。

- 使用快捷键：选中想要删除数据的单元格，按下"Backspace"和"Delete"键均可删除；选中需要清除的单元格区域，然后按下"Delete"键即可删除数据；双击需要删除数据的单元格，将光标定位到该单元格中，按下"Backspace"键可以删除光标前的数据，按下"Delete"键可以删除光标后的数据。

- 使用快捷菜单：选择需要清除内容的单元格或单元区域，单击鼠标右键，在弹出的快捷菜单中单击"清除内容"命令即可删除数据，如右图所示。

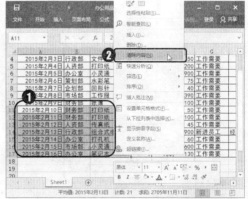

10.2.5　【案例】制作生产记录表

结合本节所讲的知识要点，下面以制作生产记录表为例，讲解在 Excel

工作表中编辑数据的方法，具体操作如下。

01 打开"素材文件\第 10 章\生产记录表.xlsx"文件。在"开始"选项卡的"编辑"组中单击"查找和选择"下拉按钮，在打开的下拉菜单中单击"替换"命令，如下图所示。

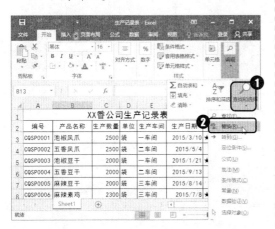

02 弹出"查找和替换"对话框，在"替换"选项卡的"查找内容"文本框中输入要查找的内容，在"替换为"文本框中输入要替换的内容，单击"全部替换"按钮，系统将直接替换所有符合条件的单元格内容，替换完成后会弹出一个提示框，提醒用户共替换了几处，单击"确定"按钮即可，如下图所示。

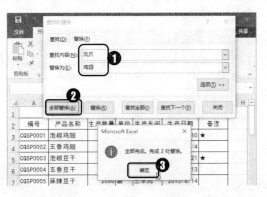

03 返回"查找和替换"对话框，单击"关闭"按钮关闭对话框即可。选中要添加批注的单元格，单击鼠标右键，在弹出的快捷菜单中单击"插入批注"命令，如下图所示。

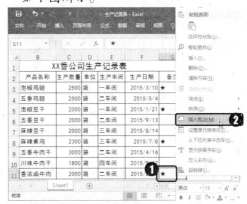

04 此时出现批注编辑框，在其中输入批注内容，完成后单击工作表中的其他位置退出批注编辑状态，如下图所示。

05 按照上述方法，为工作表中所有需要添加批注的单元格添加批注，完成后的效果如下图所示。

10.3 自动填充数据

使用 Excel 输入数据时有很多的技巧可以帮助用户提高工作效率。本节主要介绍利用填充柄功能自动填充数据，以及快速填充等差序列、等比序列、自定义序列等数据的方法。

10.3.1 使用填充柄输入数据

在选择单元格或单元格区域后，所选对象四周会出现一个黑色边框的选区，该选区的右下角会出现一个填充柄，光标移至其上时会变为十字形状，此时单击鼠标左键并拖动填充柄即可在拖动经过的单元格区域中快速填充相应的数据。

微课：使用填充柄输入数据

1. 拖动填充柄输入相同的数据

在编辑表格的过程中，有时需要在多个单元格中输入相同的数据，此时可以通过拖动单元格右下角的填充柄来快速输入，具体操作如下。

> **提示**
>
> 拖动填充柄填充数据后，填充区域右下角会出现一个"自动填充选项"按钮，该按钮向用户提供了"复制单元格"、"填充序列"、"仅填充格式"、"不带格式填充"等选择。

01 选中输入了起始数据的单元格，将光标移到单元格右下角的填充柄上，鼠标指针将变为十字形状，按住鼠标左键不放，拖动至所需位置，如下图所示。

02 释放鼠标左键，即可在 E3 到 E14 单元格区域中输入相同的数据，如下图所示。

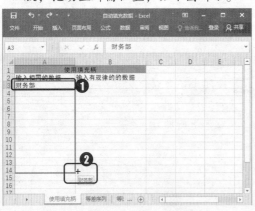

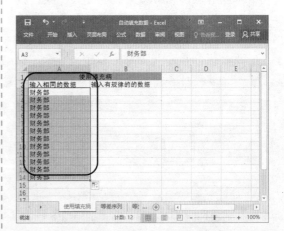

2. 拖动填充柄输入有规律的数据

在制作表格时经常需要输入一些相同的或有规律的数据，手动输入这些数据既费时又费力，为了提高工作效率，可以通过拖动填充柄快速输入，具体操作如下。

> **提示**
>
> 在 Excel 中除了可以填充数字序列，还可以填充日期、时间等序列。如"星期一"、"1月"等。

01 本例在 B3 单元格中输入起始数据"001"，在 B4 单元格中输入"002"；然后选中 B3:B4 单元格区域，将光标移到 B4 单元格右下角的填充柄上，当鼠标指针变为十字形状时，按住鼠标左键不放，拖动至需要的位置，如下图所示。

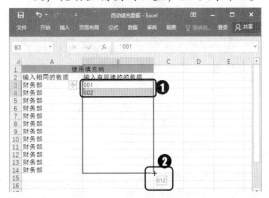

02 释放鼠标左键，即可在 B5 到 B14 单元格中快速输入有规律的编号数据，如下图所示。

10.3.2　输入等差序列

制作表格时，有时需要输入等差数列数据。在 Excel 中输入这类数据的方法主要有两种，一种是通过拖动填充柄输入；另外一种是通过"序列"对话框输入。下面将分别进行介绍。

微课：输入等差序列

1. 拖动填充柄输入

在 Excel 中通过填充柄可以快速输入序列。下面以在工作表中输入"3、6、9"格式的等差序列为例进行介绍，具体操作如下。

01 本例先在 A3:A5 单元格区域中依次输入具有等差规律的前几个数据，如"3、6、9"，如下图所示。

02 选中 A3:A5 单元格区域，按住鼠标左键并拖动填充柄至所需单元格，释放鼠标左键即可，如下图所示。

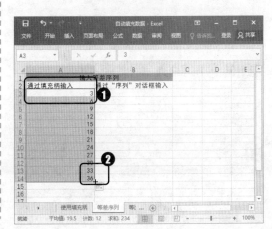

2. 通过"序列"对话框输入

通过"序列"对话框只需输入第一个数据便可达到快速输入有规律数据的目的。以输入如"1、4、7"格式的等差序列为例，具体操作如下。

01 本例先在 B3 单元格中输入等差序列的起始数据，如"1"，选中需要输入等差序列的单元格区域，如 B3:B14 单元格区域，如下图所示。

02 在"开始"选项卡的"编辑"组中单击"填充"下拉按钮，在打开的下拉菜单中单击"序列"命令，如下图所示。

03 弹出"序列"对话框，在"序列产生在"栏中选中"列"单选按钮；在"类型"栏中选中"等差序列"单选按钮；在"步长值"数值框中输入步长值，如输入"3"，单击"确定"按钮即可，如下图所示。

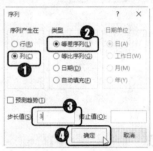

04 返回工作表，即可看到在 B3:B14 单元格区域中输入了"1、4、7"格式的等差序，如下图所示。

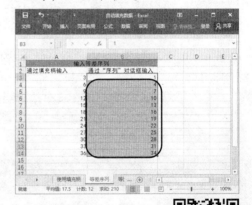

10.3.3　输入等比序列

所谓等比序列数据是指成倍数关系的序列数据，如"2、4、8、16……"，快速输入此类序列数据的具体操作如下。

微课：输入等比序列

01 本例先在 A2 和 A3 单元格中输入具有等比规律的前两个数据，如"2、4"，选中输入了起始数据的 A2:A3 单元格区域，如右图所示。

02 按住鼠标右键并拖动填充柄至所需的
单元格，如 A10 单元格，在弹出的下拉
菜单中单击"等比序列"命令即可，如
右图所示。

10.3.4　自定义填充序列

如果需要经常使用某个数据序列，可以将其创建为自定义序列，之后
在使用时拖动填充柄便可快速输入。添加自定义填充序列的方法有两种，
一种是通过工作表中的现有数据项添加；另外一种是通过临时输入的方法
添加。

微课：自定义填充序列

1. 通过工作表中的现有数据项添加

如果在工作表中已经输入数据序列项，可以直接引用来创建自定义填充序列，具体操
作如下。

01 打开工作簿，在工作表中输入自定义序
列，并选中工作表中的自定义序列，如
下图所示。

02 切换到"文件"选项卡，在左侧窗格中
单击"选项"命令，如下图所示。

03 弹出"Excel 选项"对话框，切换到"高
级"选项卡，在"常规"栏单击"编辑
自定义列表"按钮，如下图所示。

04 弹出"自定义序列"对话框，单击"导
入"按钮，将自定义序列导入到"输入
序列"列表中，单击"确定"按钮，如
下图所示。

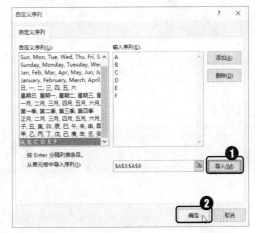

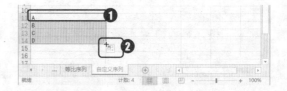

05 返回"Excel 选项"对话框，单击"确定"按钮，返回工作表，输入序列初始数据后即可利用填充柄快速填充自定义序列，如右图所示。

2．通过临时输入的方法添加

如果当前工作表中没有要添加的自定义填充序列的数据项，可以在"自定义序列"对话框中通过输入的方法来添加，具体操作如下。

01 打开"自定义序列"对话框，在"输入序列"列表框中输入需要的自定义填充序列项目，各项目之间按"Enter"键隔开，输入完成后单击"添加"按钮，然后连续单击"确定"按钮确认即可，如下图所示。

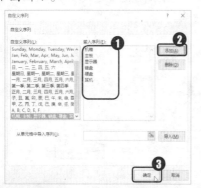

02 设置完成后，在工作表中输入序列初始数据后即可利用填充柄快速填充序列，如下图所示。

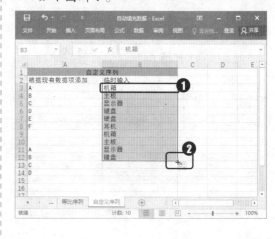

10.4　设置单元格格式

在单元格中输入数据后，还需要对单元格数据格式进行设置。例如，设置文本格式、数字格式、对齐方式、边框和底纹等，以便美化表格内容。本节主要介绍设置单元格格式的方法。

10.4.1　设置单元格文本格式

在 Excel 2016 中输入的文本默认为宋体。为了制作出美观的电子表格，用户可以更改工作表中单元格或单元格区域中的字体、字号、文字颜色等文本格式。

设置文本格式的方式有以下几种。

微课：设置单元格文本格式

- 通过浮动工具栏设置：双击需设置文本格式的单元格，将光标插入其中，拖动鼠标左键，选择要设置的字符，并将鼠标光标放置在选择的字符上，片刻后将出现一个半透明的浮动工具栏，将光标移到上面，浮动工具栏将变得不透明，在其中可以设置字符的文本格式；或者用鼠标右键单击要设置的单元格，此时将出现一个浮动工具栏，在其中也可以设置字体、字号、文字颜色等格式，如下图所示。

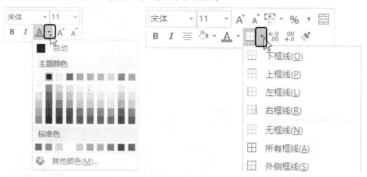

- 通过"字体"组设置：选择要设置格式的单元格、单元格区域、文本或字符，在"开始"选项卡的"字体"组中可以执行相应的操作来设置文本格式。
- 通过"设置单元格格式"对话框设置：单击"字体"组右下角的功能扩展按钮🔲，打开"设置单元格格式"对话框，在"字体"选项卡中可以根据需要设置字体、字形、字号以及字体颜色等格式，设置完成后单击"确定"按钮即可，如下图所示。

10.4.2 设置单元格数字格式

在 Excel 中，设置单元格的数字格式的方法主要有以下两种。

- 通过"设置单元格格式"对话框：选中要设置数字格式的单元格或单元格区域，然后在"开始"选项卡"数字"组中单击右下角的功能扩展按钮🔲，打开"设置单元格格式"对话框，在"数字"选项卡中的"分类"列表框中选择数据类型，然后在右侧对应的界面中根据需要精确设置单元格的数字格式，设置完成后单击"确定"按钮即可，如下图（左边）所示。

微课：设置单元格数字格式

- 通过功能区：选中单元格或单元格区域后，在"开始"选项卡中的"数字"组中执行相应的操作即可，例如单击"数字"组中的"数字格式"下拉按钮或"会计数字格式"下拉按钮，在打开的下拉菜单中，可以快速选择需要的选项，设置单元格数字格式，如下图（中间、右边）所示。

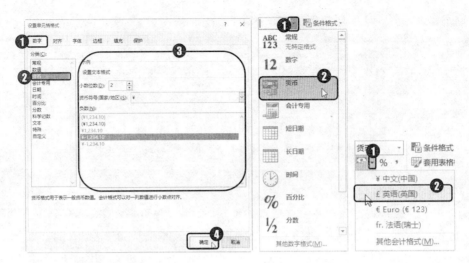

10.4.3 设置单元格对齐方式

在 Excel 单元格中，文本默认为左对齐，数字默认为右对齐。为了保证工作表中数据的整齐，可以为数据重新设置对齐方式，选中需要设置的单元格，在"对齐方式"组中单击相应按钮即可。其中各按钮的含义如下。

微课：设置单元格对齐方式

- 垂直对齐方式按钮：在垂直方向上设置数据的对齐方式。单击"顶端对齐"按钮≡，数据将靠单元格的顶端对齐；单击"垂直居中"按钮≡，使数据在单元格中上下居中对齐；

  单击"底端对齐"按钮≡，数据将靠单元格的底端对齐，如右图（上边）所示。

- 水平对齐方式按钮：在水平方向上设置数据的对齐方式。单击"左对齐"按钮≡，数据将靠单元格的左端对齐；单击"居中"按钮≡，数据将在单元格中左右居中对齐；单击"右对齐"按钮≡，数据将靠单元格右端对齐，如右图（上边）所示。

- "方向"按钮：单击该按钮，在打开的下拉菜单中可以选择文字需要旋转的 45°倍数方向，如右图（下边）所示；选择"设置单元格格式"命令，在打开的对话框中可以设置更精确的需要旋转的角度。

- "自动换行"按钮：当单元格中的数据太多，无法完整显示在单元格中时，可以将该单元格中的数据自动换行后，以多行的形式显示在单元格中，方便直接阅读其中的数据。如果要取消自动换行，再次单击该按钮即可。

- "减少缩进量"按钮和"增加缩进量"按钮：单击"减小缩进量"按钮，可减小单元格边框与单元格数据之间的边距；单击"增大缩进量"按钮，可以增大单元格边框与单元格数据之间的边距。

💡 **提示**

单击"开始"选项卡"对齐方式"组右下角的功能扩展按钮 ⌐，在弹出的"设置单元格格式"对话框的"对齐"选项卡中也可以设置数据对齐方式。

10.4.4　设置单元格边框和底纹

在编辑表格的过程中，可以通过添加边框、添加单元格背景色、为工作表设置背景图案等，使制作的表格轮廓更加清晰，更具整体感和层次感。

1. 添加边框

默认情况下，Excel 的灰色网格线无法打印出来，为了使工作表更加美观，在制作表格时，我们通常需要为其添加边框，方法有以下几种。

- 选中要设置边框的单元格或单元格区域，在"开始"菜单选项卡的"字体"组中展开"边框"下拉菜单，在"边框"栏中根据需要进行选择，快速设置表格边框，如下图（左边）所示。

微课：设置单元格边框

- 选中要设置边框的单元格或单元格区域，在"开始"菜单选项卡的"字体"组中展开"边框"下拉菜单，在"绘制边框"栏中根据需要进行选择，手动绘制表格边框，如下图（中边）所示。

- 选中要设置边框的单元格或单元格区域，在"开始"菜单选项卡的"字体"组中单击右下角的功能扩展按钮 ⌐，打开"设置单元格格式"对话框，在"边框"选项卡中根据需要详细设置边框线条颜色、样式、位置等，完成后单击"确定"按钮即可，如下图（右边）所示。

2. 设置单元格背景色

默认情况下，Excel 工作表中的单元格为白色，而为了美化表格或者突出单元格中的内容，可以为单元格设置背景色，方法有两种。

- 选中要设置背景色的单元格区域，在"开始"选项卡的"字体"组中单击"填充颜色"下拉按钮 🎨▾，在打开的颜色面板中根据需要进行选择，如下图（左边）所示。

微课：设置单元格底纹

- 选中要设置背景色的单元格区域，单击鼠标右键，在弹出快捷菜单中执行"设置单元格格式"命令，此时弹出"设置单元格格式"对话框，在"填充"选项卡的"背景色"色板中选择一种颜色，根据需要设置图案样式和图案颜色，然后单击"确定"按钮即可，如下图（中间、右边）所示。

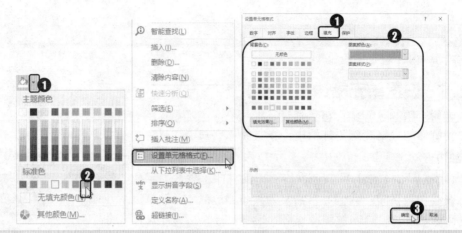

😊 **提示**

在"设置单元格格式"对话框中单击"填充效果"按钮，可以为单元格设置渐变填充效果；单击"其他颜色"按钮可以打开"颜色"对话框，其中提供了更多颜色供用户选择。

10.5 高手支招

本章主要介绍了在表格中输入和编辑数据，以及设置单元格格式的基本操作。本节将对一些相关知识中延伸出的技巧和难点进行解答。

10.5.1 输入特殊符号

问题描述：在制作表格时，有时需要插入一些特殊符号，如#，＊和★等，这些符号无法在键盘上找到与之匹配的键位，该怎么办？

解决方法：与在 Word 中插入特殊符号的方法类似，通过 Excel 的插入符号功能即可在表格中输入特殊符号。方法为：选中要插入特殊符号的单元格，切换到"插入"选项卡，在"符号"组中单击"符号"按钮，打开"符号"对话框，在其中选择符号对应的字体，然后在列表框中选中需要的符号，单击"插入"按钮即可在所选单元格中插入符号，插入符号后单击"关闭"按钮关闭该对话框即可，如下图所示。

10.5.2　如何使用通配符查找数据

问题描述：在 Excel 中查找数据时，如果要查找的内容不那么精确，例如要查找以 xxx 开头的字符串、以 xxx 结尾的字符串、包含有 xxx 的字符串、xxx 排在第 N 位的字符串等，怎样才能快速找到该数据呢？

解决方法：可以使用通配符进行模糊查找。例如，要在员工信息登记中查找出 2000 年后出生的员工，只需要在"查找内容"文本框中输入"??????20*"进行查找即可（通配符"?"要在英文状态下输入），如右图所示。

这是因为身份证中第 7 位到第 10 位是出生年份，要查找 2000 年后出生的员工，即查找 20XX 年出生的员工。"?"代表任意单个字符，"*"代表任意多个字符，用 6 个"?"占位，表示 20 前有 6 个数字，用"*"表示 20 后有任意多个字符。当然，在这里的"*"其实是可以省略掉的。

使用通配符进行模糊查找时，"查找内容"的编写如下表所示。

查找目标	"查找内容"的写法
以 xxx 开头的字符串	xxx*
以 xxx 结尾的字符串	*xxx
包含 xxx 的字符串	*xxx*
xxx 排在第 N 位的字符串	?（N 个）xxx*

10.5.3　使用格式刷快速复制单元格格式

问题描述：在编辑工作表时，可以将已经设置好的表格格式快速复制到其他单元格或单元格区域中吗？

解决方法：如果想要将现有表格的格式复制到其他单元格区域，可以使用复制和选择性粘贴功能，但使用格式刷无疑是最快捷的方法。方法为：选中需要复制格式的单元格或单元格区域，在"开始"选项卡的"剪贴板"组中单击"格式刷"按钮 ，然后移动光标到目标单元格区域，此时光标呈 形状，单击目标单元格，或按下鼠标左键不放并拖动至需要的位置后释放鼠标左键，即可将格式复制到目标单元格或单元格区域，如下图所示。

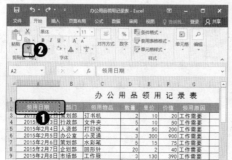

😊 **提示**

选中需要复制格式的单元格或单元格区域，按下"Ctrl+C"组合键复制，然后选中目标单元格或单元格区域，在"开始"选项卡的"剪贴板"组中单击"粘贴"下拉按钮，在打开的下拉菜单中单击"其他粘贴选项"栏中的"格式"按钮 🖌️，也可以复制表格格式。

10.6 综合案例——制作人事变更管理表

结合本章所讲的知识要点，本节将以制作人事变更管理表文件为例，讲解在 Excel 2016 中输入和编辑数据，以及设置单元格格式的方法。

"人事变更管理表"制作完成后的效果，如下图所示。

序号	人员编号	姓名	变动说明	资料变更	变更日期	备注
			人事变更管理表			
日期：						第1页
1	FJ1001	王明	升职	由销售代表升为销售主管	2015年4月25日	
2	FJ1093	高强	调职	由前台调至公关部	2015年4月27日	
3	FJ1524	陈敏	调职	由销售主管转主销售经理	2015年5月20日	
4	FJ1365	陈保	升职	由技术员升为技术主管	2015年7月16日	
5	FJ1204	李明	试用期满	由试用转为正式	2015年8月5日	
6	FJ2031	刘远	升职	由销售代表升为销售主管	2015年8月15日	
7	FJ1025	陈昊	调职	由行政助理调至后勤主管	2015年8月16日	
8	FJ3023	刘艳	调职	由后勤部调至技术部	2015年8月20日	
9	FJ1032	黄欣	试用期满	由试用转为正式	2015年9月4日	
10	FJ1420	刘浩	开除	开除	2015年9月4日	
11	FJ2015	陈涛	薪金调整	由2500元调至3000元	2015年9月15日	
12	FJ0210	刘波	调职	由技术部调至后勤部	2015年10月15日	
13	FJ2102	李强	薪资调整	由2200元调至2600元	2015年11月15日	

01 打开"素材文件\第 10 章\人事变更管理表.xlsx"文件。根据需要在其中输入表格内容，然后选中整个工作表，在"开始"选项卡的"字体"组中设置字体为"黑体"，如下图所示。

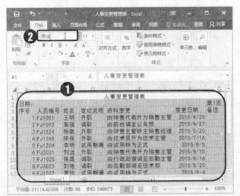

02 选中标题所在的 A1 单元格，在"开始"选项卡的"字体"组中设置字号为"16"

磅，如下图所示。

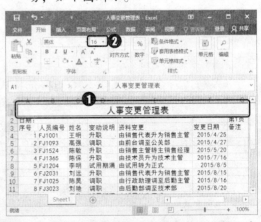

03 选中表头所在的 A3:G3 单元格区域，在"开始"选项卡的"字体"组中设置字号为"12"磅，填充颜色为"绿色"。在"对齐方式"组中设置单元格文本为居中对齐，如下图所示。

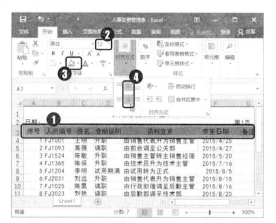

04 选中 A3:G16 单元格区域，在"开始"选项卡的"字体"组中展开"边框"下拉菜单，单击"所有框线"选项，如下图所示。

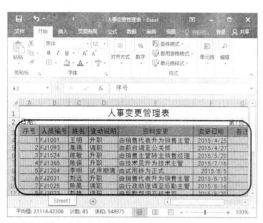

06 选中 F4:F16 单元格区域，在"开始"选项卡的"数字"组中单击"数字格式"下拉按钮 ，在打开的下拉菜单中单击"长日期"选项，设置单元格的数字格式，如下图所示。

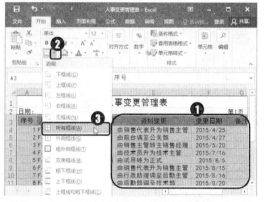

05 返回工作表，可以看到表格快速添加了边框，如下图所示。

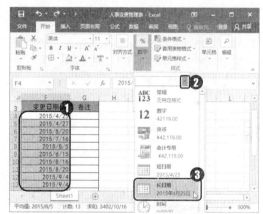

第 11 章

在数据列表中简单分析数据

》》**本章导读**

Excel 2016 除了基本的表格编辑功能之外，还有一些其他高级功能。本章以员工安全绩效考核制度、物资采购明细表等为例，介绍 Excel 表格处理的高级应用技巧。

》》**知识要点**

- ✓ 认识数据列表
- ✓ 筛选数据列表
- ✓ 数据列表排序
- ✓ 数据的分类汇总

11.1 认识数据列表

Excel 数据列表是由多个行列数据组成的有组织的信息集合，它通常有位于顶端的一行字段标题和多行数值或文本作为数据行。本节主要介绍数据列表的使用和创建等相关知识。

11.1.1 了解 Excel 数据列表

如下图所示，Excel 数据列表的第一行是字段标题，下面包含若干行数据信息，由文字、数字等不同类型的数据构成。

	A	B	C	D	E	F	G
1	姓名	基本工资	奖金	应发工资	扣保险	扣所得税	实发工资
2	刘烨	¥1,550.00	¥598.43	¥2,148.43	¥155.00	¥197.26	¥1,796.17
3	周小刚	¥1,450.00	¥5,325.52	¥6,775.52	¥145.00	¥980.10	¥5,650.42
4	罗一波	¥1,800.00	¥3,900.64	¥5,700.64	¥180.00	¥765.13	¥4,755.51
5	陆一明	¥1,250.00	¥10,000.21	¥11,250.21	¥125.00	¥1,875.04	¥9,250.17
6	汪洋	¥1,650.00	¥6,000.67	¥7,650.67	¥165.00	¥1,155.13	¥6,330.54
7	高圆圆	¥1,800.00	¥5,610.47	¥7,410.47	¥180.00	¥1,107.09	¥6,123.38
8	楚配	¥1,450.00	¥6,240.55	¥7,690.55	¥145.00	¥1,163.11	¥6,382.44
9	郑爽	¥1,430.00	¥14,000.62	¥15,430.62	¥143.00	¥2,711.12	¥12,576.50
10	朱一鸣	¥1,500.00	¥3,600.00	¥5,100.00	¥150.00	¥645.00	¥4,305.00

为了保证数据列表能有效的工作，它必须具备以下特点。

- 每列必须包含同类的信息，即每列的数据类型都相同；
- 列表的第一行应该包含文字字段，每个标题用于描述下面所对应的列的内容；
- 列表中不能存在重复的标题；
- 数据列表的列不能超过 16384 列，行不能超过 1048576 行。

> **注意**
>
> 在制作工作表时，如果一个工作表中包含多个数据列表，那列表间应至少空一行或空一列，以便于将数据分隔。

11.1.2 数据列表的使用

管理数据列表是 Excel 最常用的任务之一，比如电话号码清单、进出货清单等，这些数据列表都是根据用户的需要而命名。用户在使用数据列表时，可以进行如下操作。

- 在数据列表中输入和编辑数据；
- 根据特定的条件对数据列表进行排序和筛选；
- 对数据列表进行分类汇总；
- 在数据列表中使用函数和公式达到特定的目的；
- 在数据列表中创建数据透视表；

11.1.3 创建数据列表

用户可以根据自己的需要创建数据列表，以满足存储、分析数据的需求。创建数据列表时需要注意以下几点。

微课：创建数据列表

- 在表格的第一行和第一列为其对应的每一列数据输入描述性文字；
- 在每一列中输入数据信息；
- 为数据列表的每一列设置相应的单元格数字格式。

11.1.4 使用"记录单"添加数据

微课：使用"记录单"添加数据

对于一些喜欢使用对话框来输入数据的用户，可以使用 Excel 的记录单功能。因为 Excel 2016 的功能区默认不显示记录单，要使用此功能，需要在任意单元格上单击鼠标左键，然后依次按下"Alt"键、"D"键和"O"键。使用记录单的上体操作方法如下。

01 打开"素材文件\第 11 章\工资表.xlsx"文件，单击数据列表任意单元格，然后依次按下"Alt"键、"D"键和"O"键，弹出数据列表对话框，单击"新建"按钮，如下图所示。

02 在空白的文本框中输入相关信息，用户可以用"Tab"键切换，输入完成后按下"Enter"键或"关闭"按钮即可，或按下"新建"按钮继续录入数据，如下图所示。

03 返回工作表，可以看到新增的数据已经显示到数据列表中。由于输入数据时，应发工资、扣保险、扣所得税、实发工资项是利用公式计算的，所以 Excel 将自动添加新记录，如下图所示。

11.2 数据列表排序

在 Excel 中对数据进行排序是指按照一定的规则对工作表中的数据进行排列，以进一步处理和分析这些数据。本节主要介绍在 Excel 2016 中进行数据排序的方法。

11.2.1　按一个条件排序

在 Excel 中，有时会需要对数据进行升序或降序排列。"升序"是指对选择的数字按从小到大的顺序排序；"降序"是指对选择的数字按从大到小的顺序排序。按一个条件对数据进行升序或降序的排序方法主要有下面两种。

微课：按一个条件排序

- 选中需要进行排序的数据列中的任意单元格，然后单击鼠标右键，在弹出的快捷菜单中选择"排序"命令，展开子菜单，在其中选择"升序"或"降序"命令即可，如下图（左边）所示。
- 选中需要进行排序的数据列中的任意单元格，然后切换到"数据"选项卡，在"排序与筛选"选项组中单击"升序" ↑ 或"降序" ↓ 按钮即可，如下图（右边）所示。

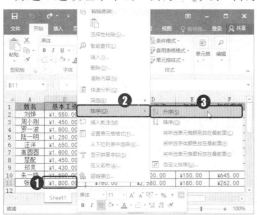 

> 💬 提示
>
> 选中需要进行排序的数据列或单元格区域后，执行"升序"或"降序"命令，将弹出"排序提醒"对话框，在其中默认选择了"扩展选定区域"单选按钮为排序依据，直接单击"排序"按钮即可。

11.2.2　按多个条件排序

多个条件排序是指依据多列的数据规则以数据表进行排序操作。例如在"工资表"中要同时对"实发金额"和"基本工资"列排序，具体操作如下。

微课：按多个条件排序

01 选中整个数据区域，切换到"数据"选项卡，单击"排序和筛选"组中的"排序"按钮，如下图所示。

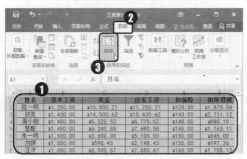

02 弹出"排序"对话框，在"主要关键字"下拉列表框中选择"实发工资"；在"排序依据"下拉列表框中选择"数值"；在"次序"下拉列表框中选择"升序"，如下图所示。

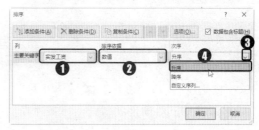

03 单击"添加条件"按钮,在"次要关键字"下拉列表框中选择"基本工资";在"排序依据"下拉列表框中选择"数值";在"次序"下拉列表框中选择"降序",完成后单击"确定"按钮,如下图所示。

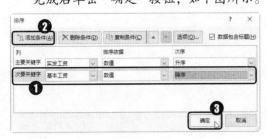

04 返回工作表,即可看到表中的数据按照设置的多个条件进行了排序,如下图所示。

11.2.3 按汉字的笔划排序

Excel 默认对汉字的排序是按照"字母"的顺序来排列,以中文姓名为例,字母顺序即按姓的拼音的首字母在 26 个英文字母中的顺序排列。如果遇到同姓的情况,则依次计算姓名的第二、第三字。

微课:按汉字的笔画排序

可是,在中国人的习惯中,常常是按笔划的顺序来排列姓名的。笔划排列姓名的规则是:按姓字的笔划数的多少来排列,同笔划数内的姓字按起笔顺序来排列(横、竖、撇、捺、折),如果笔划数和笔形都相同的字,则按字形结构排列,先左右、再上下,然后是整体字。如果姓字相同,则依次计算姓名的第二、第三字。

考虑到中国人的习惯,在 Excel 中也可以按照笔划排列姓名,具体操作如下。

01 选中数据区域中的任意单元格,切换到"数据"选项卡,单击"排序和筛选"组中的"排序"按钮,如下图所示。

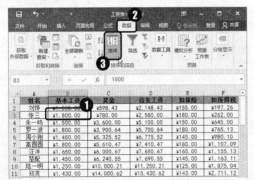

02 弹出"排序"对话框,选择"主要关键字"为"姓名";选择"排序依据"为"数值";选择"次序"下为"升序",然后单击"选项"按钮,如下图所示。

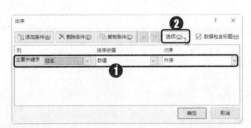

03 弹出"排序选项"对话框,在"方法"栏选择"笔划排序"单选按钮,然后单击"确定"按钮,如下图所示。

04 返回到"排序"对话框,单击"确定"按钮后返回工作表,最后排序结果如右图所示。

😊 **提示**

在"排序选项"对话框中,还可以设置排序方向,或在按字母排序时区分大小写。

11.2.4 自定义排序

如果工作表中没有合适的排序方式,我们还可以自定义序列来进行排序,具体操作如下。

微课:自定义排序

01 选中需要进行排序的列中的任意单元格,切换到"数据"选项卡,在"排序和筛选"组中单击"排序"按钮,如下图所示。

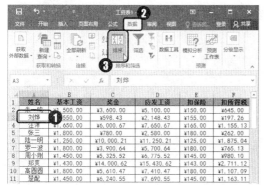

02 弹出"排序"对话框,在列表框中将"主要关键字"设为要排序的列标题,然后打开"次序"下拉列表框,选择"自定义序列"选项,如下图所示。

03 弹出"自定义序列"对话框,在"输入序列"栏中输入需要的序列,单击"添加"按钮,然后单击"确定"按钮保存自定义序列的设置,如下图所示。

04 返回"排序"对话框,打开"次序"下拉列表框,选择刚设置的自定义序列,单击"确定"按钮,如下图所示。

05 返回工作表,即可查看到数据列表已按自定义序列排序,如下图所示。

11.2.5 【案例】排序员工安全知识考核成绩表

结合本节所讲的知识要点，下面以排序员工安全知识考核成绩表为例，讲解在 Excel 工作表中进行数据排序的方法，具体操作如下。

微课：排序员工安全
知识考核成绩表

01 打开"素材文件\第 11 章\员工安全知识考核成绩表.xlsx"文件。选中整个数据区域，切换到"数据"选项卡，单击"排序和筛选"组中的"排序"按钮，如下图所示。

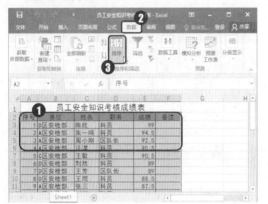

02 弹出"排序"对话框，在"主要关键字"下拉列表框中选择"单位"，在"排序依据"下拉列表框中选择"数值"，在"次序"下拉列表框中选择"升序"，如下图所示。

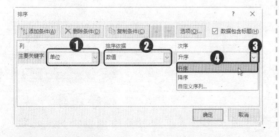

03 单击"添加条件"按钮，在"次要关键字"下拉列表框中选择"成绩"，在"排序依据"下拉列表框中选择"数值"，在"次序"下拉列表框中选择"降序"，完成后单击"确定"按钮，如下图所示。

04 返回工作表，即可看到表中的数据按照设置的多个条件进行了排序，如下图所示。

😊 **提示**

在"排序"对话框的"排序依据"下拉列表框中，提供了"数值"、"单元格颜色"、"字体颜色"、"单元格图标"等选项作为排序依据。

11.3 筛选数据列表

在 Excel 中，数据筛选是指只显示符合用户设置条件的数据信息，同时隐藏不符合条件的数据信息。用户可以根据实际需要进行自动筛选、高级筛选或自定义筛选等。本节主要介绍在 Excel 2016 中进行数据筛选的方法。

11.3.1　简单条件的筛选

在 Excel 中，通过自动筛选功能可以快速进行简单条件的筛选，具体操作如下。

01 打开工作簿，选中工作表数据区域中的任意单元格，切换到"数据"选项卡，在"排序和筛选"组中单击"筛选"按钮，如下图所示。

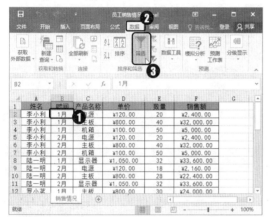

03 返回工作表，可以看到此时工作表中只显示出符合筛选条件的数据信息，同时筛选后的字段右侧的下拉按钮变为 形状，如下图所示。

02 此时工作表进入数据筛选状态，数据区域中字段名右侧出现下拉按钮 ，单击需要进行筛选的字段名右侧的下拉按钮，如单击"时间"右侧的下拉按钮，在打开的下拉菜单中选择要筛选的选项，如只勾选"1 月"复选框，然后单击"确定"按钮即可，如下图所示。

11.3.2　对指定数据的筛选

通过 Excel 的自动筛选功能，还可以快速对指定数据进行筛选。以筛选出销售数量的 3 个最大值为例，具体操作如下。

01 选中数据区域中的任意单元格，切换到"数据"选项卡，在"排序和筛选"组中单击"筛选"按钮，如右图所示。

😊 **提示**

在"开始"选项卡的"编辑"组中执行"排序和筛选"→"筛选"命令，也可以进入数据筛选状态。

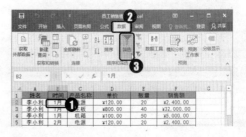

02 进入筛选状态，单击"数量"字段名右侧的下拉按钮，在打开的下拉菜单中单击"数字筛选"命令，在展开的子菜单中单击"前10项"命令，如下图所示。

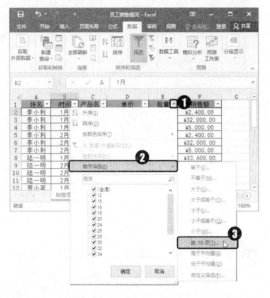

03 弹出"自动筛选前10个"对话框，在"显示"组合框中根据需要进行选择，如选择显示"最大"、"3"、"项"数据，单击"确定"按钮，如下图所示。

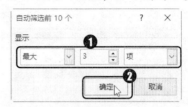

04 返回工作表，即可看到工作表中的数据已经按照"数量"字段的最大前3项进行筛选了，如下图所示。

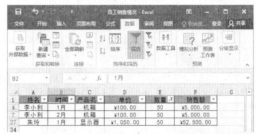

11.3.3 自定义筛选

在筛选数据时，可以通过 Excel 提供的自定义筛选功能来进行更复杂、更具体的筛选，使数据筛选更具灵活性。以找出员工"李某利"的相关数据为例，具体操作如下。

微课：自定义筛选

01 选中数据区域中的任意单元格，切换到"数据"选项卡，在"排序和筛选"组中单击"筛选"按钮，如下图所示。

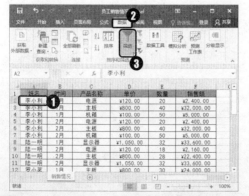

02 进入筛选状态，单击"姓名"字段名右侧

的下拉按钮，在打开的下拉菜单中单击"文本筛选"命令，在展开的子菜单中单击"自定义筛选"命令，如下图所示。

03 弹出"自定义自动筛选方式"对话框，本例设置第一项筛选条件为"开头是"、"李"，设置第二项筛选条件为"结尾是"、"利"，选择两项条件之间的关系为"与"，然后单击"确定"按钮，如下图所示。

04 返回工作表，即可看到根据自定义条件筛选出来的姓"李"，名字结尾为"利"字的员工的数据了，如下图所示。

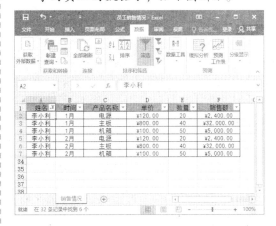

11.3.4 高级筛选

在实际工作中有时会遇到这样的情况，需要筛选的数据区域中数据信息很多，同时筛选的条件又比较复杂，这时可以通过高级筛选的方法来进行筛选条件的设置，以便提高工作效率。具体操作如下。

微课：高级筛选

01 打开工作表，在其中根据需要建立一个筛选条件区域，分别输入列标题和筛选的条件，然后切换到"数据"选项卡，单击"排序和筛选"组中的"高级"按钮，如下图所示。

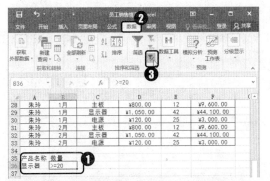

02 弹出"高级筛选"对话框，设置"列表区域"为整个数据区域，"条件区域"为设置的条件区域，完成后单击"确定"按钮，如下图所示。

03 返回工作表，即可看到符合条件的筛选结果了，如下图所示。

> 😊 提示
>
> 若要将筛选结果显示到其他位置，则在"高级筛选"对话框的"方式"栏中选中"将筛选结果复制到其他位置"单选按钮，然后在"复制到"文本框中输入要保存筛选结果的单元格区域的第一个单元格地址即可。

11.3.5 取消筛选

筛选完成之后需要继续编辑工作表时，可以取消筛选。取消筛选的方法主要有以下几种。

- 取消指定列筛选：如果要取消指定列的筛选，可以单击该列字段右侧的下拉按钮 ，在下拉菜单中单击"从'（字段名）'中清除筛选"命令即可；或在打开的下拉菜单中勾选"全选"复选框，然后单击"确定"按钮也可取消该列筛选，如右图所示。

- 取消数据列表中的所有筛选：在"数据"选项卡的"排序和筛选"组中单击"清除"按钮 ，即可清除筛选结果。

- 取消所有"筛选"下拉箭头：在"数据"选项卡的"排序和筛选"组中单击"筛选"按钮，退出筛选状态，即可取消所有筛选下拉箭头，并清除筛选结果。

11.4 数据的分类汇总

利用 Excel 提供的分类汇总功能，用户可以将表格中的数据进行分类，然后再把性质相同的数据汇总到一起，使其结构更清晰，便于查找数据信息。本节主要介绍如何创建简单分类汇总、高级分类汇总和嵌套分类汇总，以及分级查看数据的方法。

11.4.1 简单分类汇总

简单分类汇总用于对数据清单中的某一列排序，然后进行分类汇总。具体操作如下。

微课：简单分类汇总

01 打开工作簿，将光标定位到"时间"列中，切换到"数据"选项卡，单击"排序和筛选"组中的"升序"按钮 ，如右图所示。

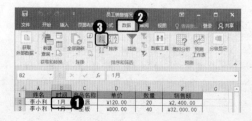

02 在"数据"选项卡的"分级显示"组中单击"分类汇总"按钮，如下图所示。

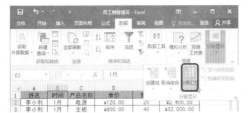

03 弹出"分类汇总"对话框，在"分类字段"下拉列表中选择"时间"选项；在"汇总方式"下拉列表中选择"求和"选项；在"选定汇总项"列表框中勾选"销售额"复选框，设置完成后单击"确定"按钮即可，如下图所示。

04 返回工作表，即可看到表中数据按照前面的设置进行了分类汇总，并分组显示出分类汇总的数据信息，如下图所示。

11.4.2 高级分类汇总

高级分类汇总主要用于对数据清单中的某一列进行两种方式的汇总。相对简单分类汇总而言，其汇总的结果更加清晰，更便于用户分析数据信息。具体操作如下。

微课：高级分类汇总

01 打开工作簿，将光标定位到"时间"列中，切换到"数据"选项卡，单击"排序和筛选"组中的"升序"按钮 $\frac{A}{Z}\downarrow$，将该列按升序排序，如下图所示。

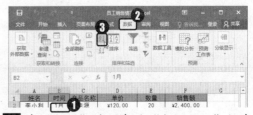

02 在"数据"选项卡的"分级显示"组中单击"分类汇总"按钮，如下图所示。

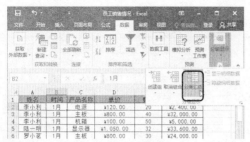

03 弹出"分类汇总"对话框,在"分类字段"下拉列表中选择"时间"选项;在"汇总方式"下拉列表中选择"求和"选项;在"选定汇总项"列表框中勾选"销售额"复选框,设置完成后单击"确定"按钮即可,如下图所示。

04 返回工作表,将光标定位到数据区域中,再次单击"分类汇总"按钮,如下图所示。

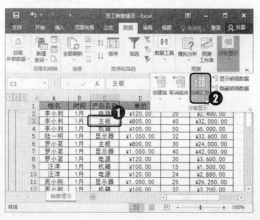

05 弹出"分类汇总"对话框,在"分类字段"下拉列表中选择"时间"字段;在"汇总方式"下拉列表中选择"最大值"选项;在"选定汇总项"列表框中勾选"数量"复选框,然后取消勾选"替换当前分类汇总"复选框,设置完成后单击"确定"按钮即可,如下图所示。

06 返回工作表,即可看到表中数据按照前面的设置进行了分类汇总,并分组显示出分类汇总的数据信息,如下图所示。

		A	B	C	D	E	F
	1	姓名	时间	产品名称	单价	数量	销售额
	2	李小利	1月	电源	¥120.00	20	¥2,400.00
	3	李小利	1月	主板	¥800.00	40	¥32,000.00
	4	李小利	1月	机箱	¥100.00	50	¥5,000.00
	5	陆一明	1月	显示器	¥1,050.00	32	¥33,600.00
	6	罗小茗	1月	主板	¥800.00	30	¥24,000.00
	7	罗小茗	1月	显示器	¥1,050.00	40	¥42,000.00
	8	罗小茗	1月	电源	¥120.00	30	¥3,600.00
	9	汪洋	1月	机箱	¥100.00	15	¥1,500.00
	10	汪洋	1月	电源	¥120.00	24	¥2,880.00
	11	周小刚	1月	显示器	¥1,050.00	25	¥26,250.00
	12	周小刚	1月	机箱	¥100.00	32	¥3,200.00
	13	周小刚	1月	电源	¥100.00	34	¥3,400.00
	14	朱玲	1月	显示器	¥1,050.00	50	¥52,500.00
	15	朱玲	1月	主板	¥800.00	12	¥9,600.00
	16	朱玲	1月	显示器	¥1,050.00	42	¥44,100.00
	17	朱玲	1月	电源	¥120.00	25	¥3,000.00
	18		1月 最大值			50	
	19		1月 汇总				¥289,030.00
	20	李小利	2月	电源	¥120.00	20	¥2,400.00
	21	李小利	2月	主板	¥800.00	40	¥32,000.00
	22	李小利	2月	机箱	¥100.00	50	¥5,000.00
	23	陆一明	2月	电源	¥120.00	18	¥2,160.00
	24	陆一明	2月	主板	¥800.00	28	¥22,400.00
	25	陆一明	2月	显示器	¥1,050.00	32	¥33,600.00
	26	罗小茗	2月	电源	¥120.00	15	¥12,000.00
	27	罗小茗	2月	显示器	¥1,050.00	40	¥42,000.00
	28	罗小茗	2月	电源	¥120.00	30	¥3,600.00
	29	汪洋	2月	显示器	¥1,050.00	16	¥16,800.00
	30	汪洋	2月	机箱	¥100.00	15	¥1,500.00
	31	汪洋	2月	电源	¥120.00	24	¥2,880.00
	32	周小刚	2月	机箱	¥100.00	32	¥3,200.00
	33	朱玲	2月	主板	¥800.00	12	¥9,600.00
	34	朱玲	2月	显示器	¥1,050.00	42	¥44,100.00
	35	朱玲	2月	电源	¥120.00	25	¥3,000.00
	36		2月 最大值			50	
	37		2月 汇总				¥236,240.00
	38		总计最大值			50	
	39		总计				¥525,270.00

11.4.3 嵌套分类汇总

嵌套分类汇总是对数据清单中两列或者两列以上的数据信息同时进行汇总。具体操作如下。

微课：嵌套分类汇总

01 打开工作簿，将光标定位到"姓名"列中，切换到"数据"选项卡，单击"排序和筛选"组中的"升序"按钮↑↓，将该列按升序排序，如下图所示。

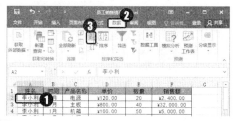

02 在"数据"选项卡的"分级显示"组中单击"分类汇总"按钮，如下图所示。

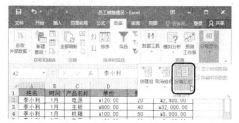

03 弹出"分类汇总"对话框，在"分类字段"下拉列表中选择"姓名"选项；在"汇总方式"下拉列表中选择"求和"选项；在"选定汇总项"列表框中勾选"销售额"复选框，设置完成后单击"确定"按钮即可，如下图所示。

04 返回工作表，将光标定位到数据区域中，再次单击"分类汇总"按钮，如下

图所示。

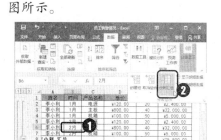

05 弹出"分类汇总"对话框，在"分类字段"下拉列表中选择"时间"字段；在"汇总方式"下拉列表中选择"求和"选项；在"选定汇总项"列表框中勾选"销售额"复选框，然后取消勾选"替换当前分类汇总"复选框，设置完成后单击"确定"按钮即可，如下图所示。

06 返回工作表，即可看到分类汇总后的效果，如下图所示。

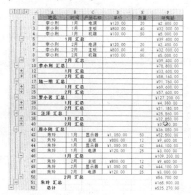

11.4.4　分级查看数据

对数据进行分类汇总后，工作表左侧将出现一个分级显示栏，通过分级显示栏中的分级显示符号可分级查看表格数据。单击分级显示栏上方的数字按钮 1 2 3 4，可显示分类汇总和总计的汇总；单击"显示"按钮 + 或"隐藏"按钮 −，可显示或隐藏单个分类汇总的明细行，如下图所示。

	姓名	时间	产品名称	单价	数量	销售额
1						
10	李小利 汇总					¥78,800.00
17	陆一明 汇总					¥91,760.00
26	罗小茗 汇总					¥127,200.00
34	汪洋 汇总					¥25,560.00
38		1月 汇总				¥32,850.00
40		2月 汇总				¥3,200.00
41	周小刚 汇总					¥36,050.00
42	朱玲	1月	显示器	¥1,050.00	50	¥52,500.00
43	朱玲	1月	主板	¥800.00	12	¥9,600.00
44	朱玲	1月	显示器	¥1,050.00	42	¥44,100.00
45	朱玲	1月	电源	¥120.00	25	¥3,000.00
46		1月 汇总				¥109,200.00
47	朱玲	2月	主板	¥800.00	12	¥9,600.00
48	朱玲	2月	显示器	¥1,050.00	42	¥44,100.00
49	朱玲	2月	电源	¥120.00	25	¥3,000.00
50		2月 汇总				¥56,700.00
51	朱玲 汇总					¥165,900.00
52	总计					¥525,270.00

11.4.5　【案例】分析物资采购明细表

结合本节所讲的知识要点，下面以分析物资采购明细表为例，讲解在 Excel 工作表中进行分类汇总的方法，具体操作如下。

微课：分析物资采购明细表

01 打开"素材文件\第 11 章\物资采购明细表.xlsx"文件。将光标定位到"供应商"列中，切换到"数据"选项卡，单击"排序和筛选"组中的"升序"按钮 ↓↑，如下图所示。

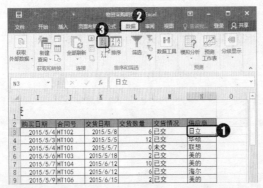

02 在"数据"选项卡的"分级显示"组中单击"分类汇总"按钮，如下图所示。

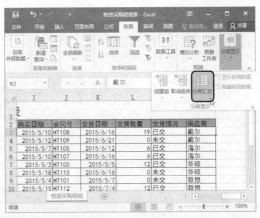

03 弹出"分类汇总"对话框，在"分类字段"下拉列表中选择"供应商"选项；在"汇总方式"下拉列表中选择"求和"选项；在"选定汇总项"列表框中勾选"金额"复选框，设置完成后单击"确定"按钮即可，如下图所示。

04 返回工作表，即可看到表中数据按照设置进行了分类汇总，并分组显示出分类汇总的数据信息，如下图所示。

11.5 高手支招

本章主要介绍了在 Excel 工作表中进行数据排序、数据筛选和分类汇总的方法。本节将对一些相关知识中延伸出的技巧和难点进行解答。

11.5.1 按单元格颜色排序

问题描述：在 Excel 2016 中，设置了单元格颜色、字体颜色或条件格式后，可以按单元格颜色进行排序吗？

解决方法：可以。此时分为以下两种情况。

- 如果只是想将某一列中的一种颜色的单元格排列到表格的前面，方法为：选中该列任意一个红色单元格，然后单击鼠标右键，在弹出的快捷菜单中选择"排序"命令，在展开的子菜单中单击"将所选单元格颜色放在最前面"命令即可如下图（左边）所示。

- 如果表格中被设置了多种颜色，而又希望根据颜色的次序来排列数据，方法为：在表格中选择任意单元格，然后单击"数据"选项卡中的"排序"按钮，在弹出的"排序"对话框中，设置"主要关键字"为"基本工资"；排序依据为"单元格颜色"；"次序"为"红色"、"在顶端"，设置完成后单击"复制条件"按钮，分别设置"黄色"和"蓝色"，然后单击"确定"按钮即可，如下图（右边）所示。

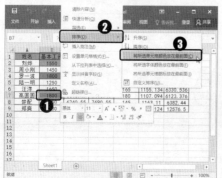

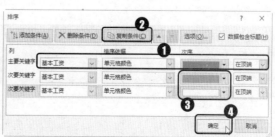

11.5.2 对某个合并单元格相邻的数据区域进行排序

问题描述：在制作表格时，为了美观，部分单元格进行了合并，现在需要对合并单元格相邻的数据区域进行排序，可是在直接进行排序时却弹出了错误提示，该如何处理？

解决方法：可以先选定相关的数据区域，如选中 B4:E13 单元格，然后切换到"数据"选项卡，在"排序和筛选"组中单击"排序"按钮，弹出"排序"对话框，取消勾选"数据包含标题"复选框，然后根据需要设置"主要关键字"、"排序依据"和"次序"，设置完成后单击"确定"按钮即可，如下图所示。

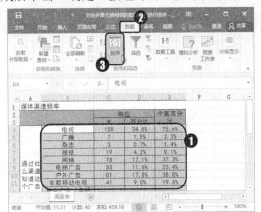
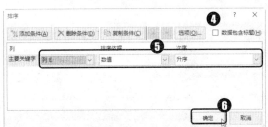

11.5.3 对双行标题列表进行筛选

问题描述：某单位工资表由两行标题组成，有的单元格还做了合并处理。如果选择数据区域的任意单元格，再单击"筛选"按钮进入筛选状态，此时筛选下拉按钮会被放置在表头上排，不能进行精确筛选，如下图（左边）所示。怎样才能将下拉按钮放置于标题第二行呢？

解决方法：可以先选中第二行再进行筛选，方法为：单击行标数字 2 选中第 2 行，然后切换到"数据"选项卡，在"排序和筛选"组中单击"筛选"按钮，即可将筛选下拉按钮放置于标题第二行，如下图（右边）所示。

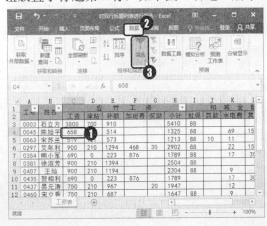
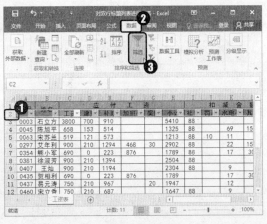

11.6 综合案例——分析销售业绩汇总表

结合本章所讲的知识要点，本节将以制作人事变更管理表文件为例，讲解在 Excel 2016 中进行数据排序、数据筛选和分类汇总的方法。

对"销售业绩汇总表"进行数据分析后的效果，如下图所示。

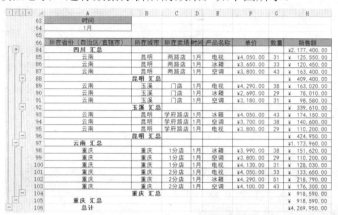

01 打开"素材文件\第 11 章\销售业绩汇总表.xlsx"文件。将光标定位到"所在省份（自治区/直辖市）"列中，切换到"数据"选项卡，单击"排序和筛选"组中的"升序"按钮，如下图所示。

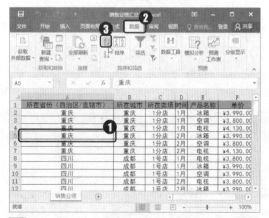

02 在工作表中根据需要建立一个筛选条件区域，分别输入列标题和筛选的条件，然后切换到"数据"选项卡，单击"排序和筛选"组中的"高级"按钮，如下图所示。

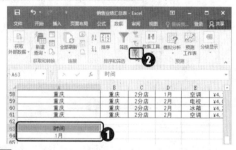

03 弹出"高级筛选"对话框，在"方式"栏中选中"将筛选结果复制到其他位置"单选按钮，设置"列表区域"为整个数据区域，"条件区域"为设置的条件区域，在"复制到"文本框中设置筛选结果在工作表中放置的起始位置，设置完成后单击"确定"按钮，如下图所示。

04 返回工作表，即可看到符合条件的筛选结果，将光标定位到筛选结果的"所在省份（自治区/直辖市）"列中，切换到"数据"选项卡，在"分级显示"组中单击"分类汇总"按钮，如下图所示。

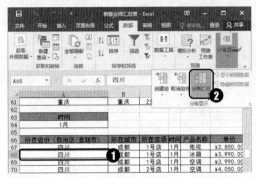

05 弹出"分类汇总"对话框，在"分类字段"下拉列表中选择"所在省份（自治区/直辖市）"选项；在"汇总方式"下拉列表中选择"求和"选项；在"选定汇总项"列表框中勾选"销售额"复选框，设置完成后单击"确定"按钮即可，如下图所示。

06 返回工作表，将光标定位到数据区域中，再次单击"分类汇总"按钮，如下图所示。

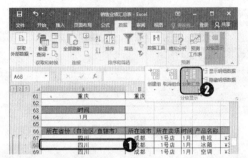

07 弹出"分类汇总"对话框，在"分类字段"下拉列表中选择"所在城市"字段；在"汇总方式"下拉列表中选择"求和"选项；在"选定汇总项"列表框中勾选"销售额"复选框，然后取消勾选"替换当前分类汇总"复选框，设置完成后单击"确定"按钮即可，如下图所示。

08 返回工作表，即可看到表中数据按照设置进行了分类汇总，并分组显示出分类汇总的数据信息，如下图所示。

第 12 章

公式和函数基础

》》 **本章导读**

计算数据是数据处理的重要一步,在计算数据的过程中,我们会用到公式和函数等。本章将详细介绍在 Excel 中使用公式和函数进行数据计算的基础知识。

》》 **知识要点**

✓ 认识公式　　　　　　　✓ 认识单元格引用

✓ 理解 Excel 函数　　　　✓ 函数输入和编辑

✓ 使用数组公式

12.1 认识公式

公式由一系列单元格的引用、函数以及运算符等组成，是对数据进行计算和分析的等式。在 Excel 中利用公式可以对表格中的各种数据进行快速计算。本节主要介绍运算符，以及公式的输入、复制和删除方法。

12.1.1 公式的概念

公式（Formula）是以等号（=）为引导，通过运算符按照一定的顺序组合进行数据运算处理的等式。函数则是按特定算法执行计算产生的一个或一组结果的预定义的特殊公式。

使用公式是为了有目的地计算结果，或根据计算结果改变其所作用单元格的条件格式、设置化求解模型等。因此，Excel 的公式必须（且只能）返回值。

12.1.2 公式的组成要素

公式的组成要素为等号（=）、运算符和常量、单元格引用、函数、名称等，常见公式的组成如下表所示。

序号	公式	说明
1	=36*5+59*6	包含常量运算的公式
2	=A3*6+B3*3	包含单元格引用的公式
3	=单价*数量	包含定义的名称的公式
4	=SUM（A1*3，A2*5）	包含的函数的公式

12.1.3 认识运算符

在使用公式计算数据时，运算符用于连接公式中的操作符，是工作表处理数据的指令。在 Excel 中，运算符的类型分为 4 种：算术运算符、比较运算符、文本连接运算符和引用运算符。

- 常用的算术运算符主要有：加号"+"、减号"-"、乘号"*"、除号"/"、百分号"%"以及乘方"^"。
- 常用的比较运算符主要有：等号"="、大于号">"、小于号"<"、小于或等于号"<="、大于或等于号">="以及不等号"<>"。
- 文本连接运算符只有与号"&"，该符号用于将两个文本值连接，或串起来产生一个连续的文本值。
- 常用的引用运算符有：区域运算符":"、联合运算符","以及交叉运算符（即空格）。

12.1.4 运算符的优先顺序

在公式的应用中，应注意每个运算符的优先级是不同的。在一个混合运算的公式中，对于不同优先级的运算，按照从高到低的顺序进行计算。对于相同优先级的运算，按照从左到右的顺序进行计算。

各种运算符的优先级（从高到低）为：冒号 ":"、空格、逗号 ","、负数 "-"、百分号 "%"、乘方 "^"、乘号 "*" 或除号 "/"、加号 "+" 或减号 "-"、连字符 "&"、比较运算符 "="、"<"、">"、"<="、">="、"<>"。

12.1.5 公式的输入、编辑与删除

在使用公式之前，学习公式的输入、编辑与删除可以让你在使用公式时更加得心应手。

1. 公式的输入

除了单元格格式设置为"文本"的单元格之外，在单元格中输入等号（=）的时候，Excel 将自动变为输入公式的状态。如果在单元格中输入加号（＋）、减号（－）等时，系统会自动在前面加上等号，变为输入公式状态。

微课：公式的输入

手动输入和使用鼠标辅助输入为输入公式的两种常用方法。在公式并不复杂的情况下，可以手动输入。而在引用单元格较多的情况下，比起手动输入公式，有些用户更习惯使用鼠标辅助输入公式。以输入公式求销售额为例，方法如下。

- 手动输入：打开工作簿，在 D2 单元格中直接输入公式 "=B2*C2"，按下 "Enter" 键，即可在 D2 单元格中显示计算结果。
- 使用鼠标辅助输入：打开工作簿，在 D2 单元格内输入等于符号 "="，然后单击 B2 单元格，此时该单元格周围出现闪动的虚线边框，可以看到 B2 单元格被引用到了公式中，在 D2 单元格中输入运算符 "*"，单击 C2 单元格，此时 C2 单元格也被引用到了公式中，完成后按下 "Enter" 键确认公式的输入，即可得到计算结果，如下图所示。

2. 公式的编辑

如果输入的公式需要进行修改，可以通过以下 3 种方法进入单元格编辑状态。

- 选中公式所在的单元，并按下 "F2" 键。
- 双击公式所在的单元格。
- 选中公式所在的单元格，然后将光标定位到列标上方的编辑栏中。

3. 公式的删除

如果要删除公式，可以通过以下的方法。

- 选中公式所在的单元格，按下 "Del" 键即可清除单元格中的全部内容。
- 进入单元格剪辑状态后，将光标放置在某个位置，使用 "Del" 键删除光标后面，或使用 "Backspace" 键删除光标前面的公式部分内容。
- 如果需要删除多单元格数组公式，需要选中其所在的全部单元格，再按下 "Del" 键。

12.1.6　公式的复制与填充

在 Excel 中创建了公式后，如果其他单元需要使用相同的计算方法时，可以通过"复制"、"粘贴"或使用填充柄填充的方法进行操作。比如将上一节中输入的公式"=B2*C2"复制到 D3:D5 单元格中，可以使用以下几种方法。

微课：公式的复制与填充

- 拖曳填充柄：选中 D2 单元格，将光标指向该单元格右下角的填充柄，当鼠标指针变为十字形状时，按下鼠标左键，向下拖曳至 D5 单元格，释放鼠标左键即可，如下图（左边）所示。
- 双击填充柄：选中 D2 单元格，将光标指向该单元格右下角的填充柄，当鼠标指针变为十字形状时，双击填充柄，此时公式将自动向下填充至其相邻列的第一个空单元格的上一行，即 D6 单元格，然后删除 D6 单元格中多余的公式即可，如下图（右边）所示。

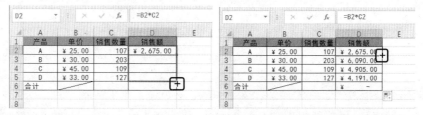

- 快捷键填充：选择 D2:D5 单元格区域，然后下按"Ctrl+D"组合键或单击"开始"选项卡"编辑"组中的"填充"下拉按钮，在弹出的快捷菜单中单击"向下"按钮，如下图（左边）所示。如果需要向右复制，可使用"Ctrl+R"组合键。
- 选择性粘贴：选中 D2 单元格，然后单击"开始"选项卡"剪贴板"组中的"复制"按钮，或按下"Ctrl+C"组合键复制，再选择 D3:D5 单元格区域，单击"开始"选项卡"剪贴板"组中的"粘贴"下拉按钮，在打开的下拉菜单中选择"公式"按钮，如下图（右边）所示。

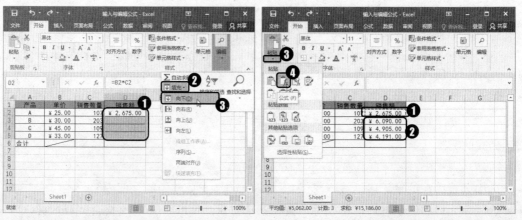

- 多单元格同时输入：选中 D2 单元格，然后在按住"Shift"键时单击 D5 单元格，快速选中 D2:D5 单元格区域，此时编辑栏中显示的是 D2 单元格中的公式，单击编辑栏将光标定位其中，然后按下"Ctrl+Enter"组合键，即可在 D2:D5 单元格中将输入相同的公式。

12.2 认识单元格引用

单元格的引用是指在 Excel 公式中使用单元格的地址来代替单元格及其数据。本节主要介绍单元格引用样式、相对引用、绝对引用和混合引用的相关知识，以及在同一工作簿中引用单元格的方法和跨工作簿引用单元格的方法。

12.2.1 A1 引用样式和 R1C1 引用样式

根据表示方式的不同，单元格引用可以分为 A1 引用样式和 R1C1 引用样式。

1. A1 引用样式

在默认情况下，Excel 使用 A1 引用样式，即使用字母 A～XFD 表示列标，用数字 1～1048576 表示行号，单元格的地址由列标和行号组成。例如，位于第 C 列和第 7 行交叉处的单元格，其单元格地址为"C7"。

在引用单元格区域时，使用引用运算符"："（冒号）表示左上角单元格和右下角单元格的坐标相连。比如引用第 B 列第 5 行至第 F 列第 9 行之间的所有单元格组成的矩形区域，单元格地址为"B5:F9"。

如果是引用整行或整列，可以省去列标或行号，比如"1:1"则表示工作表中的第一行，即是"A1:XFD1"；"A:A"表示 A 列，即"A1:A1048576"。

2. R1C1 引用样式

在 R1C1 引用样式中，Excel 的行标和列号都将用数字来表示。比如选择第 2 行第 3 列交叉处位置，Excel 名称框中显示"R2C3"，其中字母"R"是行的英文首字母（Row），字母"C"是列的英文首字母（Column）。

要启用 R1C1 引用样式，方法为：切换到"文件"选项卡，单击"选项"命令，打开"Excel 选项"对话框，在"公式"选项卡的"使用公式"栏中勾选"R1C1 引用样式"复选框，然后单击"确定"按钮即可，如右图所示。

12.2.2 相对引用、绝对引用和混合引用

单元格引用的作用是标识工作表上的单元格或单元格区域，并指明公式中所用的数据在工作表中的位置。单元格的引用通常分为相对引用、绝对引用和混合引用。默认情况下，

Excel 2016 使用的是相对引用。

1. 相对引用

使用相对引用，单元格引用会随公式所在单元格的位置变更而改变。如在相对引用中复制公式时，公式中引用的单元格地址将被更新，指向与当前公式位置相对应的单元格。

例如：将 D2 单元格中的公式"=B2*C2"通过"Ctrl+C"和"Ctrl+V"组合键复制到D3 单元格中，可以看到，复制到 D3 单元格中的公式更新为"=B3*C3"，其引用指向了与当前公式位置相对应的单元格，如右图所示。

2. 绝对引用

对于使用了绝对引用的公式，被复制或移动到新位置后，公式中引用的单元格地址保持不变。需要注意在使用绝对引用时，应在被引用单元格的行号和列标之前分别加入符号"$"。

例如：在 D2 单元格中输入公式"=$B$2*$C$2"，此时再将 D2 单元格中的公式复制到 D3 单元格中，可以发现两个单元格中的公式一致，并未发生任何改变，如右图所示。

3. 混合引用

混合引用是指相对引用与绝对引用同时存在于一个单元格的地址引用中。如果公式所在单元格的位置改变，相对引用部分会改变，而绝对引用部分不变。混合引用的使用方法与绝对引用的使用方法相似，通过在行号和列标前加入符号"$"来实现。

例如：在 D2 单元格中输入公式"=$B2*$C2"，此时再将 D2 单元格中的公式复制到 E3 单元格中，可以发现两个公式中使用了相对引用的单元格地址改变了，而使用绝对引用的单元格地址不变，如右图所示。

12.2.3　同一工作簿中的单元格引用

Excel 不仅可在同一工作表中引用单元格或单元格区域中的数据，还可引用同一工作簿中多张工作表上的单元格或单元格区域中的数据。在同一工作簿中的单元格引用的具体操作如下。

微课：同一工作簿中的
单元格引用

01 打开工作簿，在目标单元格，如"Sheet2"工作表的 B2 单元格中输入"="，如下图所示。

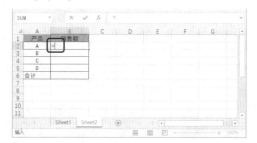

02 切换到引用单元格所在的工作表，如"Sheet1"工作表，选中要引用的单元格，如 D2 单元格，如下图所示。

03 此时按下"Enter"键，即可实现同一工作簿中的单元格引用，将"Sheet1"工作表 D2 单元格中的数据引用到"Sheet2"工作表的 B2 单元格中，如下图所示。

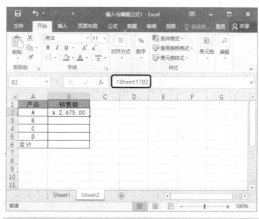

☺ **提示**

在同一工作簿不同工作表中引用单元格的格式为"工作表名称！单元格地址"，如"Sheet1！F5"即为"Sheet1"工作表中的 F5 单元格。

12.2.4 引用其他工作簿中的单元格

跨工作簿引用数据，即引用其他工作簿中工作表的单元格数据的方法，与引用同一工作簿不同工作表的单元格数据的方法类似。

以在"工作簿 1"的"Sheet1"工作表中引用"输入与编辑公式 1"工作簿的"Sheet1"工作表中的单元格为例，具体操作如下。

微课：引用其他工作簿中的单元格

01 同时打开"职工工资统计表"和"工作簿 1"工作簿，在"工作簿 1"的"Sheet1"工作表中选中 B2 单元格，输入"="，如右图所示。

☺ **提示**

引用其他工作簿中的单元格的格式为"工作簿存储地址[工作簿名称]工作表名称！单元格地址"，如"=[工作簿 1.xlsx]Sheet1!$A$1"即为"工作簿 1"的"Sheet1"工作表中的 A1 单元格。

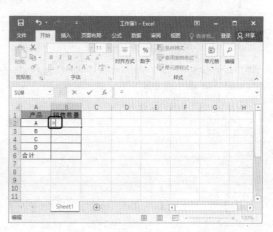

02 切换到"输入与编辑公式 1"工作簿的"Sheet1"工作表，选中 C2 单元格，如下图所示。

簿的单元格引用，在"工作簿 1"的"Sheet1"工作表的 B2 中引用"输入与编辑公式 1"工作簿"Sheet1"工作表中的 C2 单元格，如下图所示。

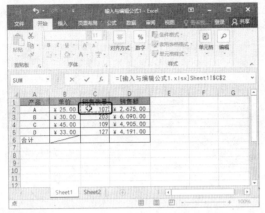

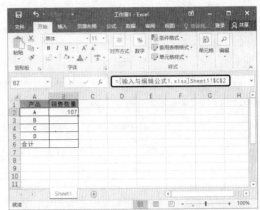

03 此时按下"Enter"键，即可实现跨工作

12.2.5 定义名称代替单元格地址

在 Excel 2016 中，可以定义名称来代替单元格地址，并将其应用到公式计算中，以便提高工作效率，减少计算错误。具体操作如下。

微课：定义名称代替单元格地址

01 打开工作簿，选中 B2:B5 单元格区域，在编辑栏左侧的名称框中输入要创建的名称，然后按下"Enter"键确认即可快速定义名称，如下图所示。

03 按下"Enter"键确认，即可得到计算结果，利用填充柄将公式复制到相应单元格中，即可完成销售额的计算，如下图所示。

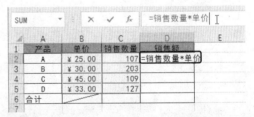

02 为"销售数量"和"单价"定义名称后，在 D2 单元格中输入公式："=销售数量*单价"，如下图所示。

😊 **提示**

切换到"公式"选项卡，在"定义的名称"组中单击"定义名称"按钮，弹出"新建名称"对话框，在其中设置"名称"、"范围"和"引用位置"后，单击"确定"按钮，也可以定义名称。

12.3 理解 Excel 函数

在 Excel 中将一组特定功能的公式组合在一起，就形成了函数。利用公式可以计算一些简单的数据，而利用函数则可以很容易地完成各种复杂数据的处理工作，并简化公式的使用。本节将简单介绍函数的相关知识。

12.3.1 函数的概念

Excel 的工作表函数（Worksheet Functions）通常简称为 Excel 函数，它是由 Excel 内部预先定义并按照特定的顺序、结构来执行计算、分析等数据处理任务的功能模块。所以，Excel 函数也常被人们称为"特殊公式"。且与公式一样，Excel 的最终返回结果为值。

Excel 函数只有唯一的名称，且名称不区分大小写，每个函数都有特定的功能和用途。

12.3.2 函数的结构

在 Excel 中，一个完整的函数式主要由标识符、函数名称和函数参数组成。下面将对其具体的功能进行介绍。

- 标识符：在 Excel 表格中输入函数式时，必须先输入"＝"号。"＝"号通常被称为函数式的标识符。

- 函数名称：函数要执行的运算，位于标识符的后面。通常是其对应功能的英文单词缩写。

- 函数参数：紧跟在函数名称后面的是一对半角圆括号"（）"，被括起来的内容是函数的处理对象，即参数表。

12.3.3 函数参数的类型

函数的参数既可以是常量或公式，也可以为其他函数。常见的函数参数类型如下。

- 常量参数：主要包括文本（如"苹果"）、数值（如"1"）以及日期（如"2013-3-14"）等内容。

- 逻辑值参数：主要包括逻辑真（如"TURE"）、逻辑假（如"FALSE"）以及逻辑断表达式等。

- 单元格引用参数：主要包括引用单个单元格（如 A1）和引用单元格区域（如 A1:C2）等。

- 函数式：在 Excel 中可以使用一个函数式的返回结果作为另外一个函数式的参数，这种方式称为函数嵌套，如"=IF（A1>8,"优",IF（A1>6,"合格","不合格"))"。

- 数组参数：函数参数既可以是一组常量，也可以为单元格区域的引用。

> 🔧 **注意**
> 当一个函数式中有多个参数时，需要用英文状态的逗号将其隔开。

12.3.4 函数的分类

在 Excel 的函数库中提供了多种函数，按函数的功能，通常可以将其分为以下几类。

- 文本函数：用来处理公式中的文本字符串。如 TEXT 函数可以将数值转换为文本，LOWER 函数可以将文本字符串的所有字母转换成小写形式等。

- 逻辑函数：用来测试是否满足某个条件，并判断逻辑值。其中 IF 函数使用非常广泛。

- 日期和时间函数：用来分析或操作公式中与日期和时间有关的值。如 DAY 函数可返回以序列号表示的某日期在一个月中的天数等。

- 数学和三角函数：用来进行数学和三角方面的计算。其中三角函数采用弧度作为角的单位，如 RADIANS 函数可以把角度转换为弧度等。

- 财务函数：用来进行有关财务方面的计算。如 DB 函数可返回固定资产的折旧值，IPMT 函数可返回投资回报的利息部分等。

- 统计函数：用来对一定范围内的数据进行统计分析。如 MAX 函数可返回一组数值中的最大值，COVAR 函数可以返回协方差等。

- 查找与引用函数：用来查找列表或表格中的指定值。如 VLOOKUP 函数可以在表格数组的首列查找指定的值，并由此返回表格数组当前行中其他列的值等。

- 数据库函数：主要用来对存储在数据清单中的数值进行分析，判断其是否符合特定的条件。如 DSTDEVP 函数可以算数据的标准偏差。

- 信息函数：用来帮助用户鉴定单元格中的数据所属的类型或单元格是否为空等。

- 工程函数：用来处理复杂的数字，并在不同的计数体系和测量体系中进行转换，主要用在工程应用程序中。使用这类函数，还必须执行加载宏命令。

- 其他函数：Excel 还有一些函数没有出现在"插入函数"对话框中，它们是命令、自定义、宏控件和 DDE 等相关的函数。此外，还有一些使用加载宏创建的函数。

12.4 函数输入和编辑

在工作表中使用函数计算数据时，需要先输入函数。输入函数的方法有很多种，本节主要介绍几个常用的输入函数的方法，以及查询函数的方法。

12.4.1 通过快捷按钮插入函数

对于一些常用的函数式，如求和（SUM）、平均值（AVERAGE）、计数（COUNT）等，可以利用"开始"或"公式"选项卡中的快捷按钮来实现输入。下面以求和函数为例，介绍通过快捷按钮插入函数的方法。

微课：通过快捷按钮插入函数

- 利用"开始"选项卡快捷按钮：选中需要求和的单元格区域，在"开始"选项卡的"编辑"组中单击"自动求和"下拉按钮，在打开的下拉菜单中选择"求和"命令即可，如下图（左边）所示。

- 利用"公式"选项卡快捷按钮：选中需要显示求和结果的单元格，然后切换到"公式"选项卡，在"函数库"组中单击"自动求和"下拉按钮，在打开的下拉菜单中单击"求和"命令，然后拖动鼠标选中作为参数的单元格区域，按下"Enter"键即可将计算结果显示到该单元格中，如下图（右边）所示。

 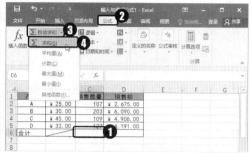

- 利用"函数库"快捷按钮：选中需要输入函数的单元格，输入等号"="，切换到"公式"选项卡，在"函数库"组中单击需要的函数类型下拉按钮，在打开的下拉列表中单击需要的函数，然后在弹出的"函数参数"对话框中设置好参数或参数所在单元格，单击"确定"按钮即可，如下图所示。

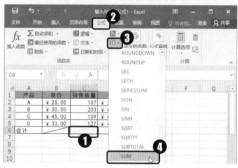 

12.4.2 通过"插入函数"对话框输入

如果对函数不熟悉，那么使用"插入函数"对话框将有助于工作表函数的输入，具体操作如下。

微课：通过"插入函数"对话框输入

01 打开工作簿，选中要显示计算结果的单元格，如 C6 单元格，单击编辑栏中的"插入函数"按钮 fx，如下图所示。

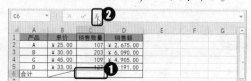

02 弹出"插入函数"对话框，在"或选择类别"下拉列表框中选择函数类别，默认为"常用函数"，在"选择函数"列表框中选择需要的函数，如"SUM"求和函数，单击"确定"按钮，如下图所示。

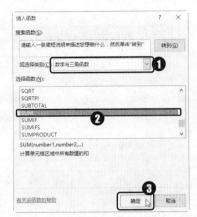

03 弹出"函数参数"对话框,默认在"Number1"文本框中显示了函数参数,可以根据需要对其进行设置,设置完成后单击"确定"按钮,如下图所示。

> **提示**
> 如果"函数参数"对话框中显示的函数参数不是需要的,可以直接在函数参数文本框中输入需要的函数参数,或单击 按钮,然后在返回的工作表中使用鼠标选择需要的单元格引用。

04 返回工作表,即可在 C6 单元格中显示出计算结果,如下图所示。

12.4.3 通过编辑栏输入

如果知道函数名称及语法,可以直接在编辑栏内按照函数表达式输入。

1. 直接输入

选择要输入函数的单元格,单击鼠标左键进行编辑,输入等号"=",然后输入函数名和左括号,紧跟着输入函数参数,最后输入右括号。函数输入完成后单击编辑栏上的"输入"按钮或按下"Enter"键即可。

例如,在单元格内输入"=SUM(E2:E6)",意为对 E2 到 E6 单元格区域中的数值求和。

2. 使用公式记忆式键入输入

但是对于一些较复杂的函数记忆较困难,此时可以使用公式记忆式键入输入。公式记忆式键入功能可以在用户输入公式时出现备选的函数和已定义的名称列表,帮助用户自动完成公式,如下图所示。

例如，在单元格中输入"=SU"之后，Excel 将自动显示所有以"SU"开头的函数、名称或"表"的扩展下拉菜单。在扩展菜单中移动上、下方向键或用鼠标选择不同的函数，其右侧将显示此函数功能简介，双击鼠标或按下"Tab"键可以将此函数添加到当前的编辑位置。

如果要启动或关闭"公式记忆式键入"功能，可以通过以下两种方法进行。

- 在公式编辑模式下按"Alt+↓"组合键可以切换是否启用。

- 打开"Excel 选项"对话框，在"公式"选项卡的"使用公式"栏中勾选或取消勾选"公式记忆式键入"复选框，然后单击"确定"按钮，如右图所示。

12.4.4 使用嵌套函数

使用一个函数或者多个函数表达式的返回结果作为另外一个函数的某个或多个参数，这种应用方式的函数称为嵌套函数。

微课：使用嵌套函数

例如函数式"=IF(AVERAGE(A1:A3)>20,SUM(B1:B3),0)"，即一个简单的嵌套函数表达式，如下图所示。该函数表达式的意义为：在"A1:A3"单元格区域中数字的平均值大于 20 时，返回单元格区域"B1:B3"的求和结果，否则将返回"0"。

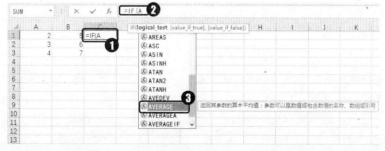

嵌套函数一般通过手动输入，输入时可以利用鼠标辅助引用单元格。以上面的函数式为例，输入方法为：选中目标单元格，输入"=IF("，然后输入作为参数插入的函数的首字母"A"，在出现的相关函数列表中双击函数"AVERAGE"，此时将自动插入该函数及前括号，函数式变为"=IF(AVERAGE("，手动输入字符"A1:A3)>20,"，然后仿照前面的方法输入函数"SUM"，最后输入字符"B1:B3),0)"，按下"Enter"键即可。

12.4.5 查询函数

只知道某个函数的类别或者功能，不知道函数名，可以通过"插入函数"对话框快速查找函数。切换到"公式"选项卡，然后单击"插入函数"按钮，就会弹出"插入函数"

对话框，在其中查找函数的方法主要有两种。

- 方法一：单击下拉按钮打开"或选择类别"下拉列表框，按类别查找，如下图（左边）所示。
- 方法二：在"搜索函数"文本框中输入需要函数的函数功能，然后单击"转到"按钮，然后在"选择函数"列表框中就会出现系统推荐的函数，如下图（右边）所示。

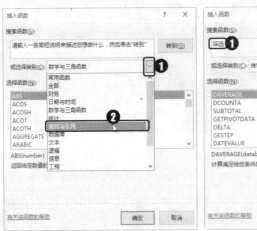

如果说明栏的函数信息不够详细、难以理解，在电脑连接了 Internet 网络的情况下，我们可以利用帮助功能。

方法为：在"选择函数"列表框中选中某个函数后，单击"插入函数"对话框左下方的"有关该函数的帮助"链接，打开"Excel帮助"网页，其中对函数进行了详细的介绍并提供了示例，足以满足大部分人的需求，如右图所示。

> **提示**
> 此外，直接在该网页的"搜索联机帮助"文本框中输入函数名或函数功能，然后单击"搜索"按钮或按下"Enter"键，也可以获得相应的帮助。

12.5 使用数组公式

数组公式与普通公式不同，是对两组或多组名为数组参数的值进行多项运算，然后返回一个或多个结果的一种计算公式。在 Excel 中数组公式非常有用，本节将介绍数组公式的使用方法。

12.5.1　了解数组常量

在普通公式中，可以输入包含数值的单元格引用，或数值本身，其中该数值与单元格引用被称为常量。同样，在数组公式中也可以输入数组引用，或包含在单元格中的数值数组，其中该数值数组和数组引用被称为数组常量。数组公式可以按与非数组公式相同的方式使用常量，但是必须按特定格式输入数组常量。

数组常量可包含数字、文本、逻辑值（如 TRUE、FALSE 或错误值#N/A）。数字可以是整数型、小数型或科学计数法形式，文本则必须使用引号引起来，例如""星期一"。在同一个常量数组中可以使用不同类型的值，如{1，3，4；TRUE，FALSE，TRUE}。

数组常量不包含单元格引用、长度不等的行或列、公式或特殊字符$（美元符号）、括弧或%（百分号）。

在使用数组常量或者设置数组常量格式时，需要注意以下几个问题。

- 数组常量应置于大括号({ })中。
- 不同列的数值用逗号(,)分开。例如，若要表示数值 10、20、30 和 40，必须输入{10,20,30,40}。这个数组常量是一个 1 行 4 列数组，相当于一个 1 行 4 列的引用。
- 不同行的值用分号(;)隔开。例如，如果要表示一行中的 10、20、30、40 和下一行中的 50、60、70、80，应该输入一个 2 行 4 列的数组常量：{10,20,30,40;50,60,70,80}。

12.5.2　输入数组公式

公式和函数的输入都是从"="开始的，输入完成后按下"Enter"键，计算结果就会显示在单元格里。而要使用数组公式，在输入完成后，需要按下"Ctrl+Shift+Enter"组合键才能确认输入的是数组公式。正确输入数组公式后，才可以看到公式的两端出现数组公式标志性的一对大括号"{}"。

以求合计发放员工工资金额为例，使用数组公式计算，可以省略计算每个员工的实发工资这一步，直接得到合计发放工资金额。

方法为：在 D7 单元格中输入数组公式"=SUM(B2:B6-C2:C6)"（即将 B2:B6 单元格区域中的每个单元格，与 C2:C6 单元格区域中的每个对应的单元格相减，然后将每个结果加起来求和），按下"Ctrl+Shift+Enter"组合键确认输入数组公式即可，如上图所示。

微课：输入数组公式

> 💡 **提示**
>
> 如果需要将输入的数组公式删除，只需选中数组公式所在的单元格，然后按下"Delete"键即可。

12.5.3　修改数组公式

在 Excel 2016 中，对于创建完成的数组公式，如果需要进行修改，方法为：选中数组公式所在的单元格，此时数组公式将显示在编辑栏中，

微课：修改数组公式

单击编辑栏的任意位置，数组公式将处于编辑状态，可以对其进行修改，修改完成后按下"Ctrl+Shift +Enter"组合键即可。

 # 12.6 高手支招

本章主要介绍了在 Excel 工作表中使用公式和函数计算数据的方法。本节将对一些相关知识中延伸出的技巧和难点进行解答。

12.6.1 使用公式时出现错误值怎么办

问题描述： 在使用公式时，有时会出现工作表中的公式不能计算出正确结果的问题，此时系统会自动显示出一个错误值，如"####"、"#VALUE!"等，该怎么办？

解决方法： 此时用户可以根据错误提示解决问题。方法为：在使用公式，出现计算结果错误时，选中显示错误值的单元格，然后单击"错误检查"选项按钮，在打开的下拉菜单中，单击"显示计算步骤"命令，打开"公式求值"对话框，通过单击"求值"、"步入"、"步出"按钮可以对公式进行分步求值，如下图所示，根据系统提示逐步检查公式的错误原因；在下拉菜单中单击"关于此错误的帮助"命令，可以打开"Excel 帮助"网页，查看该错误字符的含义和常见解决方法，方便大家解决公式和函数在使用中遇到的问题。

12.6.2 突出显示所有包含公式的单元格

问题描述： 某些表格中含有大量公式，如果想将包含公式的单元格突出显示，以便查看和编辑，该怎么办？

解决方法： 可以通过定位公式来设置突出显示。方法为：打开 Excel 表格，在"开始"选项卡的"编辑"选项组中单击"查找和选择"下拉按钮，在打开的下拉菜单中单击"定位条件"命令。打开"定位条件"对话框，选中"公式"单选按钮，然后单击"确定"按钮。返回工作表时，包含公式的单元格已经全部被选定，为了突出显示公式，可以为公式所在单元格设置背景颜色，在"开始"选项卡的"字体"组中单击"填充颜色"下拉按钮，然后在打开的下拉菜单中选择想要的颜色即可，如下图所示。

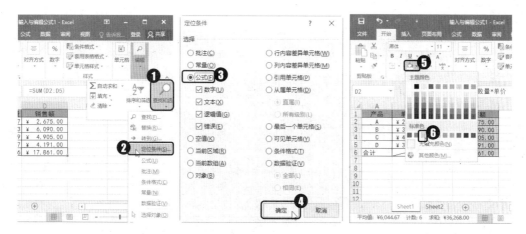

12.6.3　取消单元格错误检查提示

问题描述：在制作表格时，在出现错误的单元格的左上角，会出现一个绿色的小三角提示，如果为了美观，需要取消单元格错误检查提示该怎么办？

解决方法：可以打开错误检查选项下拉菜单，然后进行相关操作，方法有以下两种。

- 方法一：选中要设置的单元格或单元格区域，单击出现的"错误检查"按钮 ⊕，在打开的下拉菜单中单击"忽略错误"命令即可。

- 方法二：选中要设置的单元格或单元格区域，单击"错误检查"按钮 ⊕，在打开的下拉菜单中单击"错误检查选项"命令，在弹出的"Excel 选项"对话框中切换到"公式"选项卡，然后在"错误检查"栏中取消勾选"允许后台错误检查"复选框，设置完成后单击"确定"按钮即可，如下图所示。

12.7　综合案例——制作员工月考勤表

结合本章所讲的知识要点，本节将以制作员工月考勤表文件为例，讲解在 Excel 2016 工作表中使用公式和函数计算数据的方法。

"员工月考勤表"制作完成后的效果，如下图所示。

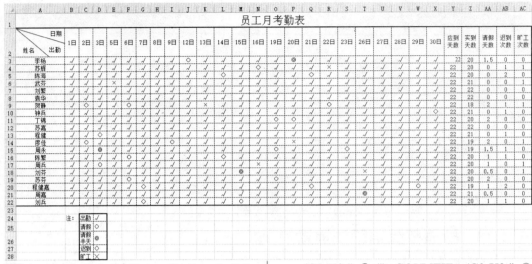

01 打开"素材文件\第 12 章\员工月考勤表.xlsx"文件，其中已经输入了文本内容。选中 Y3 单元格，输入公式"=COUNTA(C3:X3)"，按下"Enter"键即可显示出计算结果，如下图所示。

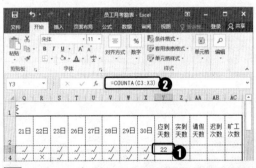

02 选中 Z3 单元格，输入公式"=COUNTIF (C3:X3,"√")"，按下"Enter"键即可计算出员工的实到天数，如下图所示。

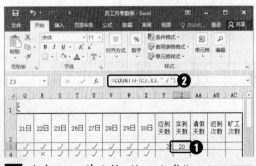

03 选中 AA3 单元格，输入公式"=COUNTIF

(C3:X3," ○ ")+COUNTIF (C3:X3," ◎ ")/2"，按下"Enter"键即可计算出员工请假的天数，如下图所示。

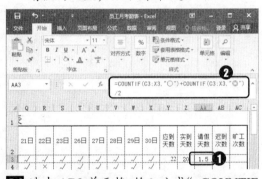

04 选中 AB3 单元格，输入公式"=COUNTIF (C3:X3,"◇")"，按下"Enter"键即可计算出员工的迟到次数，如下图所示。

05 选中 AB3 单元格，输入公式"=COUNTIF (C3:X3,"×")"，按下"Enter"键即可计算出员工的旷工次数，如下图所示。

06 选中 Y3:AC3 单元格区域,利用填充柄,
将公式不带格式填充到 Y4:AC22 单元
格区域中即可,如下图所示。

第 13 章

使用图表展现数据

》》 **本章导读**

在 Excel 中，图表的存在是为数据服务的。我们使用图表为数据做诠释，让图表直观、生动、一目了然地展示出数据想要向我们传达的信息。本章将详细介绍在 Excel 2016 中使用图表的基本方法。

》》 **知识要点**

- ✓ 认识图表
- ✓ 定制图表外观
- ✓ 创建与编辑图表
- ✓ 使用迷你图

13.1 认识图表

在 Excel 中，图表不仅能增强视觉效果、起到美化表格的作用，还能更直观、形象地显示出表格中各个数据之间的复杂关系，更易于理解和交流。本节主要介绍图表的构成以及图表类型。

13.1.1 图表的组成

Excel 图表是由各图表元素构成的，以簇状柱形图为例，常见的图表构成如下图所示。

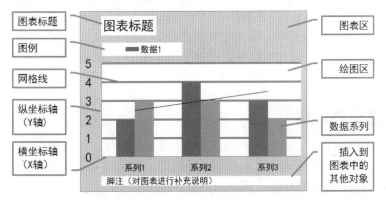

Excel 图表元素远不止上面展示的那些，因为不同类型的图表，其构成元素有一定的差别，一个图表中不可能出现所有的图表元素。下面将常见的图表元素归纳整理一下，并补充说明。

- 图表区：即整个图表所在的区域。
- 绘图区：包含数据系列图形的区域。
- 图表标题：顾名思义，在 Excel 中默认使用系列名称作为图表标题，建议根据需要修改。
- 图例：标明图表中的图形代表的数据系列。
- 数据系列：根据源数据绘制的图形，用以生动形象地反映数据，是图表的关键部分。
- 数据标签：用于显示数据系列的源数据的值，为避免图表变得杂乱，可以选择在数据标签和 Y 轴刻度标签中择一而用。
- 坐标轴：包括横坐标轴（X 轴）和纵坐标轴（Y 轴），坐标轴上有刻度线、刻度标签等，某些复杂的图表会用到次坐标轴，一个图表最多可以有 4 个坐标轴，即主 X 轴、Y 轴和次 X 轴、Y 轴。
- 网格线：有水平网格线和垂直网格线两种，分别与纵坐标轴（Y 轴）、横坐标轴（X 轴）上的刻度线对应，是用于比较数值大小的参考线。
- 坐标轴标题：用于标明 X 轴或 Y 轴的名称，一般在散点图中使用。
- 插入到图表中的其他对象：例如在图表中插入的自选图形、文本框等，用于进一步阐释图表。
- 数据表：在 X 轴下绘制的数据表格，有占用大量图表空间的缺点，一般不建议使用。

😊 **提示**

在使用三维类型的图表时，还可能出现背景墙、侧面墙、底座等图表元素，由于三维图表一般不在商务场合使用，在这里不再细述。

此外，Excel 还为用户提供了一些数据分析中很实用的图表元素，在"图表工具/设计"选项卡的"图表布局"组中，我们可以轻松设置这些图表元素。

- 趋势线：用于时间序列的图表，是根据源数据按照回归分析法绘制的一条预测线，有线性、指数等多种类型，不熟悉统计知识的朋友建议不要轻易使用。
- 折线：在面积图或折线图中，显示从数据点到 X 轴的垂直线，是用于比较数值大小的参考线，日常工作中较少使用。
- 涨/跌柱线：在有两个以上系列的折线图中，在第一个系列和最后一个系列之间绘制的柱形或线条，即涨柱或跌柱，常见于股票图表。
- 误差线：用于显示误差范围，提供标准误差误差线、百分比误差线、标准偏差误差线等选项，常见于质量管理方面的图表。

13.1.2 选择图表类型

Excel 2016 中内置了大量的图表标准类型，包括柱形图、折线图、饼图、圆环图、条形图、面积图、散点图、气泡图、股价图、曲面图、雷达图等，并提供了一些常用的组合图表，方便用户根据需要选用。

1．柱形图

柱形图主要用于显示一段时间内的数据变化或各项之间的比较情况，如右图所示。

在柱形图中，通常沿水平轴显示类别数据，即 X 轴；而沿垂直轴显示数值，即 Y 轴。

柱形图包括簇状柱形图、堆积柱形图、百分比堆积柱形图、三维簇状柱形图以及三维柱形图等共 7 种子类型。

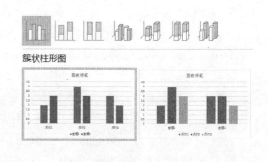

2．折线图

折线图可以显示随时间变化的连续数据，适用于显示在相等时间间隔下的数据趋势，如右图所示。

如果分类标签是文本，并且代表均匀分布的数值，如月、季度或财政年度，则应使用折线图。

在折线图中，类别数据沿水平轴均匀分布，所有值数据沿垂直轴均匀分布。

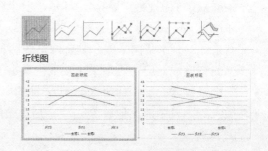

3．饼图

饼图用于显示一个数据系列中各项的大小与总和的比例。相同颜色的数据标记组成一个数据系列，饼图中只有一个数据系列。饼图中的数据点显示为整个饼图的百分比，如右图所示。

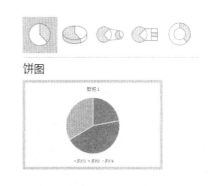

在出现以下情况时，可以使用饼图。

- 仅有一个需要绘制的数据系列。
- 需要绘制的数值没有负值。
- 需要绘制的数值几乎没有零值。
- 类别数目不超过七个。

各类别分别代表整个饼图的一部分。

饼图类型包括饼图、三维饼图、复合饼图、复合条饼图和圆环图共 5 种子类型。

其中，圆环图用于显示各个部分与整体之间的关系。在圆环图中，只有排列在工作表的列或行中的数据才可以绘制到图表中。

圆环图可以包含多个数据系列。

4．条形图

条形图用于显示各个项目之间的比较情况，如右图所示。在出现以下情况时可以使用条形图。

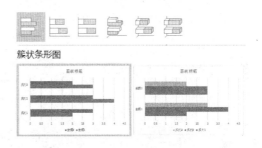

- 轴标签过长。
- 显示的数值是持续型的。

条形图包括簇状条形图、堆积条形图、百分比堆积条形图、三维簇状条形、三维堆积条形图、三维百分比堆积条形图共 6 种子类型。

5．面积图

面积图用于强调数量随时间而变化的程度，也可用于引起人们对总值趋势的注意。面积图还可以通过显示所绘制的值的总和显示部分与整体的关系，如右图所示。

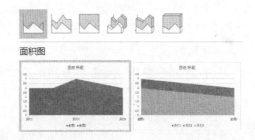

面积图包括堆积面积图、百分比堆积面积图、三维面积图等共 6 种子类型。

6．散点图

散点图也叫 XY 图，用于显示若干数据系列中各数值之间的关系，或者将两组数绘制为 XY 坐标的一个系列。

散点图通常用于显示和比较数值，如科学数据、统计数据、工程数据等。

散点图有两个数值轴，沿水平轴方向显示一组数值数据，即 x 轴；沿垂直轴方向显示另一组数值数据，即 y 轴。在出现以下情况时可以使用散点图，如下图（左边）所示。

- 需要更改水平轴的刻度。
- 需要将轴的刻度转换为对数刻度。
- 水平轴上有许多数据点。
- 水平轴的数值不是均匀分布的。
- 需要显示大型数据集之间的相似性而非数据点之间的区别。
- 需要在不考虑时间的情况下比较大量数据点。
- 需要有效地显示包含成对或成组数值集的工作表数据，并调整散点图的独立刻度，以显示关于成组数值的详细信息。

散点图包括带平滑线的散点图，带平滑线和数据标记的散点图、带直线和数据标记的散点图、气泡图等共 7 种子类型。

排列在工作表列中的数据可以绘制在气泡图中。其中第 1 列列出的是"x"值，在相邻列中列出相应的"y"值和气泡大小的值。

气泡图与散点图的区别在于，气泡图是对成组的三个数值进行比较，而非两个数值，如下图（右边）所示。

气泡图包括气泡图和三维气泡图两个子类型。

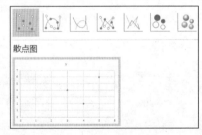
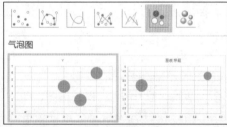

7．股价图

顾名思义，股价图的最初用途是用来显示股价波动的，如下图所示。此外，这种图表还可用于科学数据，如显示每天或每年温度的波动。

股价图的数据在工作表中的组织方式非常重要，必须按照正确的顺序组织数据才能创建股价图。股价图有以下 4 种子类型。

- 盘高-盘低-收盘图：经常用来显示股票价格。使用这种图表时须将盘高、盘低和收盘这 3 个数值系列按正确顺序排列。

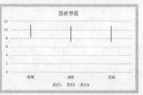

- 开盘-盘高-盘低-收盘图：使用这种图表时必须将开盘、盘高、盘低和收盘这 4 个数值系列按正确顺序排列。
- 成交量-盘高-盘低-收盘图：这种图表使用两个数值轴来计算成交量。一个用于计算成交量的列，另一个用于股票价格。

使用这种图表时必须将成交量、盘高、盘低和收盘这 4 个数值系列按正确顺序排列。

- 成交量-开盘-盘高-盘低-收盘图：使用这种图表时须将成交量、开盘、盘高、盘低和收盘这 5 个数值系列按正确顺序排列。

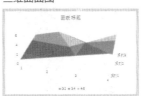

三维曲面图

8. 曲面图

当需要找到两组数据之间的最佳组合，或者当类别和数据系列这两组数据都为数值时，可以使用曲面图，如右图所示。

曲面图包括三维曲面图、三维曲面图（框架图）、曲面图和曲面图（俯视框架图）共 4 种子类型。

9. 雷达图

雷达图用于比较若干数据系列的聚合值。排列在工作表的列或行中的数据可以绘制到雷达图中，如右图所示。

雷达图包括雷达图、带数据标记的雷达图和填充雷达图 3 种子类型。

雷达图

- 雷达图：用于显示各值相对于中心点的变化，其中可能显示各个数据点的标记，也可能不显示这些标记。
- 带数据标记的雷达图：用于显示各值相对于中心点的变化。如果不能直接比较类别时，可使用此种图表。
- 填充雷达图：显示相对于中心点的数值。如果不能直接比较类别，且仅有一个系列时，可使用此种图表。

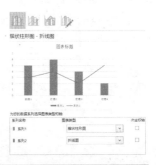

10. 组合

该图表类型组中提供了常用组合图表，如右图所示，包括簇状柱形图-折线图、簇状柱形图-次坐标轴上的折线图、堆积面积图-簇状柱形图，并可根据需要自定义组合图表类型。

13.2 创建与编辑图表

认识了图表之后，就可以尝试为表格数据创建图表了。在 Excel 2016 中，可以轻松地创建有专业外观的图表。图表创建完成后，如果对图表不满意，还可以及时调整，编辑出符合需要的图表。本节主要介绍在 Excel 2016 中创建与编辑图表的方法。

13.2.1 创建图表

在制作或打开一个需要创建图表的表格后，就可以开始创建图表了。在 Excel 中，创建图表的方法主要有以下 3 种。

- 利用"图表"组中的命令按钮创建：打开工作簿，选中用来创建图表

微课：创建图表

的数据区域，切换到"插入"选项卡，在"图表"组中选择要插入的图表类型，如单击"饼图"下拉按钮，在弹出的下拉菜单中，选择饼图样式即可。

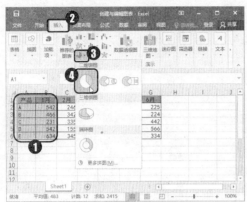 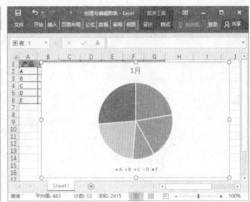

- 利用"插入图表"对话框创建：选中用来创建图表的数据区域，切换到"插入"选项卡，在"图表"组中单击"推荐的图表"按钮，打开"插入图表"对话框，在"推荐的图表"或"所有图表"选项卡中选择需要的图表类型和样式，然后单击"确定"按钮即可，如右图所示。

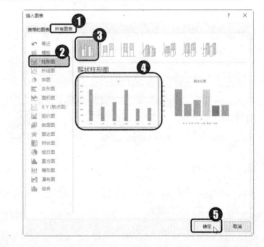

- 利用快捷键创建：在 Excel 中，默认的图表类型为簇状柱形图。选中用来创建图表的数据区域，然后按下"Alt+F1"组合键，即可快速嵌入图表。

☺ **提示**

　　在创建图表时，如果选择了一个单元格，Excel 会自动将紧邻该单元格的包含数据的所有单元格作为数据系列创建图表。如果要创建的图表数据系统的数据源于不连续单元格，可以先选中不相邻的单元格或单元格区域，再创建图表。

13.2.2　调整图表大小和位置

　　创建图表后，用户可以根据实际需要调整图表的大小和位置，方法与调整图片的大小和位置相似。

微课：调整图表大小和位置

　　单击图表上的空白区域选中整个图表，此时将显示图表的边框，在该边框上可见 8 个控制点。

- 调整图表大小：将光标指向控制点，当鼠标指针变为双向箭头形状时，按住鼠标左键并拖动即可调整图表大小，如下图（左边）所示。

- 调整图表位置：将光标指向图表的空白区域，当鼠标指针变为 形状时，按住鼠标左键
  并拖动图表到目标位置，释放鼠标左键即可，如下图（右边）所示。

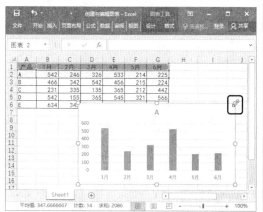 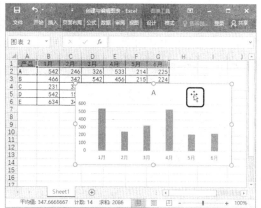

13.2.3 修改或删除数据

创建图表之后，有时需要对图表中的数据进行修改或删除。由于图表与图表数据源表格中的数据是同步的，此时可以通过修改表格中的数据，使图表上的图形发生相应的改变。

微课：修改或删除数据

例如选中 B2 单元格，输入 100，修改掉原数据，按下"Enter"键确认后，关联图表中的对应图形将同时发生变化，如下图（左边）所示。选中 C2 单元格，按下"Delete"键删除其中的数据，即可同步反映到图表中，如下图（右边）所示。

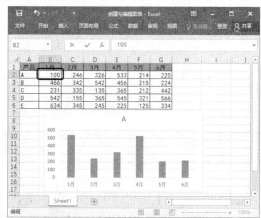 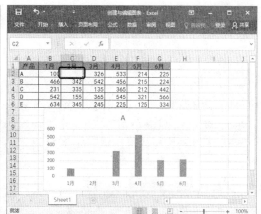

> 💡 **提示**
> 在选中图表之后按下"Delete"键，即可删除所选的图表。

13.2.4 更改数据源

在创建图表后，除了通过修改数据源表格中的数据，来实现修改图表数据的目的，还可以重新选择数据源，以便快速修改图表中的数据系列，

微课：更改数据源

具体操作如下。

01 打开工作簿，选中图表，切换到"图表工具/设计"选项卡，单击"数据"组中的"选择数据"按钮，如下图所示。

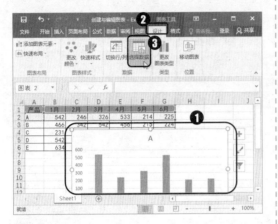

02 弹出"选择数据源"对话框，删除原数据源，并将光标定位其中，如下图所示。

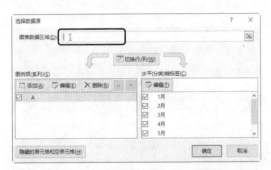

03 返回工作表中，重新选择数据源所在的单元格区域，将其引用到"选择数据源"对话框的"图表数据区域"文本框中，

然后单击"确定"按钮，如下图所示。

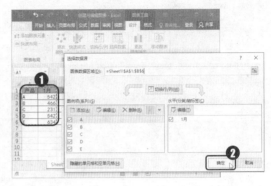

04 返回工作簿，即可看到更改数据源之后的图表效果，如下图所示。

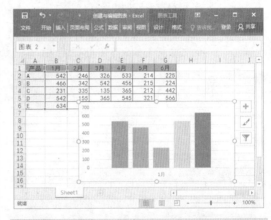

> 💡 **提示**
>
> 单击"选择数据源"对话框中的"隐藏的单元格和空单元格"按钮，在弹出的"隐藏和空单元格设置"对话框中，可以设置显示或隐藏工作表中行列的数据。

13.2.5 更改图表类型

创建之后才发现图表类型不合适，不能好好展现，就可以改变图表类型。要改变图表类型并不需要重新插入图表，可以直接对已经创建的图表进行图表类型的更改。在 Excel 2016 中，除了可以更改整个图表的类型之外，还可以使用"组合"图表功能修改部分图表类型。方法如下。

微课：更改图表类型

- 更改整个图表：打开工作簿，选中图表，切换到"图表工具/设计"选项卡，单击"类型"组中的"更改图表类型"按钮，在弹出的"更改图表类型"对话框中选择图表类型和样式，选择完成后单击"确定"按钮即可，如下图所示。

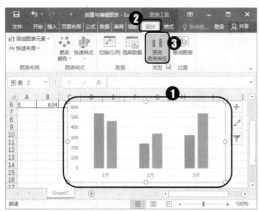
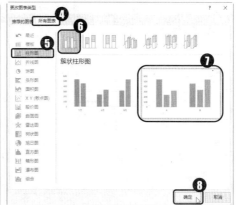

- 更改部分图表：打开工作簿，选中需要修改的图表系列，单击鼠标右键，在弹出的快捷菜单中单击"更改系列图表类型"命令，弹出"更改图表类型"对话框，此时默认切换到"组合"选项卡，单击要修改的系列右侧的"图表类型"下拉列表框，在打开的下拉菜单中选择要更改的图表类型，完成后单击"确定"按钮即可，如下图所示。

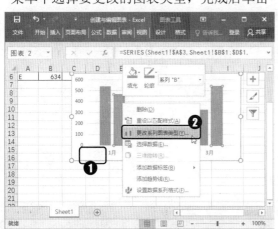
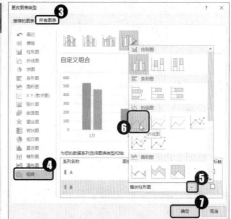

😊 提示

在"更改图表类型"对话框的"组合"选项卡中，勾选系列右侧的"次坐标轴"复选框，即可让该系列显示在图表的次坐标轴上。

13.2.6　添加并设置图表标签

为了使所创建的图表更加清晰、明确，用户可以添加并设置图表标签。方法为：选中整个图表，切换到"图表工具/设计"选项卡，在"图表布局"组中单击"添加图表元素"下拉按钮，在打开的下拉菜单中展开"数据标签"子菜单，在其中根据需要选择数据标签显示位置，单击相应命令即可，如下图（左边）所示。

微课：添加并设置图表标签

此外，选中需要设置格式的数据标签，单击鼠标右键，在弹出的快捷菜单中单击"设置数据标签格式"命令，即可打开"设置数据标签格式"窗格，在其中可以对数据标签进行相应的设置，设置完成后单击"关闭"按钮✕即可，如下图（右边）所示。

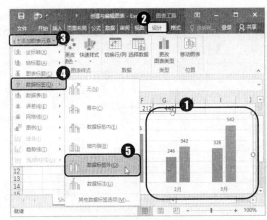
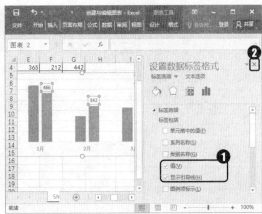

13.2.7 添加图表标题

在 Excel 2016 中，如果需要添加图表标题，方法为：切换到"图表工具/设计"选项卡，在"图表布局"组中单击"添加图表元素"下拉按钮，在打开的下拉菜单中展开"图表标题"子菜单，在其中根据需要选择图表标题的显示位置，单击相应命令，即可在图表中添加一个"图表标题"文本框，如右图所示。

添加图表标题后，如果要更改标题内容，方法为：单击图表标题，进入编辑状态，然后将光标定位到图表标题文本框中，直接输入想要的图表标题即可。

微课：添加图表标题

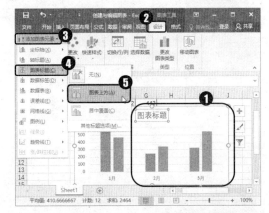

13.2.8 修改系列名称

在创建图表时，如果选择的数据区域中没有包括标题行或标题列，系列名称会显示为"系列 1"、"系列 2"等，此时用户可以根据需要修改系列名称。具体操作如下。

微课：修改系列名称

01 打开工作簿，选中图表，切换到"图表工具/设计"选项卡，单击"数据"组中的"选择数据"按钮，如右图所示。

提示
选中整个图表，单击鼠标右键，在弹出的快捷菜单中单击"选择数据"命令，也可以打开"选择数据源"对话框。

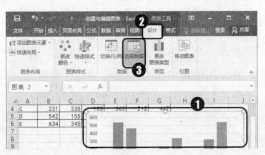

02 弹出"选择数据源"对话框,在"图例
项(系列)"列表框中选中要修改名称
的系列,单击列表框上方的"编辑"按
钮,如下图所示。

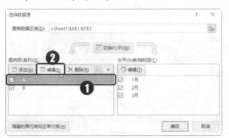

03 弹出"编辑数据系列"对话框,在"系
列名称"文本框中直接输入系列名称,
或设置单元格引用,然后单击"确定"
按钮,如下图所示。

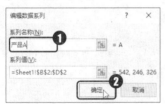

04 返回"选择数据源"对话框,可以看到
"图例项(系列)"列表框中的系列名称

发生了变化,按照上述方法继续修改系
列名称,设置完成后单击"确定"按钮,
如下图所示。

05 返回工作表,即可看到图表中的图例项
(系列)名称修改后的效果,如下图所
示。

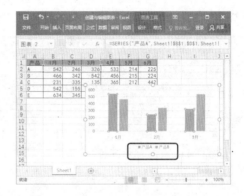

13.3 定制图表外观

创建和编辑好图表后,用户可以根据自己的喜好对图表布局和样式进行
设置,美化图表。本节主要介绍设置图表布局和样式、更改图表文字、
设置图表背景等方法。

13.3.1 使用快速样式

Excel 2016 为用户提
供了多种图表样式。通过功
能区可以快速将其应用到
图表中。方法为:选中整个
图表,切换到"图表工具/
设计"选项卡,在"图表样式"选项组中展
开"快速样式"下拉列表,在其中选择需要
的图表样式即可,如右图所示。

微课:使用快速样式

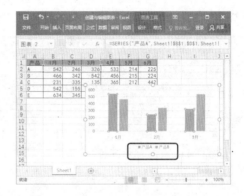

13.3.2　使用主题改变图表外观

如果在"快速样式"中没有找到想要的图表样式，也可以通过更改 Excel 的主题来改变图表的外观。方法为：选中整个图表，切换到"页面布局"选项卡，单击"主题"下拉按钮，在打开的下拉菜单中选择需要的主题，如右图所示，选择完成后图表即可发生改变。

微课：使用主题改变图表外观

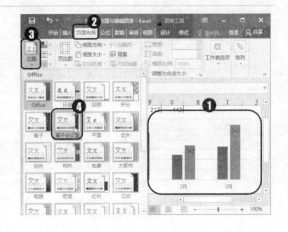

☺ 提示

一个"主题"中包含了设置好的配色方案、字体、样式等。

13.3.3　快速设置图表布局和颜色

Excel 2016 为用户提供了多种内置的图表布局和配色方案，通过功能区可以快速将其应用到图表中。方法如下。

- 设置图表布局：选中整个图表，切换到"图表工具/设计"选项卡，在"图表布局"组中单击"快速布局"下拉按钮，在打开的下拉菜单中单击需要的布局样式即可，如下图（左边）所示。

- 设置图表颜色：选中整个图表，切换到"图表工具/设计"选项卡，在"图表样式"组中单击"更改颜色"下拉按钮，在打开的下拉菜单中选择需要的配色方案即可，如下图（右边）所示。

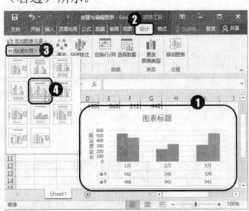
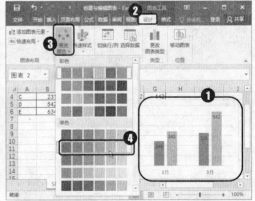

13.3.4　设置图表文字

在对图表进行美化的过程中，用户可以根据实际需要，对图表中的文字大小、文字颜色和字符间距等进行设置。方法为：选中整个图表，单击鼠标右键，在弹出的快捷菜单中单击"字体"命令，弹出"字体"对话框，

微课：设置图表文字

在其中对图表中文字的字体、字号和字体颜色等进行设置，设置完成后单击"确定"按钮
即可，如下图所示。

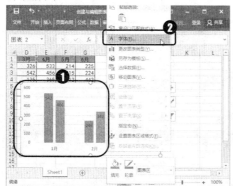

13.3.5 设置图表背景

为了进一步美化图表，用户可以根据需要为其设置背景，方法为：选
中整个图表，单击鼠标右键，在弹出的快捷菜单中单击"设置图表区域格
式"命令，打开"设置图表区格式"窗格，在"填充线条"选项卡的"填
充"栏中进行相应设置，例如选择"渐变填充"单选按钮，并设置渐变类
型、方向等，设置完成后单击"关闭"按钮 ✖ 即可，如下图所示。

微课：设置图表背景

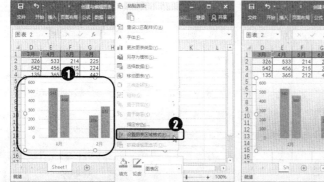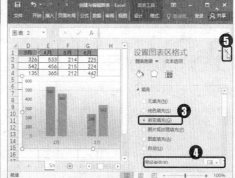

13.3.6 【案例】编辑采购预算图表

结合本节所讲的知识要点，下面以编辑采购预算图表为例，讲解在
Excel 工作表中美化图表的方法，具体操作如下。

微课：编辑采购预算图表

01 打开"素材文件\第 13 章\采购预算图
表.xlsx"文件。选中图表，切换到"图
表工具/设计"选项卡，在"图表布局"
组中单击"快速布局"下拉按钮，在打
开的下拉菜单中单击"布局 6"选项，
如右图所示。

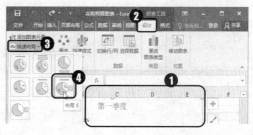

02 选中图表，在"图表工具/设计"选项卡的"图表样式"组中单击"更改颜色"下拉按钮，在打开的下拉菜单中单击需要的配色方案，如下图所示。

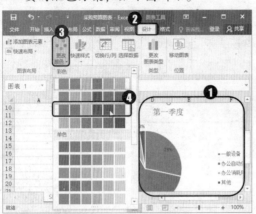

03 按照上述方法，为工作表中的所有图表应用快速布局样式，并设置图表颜色，如下图所示。

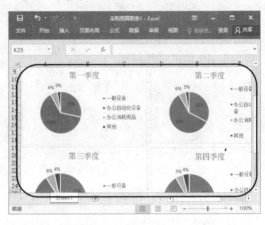

13.4 使用迷你图

迷你图与 Excel 中的其他图表不同，它不是对象，而是一种放置到单元格背景中的微缩图表。在数据旁边放置迷你图，可以使数据表达更直观、更容易被理解。本节主要介绍在 Excel 2016 中创建与编辑迷你图的方法。

13.4.1 认识迷你图

迷你图是创建在工作表单元格中的一个微型图表，可以直观地显示数据，如下图所示。Excel 提供的迷你图只有 3 种类型，分别是折线图、柱形图和盈亏。

商品名称	1月	2月	3月	4月	5月	6月		迷你图
产品1	320	453	252	262	756	252		
产品2	636	774	754	895	432	544		
产品3	234	267	358	654	543	567		
产品4	214	454	643	232	546	865		
产品5	12	135	245	643	543	234		
产品6	234	546	578	664	321	-233		
产品7	325	543	754	332	-344	546		

在上面的表格中我们同时使用了迷你图的 3 种类型。对比一下 3 种迷你图的显示效果，各类型迷你图的特点如下。

- 迷你折线图更适合于展示数据的发展趋势，配合高点和低点的突出显示，可以快速判断数据的变化情况。
- 迷你柱形图更适合用来展示需要进行对比的数据，通过柱形高度的比较，可以快速判断数值差距（需要注意，迷你柱形图中的柱高比例并不精确）。

- 迷你盈亏图更适合用来反映经济周期等拥有正负数值的数据情况。

  Excel 迷你图与 Excel 传统图表相比，其特点有以下几点。

- 迷你图是单元格背景中的一个微型图表，传统图表是嵌入在工作表中的一个图形对象。

- 使用迷你图的单元格可以输入文字和设置填充色。

- 迷你图可以像填充公式一样方便地创建一组图表。

- 迷你图图形没有纵坐标轴、图表标题、数据标志等图表元素，主要体现数据变化趋势和数据对比。

- 迷你图仅提供 3 种常用的图表类型：拆线迷你图、柱形迷你图和盈亏迷你图，并且不能制作两种以上的图表类型的组合图。

- 迷你图可以根据需要突出显示最大值和最小值。

- 迷你图提供了 36 种常用样式，并可以根据需要自定义颜色和线条。

- 迷你图占用的空间较小，可以方便地进行页面设置和打印。

13.4.2 创建迷你图

在创建迷你图时，可以为工作表中的一行或一列数据创建迷你图，也可以为多行或多列创建一组迷你图。以为工作表中的一行或一列数据创建迷你图为例，具体操作如下。

微课：创建迷你图

> 🔧 **注意**
>
> 创建迷你图时，其数据源只能是同一行或同一列中相邻的单元格，否则无法创建迷你图。而单个迷你图也只能使一行或一列数据作为源数据，如果使用多行或多列数据，Excel 会提示"位置引用或数据区域无效"错误。

01 打开工作簿，选中要显示迷你图的单元格，切换到"插入"选项卡，在"迷你图"组中单击"折线图"命令，如下图所示。

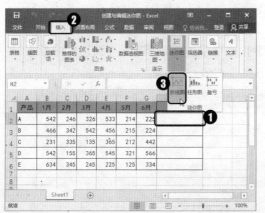

02 弹出"创建迷你图"对话框，在"数据范围"文本框中设置迷你图的数据源，设置完成后单击"确定"按钮，如下图所示。

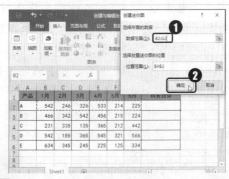

03 返回工作表，即可看到所选单元格中创建了迷你图，如下图所示。

此外，如果需要为多行或多列创建一组迷你图，可以同时选中要显示迷你图的多个单元格，如 H2、H3、H4、H5、H6，然后打开"创建迷你图"对话框，在"数据范围"文本框中设置迷你图对应的数据源，用英文状态下的逗号","分开，如"B2:G2, B3:G3, B4:G4, B5:G5, B6:G6"，然后单击"确定"按钮即可，如下图所示。

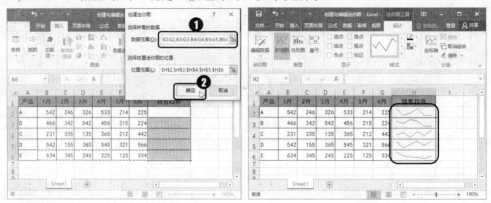

同时创建的多个迷你图，将自动被组合到一起，形成一个整体，选中其中任意一个，即可对全部迷你图进行编辑或美化操作。

> **提示**
> 区分一组迷你图和多个独立迷你图的方法是：选中一个迷你图，整组迷你图会显示蓝色的外框线，而独立的迷你图则没有相应的外框线。

13.4.3 删除迷你图

如果想要删除迷你图，主要有以下几种方法。

- 快捷菜单命令清除：选中迷你图所在的单元格，单击鼠标右键，在弹出快捷菜单中展开"迷你图"子菜单，在其中单击"清除所选的迷你图"命令或"清除所选的迷你图组"命令，即可清除所选迷你图，或所选迷你图所在的一组迷你图，如下图（左边）所示。
- 菜单命令清除：选中迷你图所在单元格，切换到"迷你图工具/设计"选项卡，在"分组"组中单击"清除"下拉按钮，在打开的下拉菜单中选择"清除所选的迷你图"或"清除所选的迷你图组"命令删除迷你图，如下图（右边）所示。

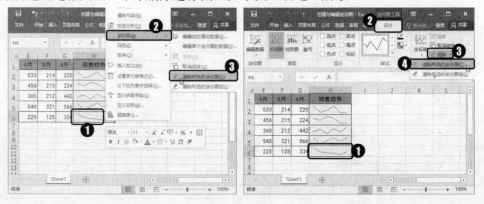

> 🔵 提示
> 删除迷你图所在的单元格，也可删除迷你图。

13.4.4　编辑迷你图

在工作表中创建迷你图之后，功能区中将显示"迷你图工具/设计"选项卡，通过该选项卡，可以对迷你图进行相应的编辑或美化操作，如下图所示。

微课：编辑迷你图

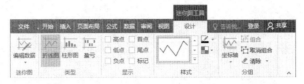

- 在"迷你图"组中，单击"编辑数据"按钮，可修改迷你图图组的源数据区域或单个迷你图的源数据区域。
- 在"类型"组中，可以更改当前选中的迷你图的类型。
- 在"显示"组中，勾选某个复选框可显示相应的数据节点。其中，勾选"标记"复选框，可显示所有的数据节点；勾选"高点"或"低点"复选框，可显示最高值或最低值的数据节点；勾选"首点"或"尾点"复选框，可显示第一个值或最后一个值的数据节点；勾选"负点"复选框，可显示所有负值的数据节点。
- 在"样式"组中，可对迷你图应用内置样式，设置迷你图颜色，以及设置数据节点的颜色。
- 在"分组"组中，若单击"坐标轴"按钮，可对迷你图坐标范围进行控制；若单"清除"按钮右侧的下拉按钮，可清除选中的迷你图或所有迷你图；若单击"组合"按钮，可将选中的多个迷你图组合成一组，此后选中组中的任意一个迷你图，便可同时对这个组的迷你图进行编辑操作；若单击"取消组合"按钮，可将选中的迷你图组拆分成单个的迷你图。

13.4.5　【案例】制作日化销售情况迷你图表

结合本节所讲的知识要点，下面以编辑采购预算图表为例，讲解在 Excel 工作表中创建与编辑迷你图的方法，具体操作如下。

微课：制作日化销售情况迷你图表

01 打开"素材文件\第 13 章\日化销售情况迷你图表.xlsx"文件。同时选中 I4、I7、I10、I13 单元格，切换到"插入"选项卡，在"迷你图"组中单击"柱形图"命令，如右图所示。

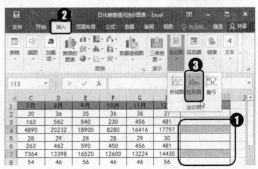

02 弹出"创建迷你图"对话框，在"数据范围"文本框中设置数据源，如"C4:H4,C7:H7,C10:H10,C13:H13"，设置完成后单击"确定"按钮，如下图所示。

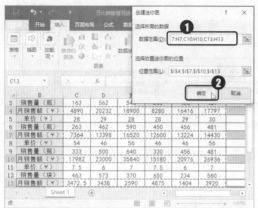

03 返回工作表，即可看到其中创建了一组迷你图，选中任意迷你图所在单元格，切换到"迷你图工具/设计"选项卡，在"显示"组中勾选"高点"和"低点"复选框，如下图所示。

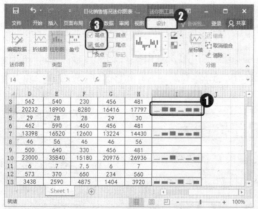

04 选中任意迷你图所在单元格，在"迷你

图工具/设计"选项卡的"样式"组中单击"标记颜色"下拉按钮，在打开的下拉菜单中展开"低点"子菜单，在其中选择一种颜色，设置为低点标记的颜色即可，如下图所示。

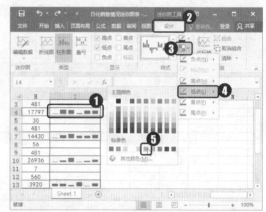

05 选中任意迷你图所在单元格，在"迷你图工具/设计"选项卡的"样式"组中单击"迷你图颜色"下拉按钮，在打开的下拉菜单中选择一种颜色即可，如下图所示。

13.5 高手支招

本章主要介绍了在 Excel 工作表中创建图表、使用图表、编辑图表等内容。本节将对一些相关知识中延伸出的技巧和难点进行解答。

13.5.1 突出显示柱形图中的某一柱形

问题描述：在创建了柱形图后，如果需要突出显示其中的某一柱形，该如何设置呢？

解决方法：可以单独设置该柱形的格式。

方法为：在图表中双击需要突出显示的柱形，此时将选中该柱形并打开"设置数据点格式"窗格，在"填充与线条"选项卡的"填充"栏和"边框"中，可以根据需要设置该柱形的填充色，使其突出显示，设置完成后单击"关闭"按钮 × 关闭窗格即可，如右图所示。

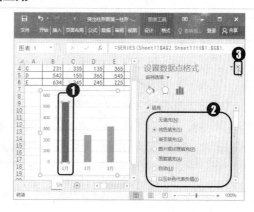

13.5.2 追加图表数据系列

问题描述：在创建了图表之后，需要追加图表中的数据系列，该如何操作呢？

解决方法：在 Excel 中创建了图表之后，可以通过以下两种方法追加数据系列。

通过鼠标拖动：在要追加的数据区域与已有的数据区域相连的情况下，可以选中图表，这时在相应的源数据区域四周将出现醒目的蓝、紫、绿三色框线，将光标指向蓝色框线，当光标呈双向箭头形状时按住鼠标左键并拖动，将需要追加的数据囊括进蓝框区域内即可，如下图（左边）所示。

通过对话框：选中图表，切换到"图表工具/设计"选项卡，单击"数据"组中的"选择数据"按钮；打开"选择数据源"对话框，单击"添加"按钮，打开"编辑数据系列"对话框，设置系列名称和系列值，然后单击"确定"按钮，返回"选择数据源"对话框，追加完所有数据系列后单击"确定"按钮即可，如下图（右边）所示。

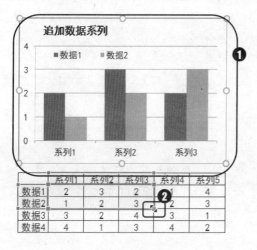

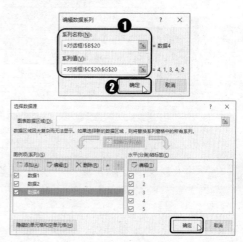

办公应用从入门到精通

13.5.3 为图表设置透明背景

问题描述：在 Excel 中创建图表后，在默认情况下图表背景色为白色，如果需要将图表设置为透明背景，该怎么办？

解决方法：可以通过"设置图表区格式"窗格设置。方法为：选中图表，单击鼠标右键，在弹出的快捷菜单中单击"设置图表区域格式"命令；打开"设置图表区格式"窗格，在"填充线条"选项卡的"填充"栏中选中"无填充"单选按钮，即可将图表设置为透明背景，设置完成后单击"关闭"按钮✕关闭窗格即可，如下图所示。

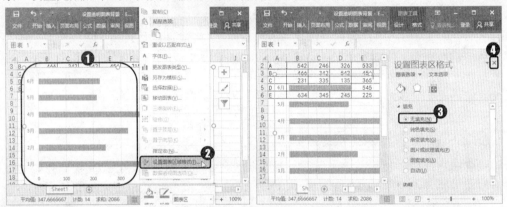

13.6 综合案例——制作资产总量及构成分析图表

结合本章所讲的知识要点，本节将以制作资产总量及构成分析图表文件为例，讲解在 Excel 2016 工作表中使用图表展现数据的方法。

"资产总量及构成分析"图表制作完成后的效果，如下图所示。

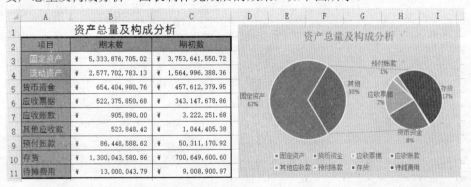

01 打开"素材文件\第 13 章\资产总量及构成分析.xlsx"文件，其中已经输入了文本内容。在"资产总量及构成分析"工作表中，同时选中 A3:B3 和 A5:B11 单元格区域，切换到"插入"选项卡，单击"图表"组中的"插入饼图或圆环图"下拉按钮，在打开的下拉菜单中单击"复合饼图"按钮，如下图所示。

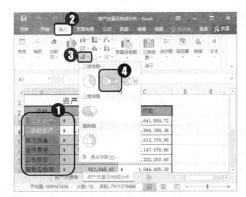

02 可以看到工作表中插入了一个复合饼图，该饼图根据选定的数据区域创建，系统自动将后几个数值放置到第二个饼图，即第二绘图区中。适当调整图表的大小和位置，在"图表标题"文本框中输入图表的标题，如下图所示。

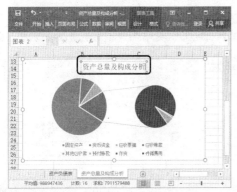

03 选中图表中的饼图，单击鼠标右键，在弹出的快捷菜单中单击"设置数据系列格式"命令，如下图所示。

04 打开"设置数据系列格式"窗格，在"系

列选项"栏中设置"第二绘图区中的值"为 7，设置完成后单击"关闭"按钮 ✕ 关闭窗格，如下图所示。

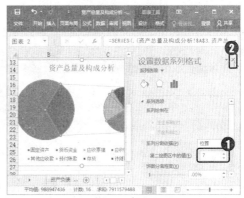

05 选中整个图表，切换到"图表工具/设计"选项卡，单击"图表布局"组中的"添加图表元素"下拉按钮，在打开的下拉菜单中展开"数据标签"子菜单，单击其中的"最佳匹配"命令，在图表中添加数据标签，如下图所示。

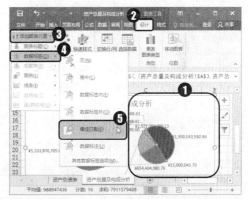

06 选中添加的数据标签，单击鼠标右键，在弹出的快捷菜单中单击"设置数据标签格式"命令，如下图所示。

07 打开"设置数据标签格式"窗格，在"标签选项"栏中勾选"标签包括"的"类别名称"和"百分比"复选框，设置完成后单击"关闭"按钮✕关闭窗格，如下图所示。

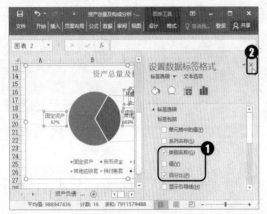

08 适当调整数据标签的位置，删除多余数据标签，然后选中整个图表，单击鼠标右键，在弹出的快捷菜单中单击"设置图表区域格式"命令，如下图所示。

☺ 提示

　　在图表中，使用鼠标单击相应图表区域，例如单击图例区域，即可选中该图表元素，再次单击其中的某个部分，即可单独选中该项。选中图表元素后，将出现控制框，通过鼠标拖动，可以调整该图表元素的大小和位置。选中图表元素后按下"Delete"键，即可将其删除。

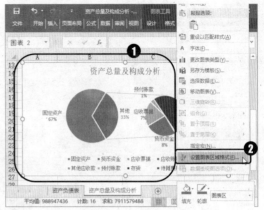

09 打开"设置图表区格式"窗格，在"图表选项"选项卡的"填充"栏中选择"纯色填充"单选按钮，设置填充色为灰色，设置完成后单击"关闭"按钮✕关闭窗格，如下图所示。

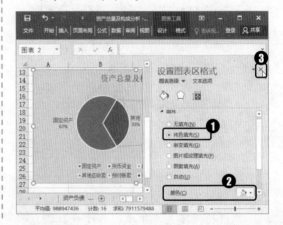

第 14 章

条件格式

》》 **本章导读**

　　条件格式是指当单元格中的数据满足某一个设定的条件时，系统会自动地将其以设定的格式显示出来。通过条件格式的设置可以突出显示数据、美化表格。本章将介绍在 Excel 2016 中设置条件格式的方法。

》》 **知识要点**

- ✓ 使用条件格式
- ✓ 查找与编辑条件格式
- ✓ 新建自定义条件格式
- ✓ 复制与删除条件格式

14.1 使用条件格式

在 Excel 中使用条件格式，可以在工作表中突出显示所关注的单元格或单元格区域，强调异常值，而使用数据条、颜色高强度和图标集等可以更直观地显示数据。本节主要介绍在 Excel 2016 中使用条件格式的方法。

14.1.1 设置条件格式

在 Excel 中，条件格式就是指当单元格中的数据满足某一个设定的条件时，以设定的单元格格式显示出来。

在"开始"选项卡的"样式"组中单击"条件格式"下拉按钮，打开下拉菜单，可以看到其中包含有"突出显示单元格规则"、"项目选取规则"、"数据条"、"色阶"、"图标集"子菜单，如下图所示。

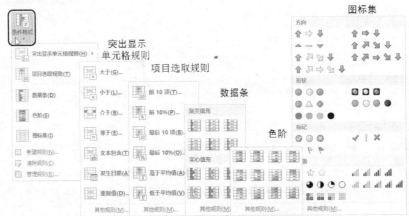

在子菜单中执行相应的命令，然后根据提示进行设置，即可设置相应的条件格式。

14.1.2 使用突出显示单元格规则

如果要在 Excel 中突出显示单元格中的一些数据，如大于某个值的数据、小于某个值的数据、等于某个值的数据等，可以使用突出显示单元格规则来实现。具体操作如下。

微课：使用突出显示单元格规则

01 选择要设置的单元格或单元格区域，如选中 D3:D11 单元格区域，在"开始"选项卡的"样式"组中单击"条件格式"下拉按钮，在打开的下拉菜单中展开"突出显示单元格规则"子菜单，在其中选择需要的突出显示规则类型，如单击"大于"命令，如右图所示。

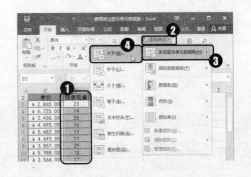

02 弹出"大于"对话框，在数值框中根据
需要进行设置，如输入20，在"设置为"
下拉列表框中选择突出显示的单元格
格式，如"浅红填充色深红色文本"选
项，设置完成后单击"确定"按钮，如
下图所示。

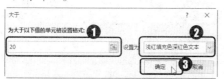

03 返回工作表，即可看到所选单元格区域
按照所设规则突出显示后的效果，如下
图所示。

14.1.3 使用项目选取规则

使用项目选取规则，可以帮助用户识别项目中最大或最小的百分数或
数字所指定的项，或者指定大于或小于平均值的单元格。具体操作如下。

微课：使用项目选取规则

01 选择要设置的单元格或单元格区域，如
选中 D3:D11 单元格区域，在"开始"
选项卡的"样式"组中单击"条件格式"
下拉按钮，在打开的下拉菜单中展开
"项目选取规则"子菜单，在其中选择
需要的项目选取规则类型，如单击"前
10 项"命令，如下图所示。

置为"下拉列表框中选择符合条件的单
元格格式，如"浅红填充深红色文本"
选项，设置完成后单击"确定"按钮，
如下图所示。

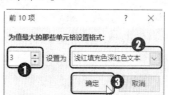

03 返回工作表，即可看到所选单元格区域
按照所设规则突出显示后的效果，如下
图所示。

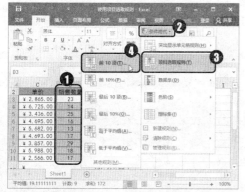

02 弹出"前 10 项"对话框，在数值框中
根据需要进行设置，如输入3，在"设

14.1.4 使用数据条设置条件格式

数据条可用于查看某个单元格相对于其他单元格的值。数据条的长度
代表单元格中的值，数据条越长，表示值越高；数据条越短，表示值越低。
在分析大量数据中的较高值和较低值时，数据条很有用。

微课：使用数据条设置条件格式

使用数据条设置条件格式的方法为：选择要设置的单元格或单元格区域，如选中 C3:C11 单元格区域，在"开始"选项卡的"样式"组中单击"条件格式"下拉按钮，在打开的下拉菜单中展开"数据条"子菜单，在其中选择需要的数据条样式即可。

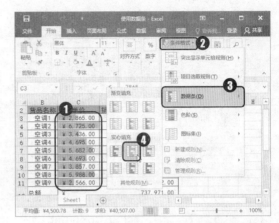

😊 提示

　　选中单元格区域后，在打开的下拉菜单中将光标指向数据条样式，即可预览设置后的效果。

14.1.5　使用色阶设置条件格式

　　色阶是一种直观的指示，可以帮助用户了解数据的分布和变化。Excel 默认使用双色刻度和三色刻度来设置条件格式，通过颜色的深浅程度来比较某个区域的单元格，颜色的深浅表示值的高低。

微课：使用色阶设置条件格式

- 双色刻度：使用两种颜色的渐变来比较某个区域的单元格，颜色的深浅表示高低值，比如在绿色和黄色的双色刻度中，可以指定较高值单元格的颜色更绿，而较低值的单元格颜色更黄。
- 三色刻度：使用三种颜色的渐变来比较某个区域的单元格，颜色的深浅表示值的高、中、低。例如在绿、黄、红三种颜色中，可以指定较高值的单元格颜色为绿色；中间值单元格的颜色为黄色；较低值的单元格颜色为红色。

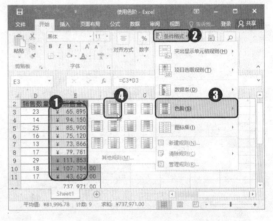

　　使用色阶设置条件格式的方法为：选择要设置的单元格或单元格区域，如选中 E3:E11 单元格区域，在"开始"选项卡的"样式"组中单击"条件格式"下拉按钮，在打开的下拉菜单中展开"色阶"子菜单，在其中选择需要的色阶样式即可。

14.1.6　使用图标集设置条件格式

　　图标集用于对数据进行注释，并可以按值的大小将数据分为 3~5 个类别，每个图表代表一个数据范围。例如在"三向箭头"图标集中，绿色的上箭头表示较高的值；黄色的横向箭头表示中间值；红色的下箭头表示较低的值。

微课：使用图标集设置条件格式

　　使用图标集设置条件格式的方法为：选择要设置的单元格或单元格区域，如选中 E3:E11 单元格区域，在"开始"选项卡的"样式"组中单击"条件格式"下拉按钮，在打开的下拉菜单中展开"色阶"子菜单，在其中选择需要的色阶样式即可，如下图所示。

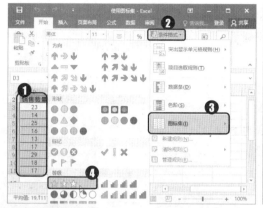

14.2 新建自定义条件格式

在 Excel 中，用户可以根据需要创建出适合自己的条件格式。本节主要介绍在 Excel 2016 中新建自定义条件格式的方法。

14.2.1 新建条件格式

在"开始"选项卡的"样式"组中单击"条件格式"下拉按钮，在打开的下拉菜单中单击"新建规则"命令，即可打开"新建格式规则"对话框，如下图（左边）所示。

微课：新建条件格式

选中要设置条件格式的单元格区域，打开"新建格式规则"对话框，在其中根据需要设置规则和格式，设置完成后单击"确定"按钮，即可新建自定义条件格式，并将其应用到所选单元格中，以满足用户的多种需求，如下图（右边）所示。

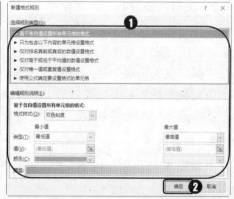

> **提示**
> 在"条件格式"下拉菜单中单击"管理规则"命令，弹出"条件格式规则管理器"对话框，在其中单击"新建规则"按钮，也可以打开"新建格式规则"对话框。

此外，在条件格式下拉菜单中展开各项子菜单，在其中单击"其他规则"命令，也可以打开"新建格式规则"对话框，此时将自动在"选择规则类型"列表框中选择对应的规则类型，显示出相应的界面，以便进行自定义设置。下面将分别进行介绍。

1. 新建"突出显示单元格规则"

在"突出显示单元格规则"的子菜单中单击"其他规则"命令，可以弹出基于突出显示单元格规则的"新建格式规则"对话框，如下图所示。

在"编辑规则说明"列表框中，单击左侧的下拉列表，可以选择单元格值、特定文本、发生日期、空值、无空值、错误和无错误来设置格式，选择不同项的具体设置含义如下。

- 单元格值：选择该项表示要按数字、日期或时间设置格式，然后在中间的下拉列表中选择比较运算符，在右侧的下拉列表中输入数字、日期或时间。

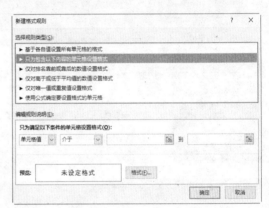

- 特定文本：选择该项表示要按文本设置格式，然后在中间的下拉列表中选择比较运算符，在右侧的下拉列表中输入文本。

- 发生日期：选择该项表示要按日期格式设置，然后在中间的下拉列表中选择比较的日期，如"昨天"或"明天"。

- 空值或无空值：空值即单元格中不包含任何数据，选择这两个选项则表示要为空值或无空值单元格设置格式。

- 错误和无错误：错误值包括"#####"、"#VALUE!"、"#DIV/0!"、"#NAME？"、"#N/A"、"#REF！"、"#NUM!"和"#NULL!"。选择这两个选项则表示为包含错误值或无错误值的单元格设置格式。

2. 新建"项目选择规则"

在"项目选取规则"的子菜单中选择"其他规则"命令，即可打开基于项目选取规则的"新建格式规则"对话框。

在"编辑规则说明"栏左侧的下拉列表框中，可以设置排名靠前或靠后的单元格，而具体的单元格数量则需要在其后的文本框中输入。如果勾选"所选范围的百分比"复选框，则会根据所选择的单元格总数的百分比进行单元格数量的选择，如下图（左边）所示。

3. 新建"数据条"

在"数据条"子菜单中选择"其他规则"命令，即可打开基于数据条的"新建格式规则"对话框。

在"编辑规则说明"列表框中，可以设置更多颜色的数据条，在"最小值"和"最大值"类型下拉列表框中，可以设置数字、日期、时间值、百分比、百分点值、公式等格式。在"条形图外观"栏中，可以设置数据条的填充效果和颜色、边框的填充效果和颜色，如下图（右边）所示。

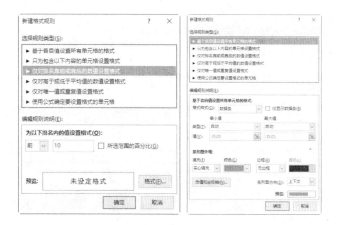

4．新建"色阶"

在"色阶"子菜单中，选择"其他规则"命令，可以打开基于色阶的"新建格式规则"对话框。

在该对话框中，可以对双色刻度或三色刻度的类型、颜色等进行设置，设置方法与基于数据条新建规则的方法基本相同，如下图（左边）所示。

5．新建"图标集"

在"图标集"子菜单中，选择"其他规则"命令，可以打开基于图标集的"新建格式规则"对话框，在该对话框中，可以设置图标的样式、表示的数据范围等，如下图（右边）所示。

14.2.2 【案例】在学生成绩表中设置自定义条件格式

结合本节所讲的知识要点，下面以在学生成绩表中设置自定义条件格式为例，讲解在 Excel 工作表中使用公式来新建条件格式的方法，具体操作如下。

微课：在学生成绩表中设置自定义条件格式

01 打开"素材文件\第 14 章\学生成绩表.xlsx"文件。选中 A3:A7 单元格区域，在"开始"选项卡的"样式"组中单击"条件格式"下拉按钮，在打开的下拉菜单中单击"新建规则"命令，如下图所示。

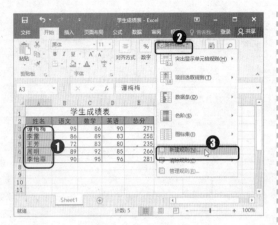

需要进行设置，本例切换到"填充"选项卡，选取"红色"为背景色，然后单击"确定"按钮，如下图所示。

02 弹出"新建格式规则"对话框，在"选择规则类型"列表框中选择"使用公式确定要设置格式的单元格"选项，在"为符合此公式的值设置格式"编辑框中根据需要输入公式，本例输入："=SUM($B3:$D3)=MAX($E$3:$E$7)"，然后单击"格式"按钮，如下图所示。

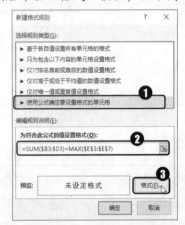

03 弹出"设置单元格格式"对话框，根据

04 返回"新建格式规则"对话框，单击"确定"按钮，返回工作表，即可看到按照公式所设规则，总分最高的学生姓名单元格标为红色，如下图所示。

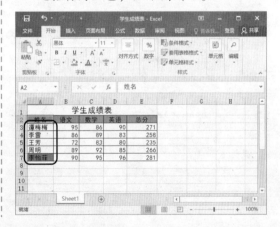

14.3 查找与编辑条件格式

为表格设置了条件格式后，可以通过"定位条件"功能快速查找哪些单元格设置了条件格式。如果对所设置的条件格式不满意，可以通过"条件格式规则管理器"编辑修改条件格式。本节主要介绍查找与编辑条件格式的方法。

14.3.1 查找条件格式

微课：查找条件格式

在工作表中，通过"定位条件"功能可以快速查找设置了条件格式的单元格区域。

方法为：打开工作簿，在"开始"选项卡的"编辑"组中单击"查找和选择"下拉按钮，在打开的下拉菜单中单击"定位条件"命令，弹出"定位条件"对话框，在其中选中"条件格式"单选按钮，然后单击"确定"按钮，如下图所示。返回工作表即可看到设置了条件格式的单元格区域被选中。

14.3.2 编辑条件格式

微课：编辑条件格式

对于已经设置好的条件格式，可以通过"条件格式规则管理器"进行修改，具体操作如下。

01 选中需要修改条件格式的单元格区域，在"开始"选项卡的"样式"组中单击"条件格式"下拉按钮，在打开的下拉菜单中单击"管理规则"命令，如下图所示。

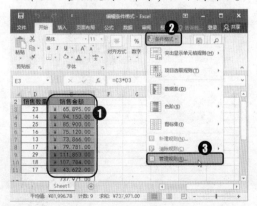

02 弹出"条件格式规则管理器"对话框，选中需要编辑的规则项目，然后单击

"编辑规则"按钮，如下图所示。

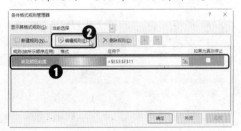

03 弹出"编辑规则说明"对话框，在其中根据需要进行设置，然后单击"确定"按钮，如下图所示。

04 返回"条件格式规则管理器"对话框，单击"确定"按钮。返回工作表，即可看到编辑条件格式后的效果，如右图所示。

14.4 复制与删除条件格式

在为单元格设置了条件格式后，如果有其他工作簿需要使用相同的条件，可以使用复制操作，如果不再需要使用条件格式，也可以删除条件格式。本节主要介绍复制与删除条件格式的方法。

14.4.1 复制条件格式

在 Excel 中，要复制条件格式，可以通过格式刷或者选择性粘贴两种方法来实现。

微课：复制条件格式

- 使用格式刷复制：选中需要复制条件格式的单元格，然后在"开始"选项卡的"剪贴板"组中单击"格式刷"按钮，此时将激活格式刷模式，鼠标指针呈形状，在目标区域按住鼠标左键并拖动格式刷，选中要复制条件格式的单元格或区域，释放鼠标，即可将条件格式复制到目标单元格或区域，如右图（上图）所示。

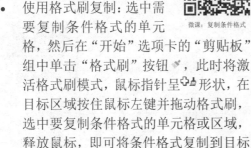
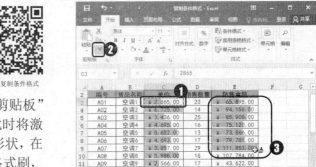

- 使用选择性粘贴复制：选中需要复制条件格式的单元格，然后在"开始"选项卡的"剪贴板"组中单击"复制"按钮，然后选中要复制条件格式的单元格或区域，在"开始"选项卡的"剪贴板"组中单击"粘贴"下拉按钮，在打开的下拉菜单中单击"格式"选项，仅粘贴格式，即可将条件格式复制到目标单元格或区域，如右图（下图）所示。

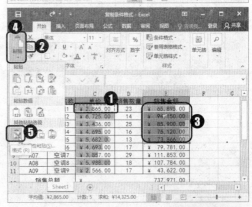

14.4.2 删除条件格式

如果需要删除单元格区域的条件格式，可以通过以下两种方法来实现。

- 使用清除命令删除：打开工作簿，选中需要删除条件格式的单元格，

微课：删除条件格式

在"开始"选项卡的"样式"组中单击"条件格式"下拉按钮,在打开的下拉菜单中展开"清除规则命令"子菜单,在其中单击"清除所选单元格的规则"命令,即可删除所选单元格的条件格式,如下图(左边)所示。单击"清除整个工作表的规则"命令,即可删除工作表中所有单元格区域的条件格式。

- 使用"条件格式规则管理器":选中需要删除的条件格式所在单元格区域中的任意单元格,在"开始"选项卡的"样式"组中单击"条件格式"下拉按钮,在打开的下拉菜单中单击"管理规则"命令,弹出"条件格式规则管理器"对话框,选中需要删除的条件格式,单击"删除规则"按钮删除该条件格式,设置完成后单击"确定"按钮保存设置即可,如下图(右边)所示。

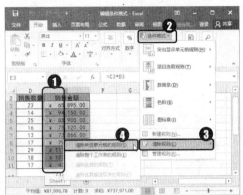 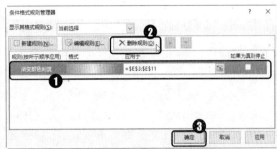

14.5 高手支招

本章主要介绍了在 Excel 工作表中使用条件格式的方法。本节将对一些相关知识中延伸出的技巧和难点进行解答。

14.5.1 如何调整条件格式优先级

问题描述:在同一个单元格内设置了多个条件格式规则时,该如何调整条件格式的优先级?

提示

当同一个单元格存在多个条件格式规则时,如果规则之间不冲突,则全部规则都有效,会同时显示在单元格中;如果两个条件格式规则发生冲突,则会执行优先级高的规则。

解决方法:在 Excel 中,默认情况下,新规则总是添加到"条件格式规则管理器"列表的顶部,具有最高的优先级。

如果要调整条件格式的优先级,方法为:选中设置了条件格式的单元格区域,在"开始"选项卡的"样式"组中单击"条件格式"下拉按钮,在打开的下拉菜单中单击"管理规则"命令。打开"条件格式规则管理器"对话框,单击"规则"列表框中需要设置优先级的条件格式,然后单击"上移"按钮 ▲ 或"下移"按钮 ▼,即可调整条件格式的优先级,设置完成后单击"确定"按钮保存设置即可，如下图所示。

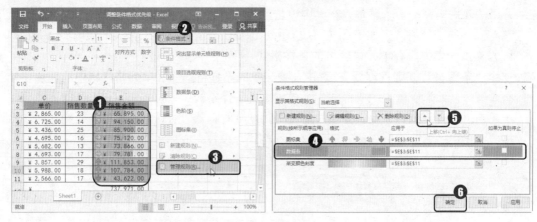

14.5.2 只执行优先级较高的一项规则

问题描述：当单元格中同时存在多个条件格式规则时，如何设置，才能一旦优先级较高的规则条件被满足时，就不再执行其优先级之下的规则？

解决方法：当单元格区域同时存在多个条件格式规则时，优先级高的规则先执行，次一级规则后执行，这样逐条规则执行，直到所有规则执行完毕。但是，当用户使用了"如果为真则停止"规则后，当优先级较高的规则条件被满足后，则不再执行其优先级之下的规则。通过应用"如果为真则停止"规则，可以在设置的条件格式的基础上，对数据进行有条件地筛选，进一步进行突出显示。

设置方法为：选中要设置的单元格区域，在"开始"选项卡的"样式"组中单击"条件格式"下拉按钮，在打开的下拉菜单中单击"管理规则"命令。打开"条件格式规则管理器"对话框，选中一旦满足就不再执行其优先级之下规则的规则，勾选其后的"如果为真则停止"复选框，然后单击"确定"按钮，返回工作表中即可查看到设置后的效果，如下图所示。

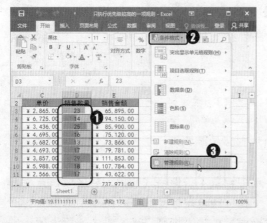
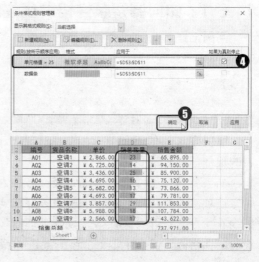

14.5.3　如何隐藏数据只显示数据条

问题描述：在 Excel 中，为单元格使用数据条设置条件格式后，如何设置，才能使单元格中只显示数据条，不显示数据呢？

解决方法：可以通过"编辑规则说明"对话框设置。方法为：选中要设置的单元格区域，在"开始"选项卡的"样式"组中单击"条件格式"下拉按钮，在打开的下拉菜单中单击"管理规则"命令。打开"条件格式规则管理器"对话框，选中要设置的数据条规则，单击"编辑规则"按钮。打开"编辑格式规则"对话框，勾选"仅显示数据条"复选框，然后连续单击"确定"按钮，返回工作表中即可查看到设置后的效果，如下图所示。

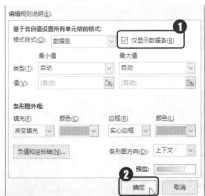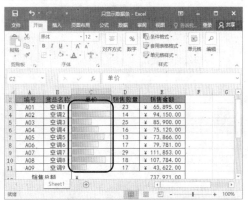

14.6 综合案例——制作安全库存量预警表

结合本章所讲的知识要点，本节将以制作安全库存量预警表文件为例，讲解在 Excel 2016 工作表中使用条件格式的方法。

"安全库存量预警表"制作完成后的效果，如下图所示。

材料 编码	材料 名称	规格 型号	单 位	月初 余额	本月 入库数	本月 出库数	月末 结余数	最低安全 库存量	进货预 警
EC1201	CPU	2530	个	300	7400	3000	4700	2500	正常
EC1202	CPU	2750	个	50	14000	3000	11050	5000	正常
EC1203	CPU	2350	个	30	14400	12000	2430	2000	正常
EC1204	CPU	530	个	50	34000	7800	26250	2000	正常
EC1205	CPU	350	个	50	84000	50000	34050	2000	正常
EC1206	显卡	HD5730	个	300	7700	7000	1000	2000	警报
EC1207	显卡	HD5731	个	500	73400	50000	23900	2000	正常
EC1208	显卡	HD5732	个	300	77800	72000	6100	2200	正常
EC1209	显卡	HD5733	个	500	47740	22000	26240	5000	正常
EC1210	显卡	HD5734	个	700	44440	20000	25140	5000	正常
EC1211	显卡	HD5735	个	500	700	800	400	500	警报
EC1212	显卡	HD5736	个	600	700	1200	100	500	警报
EC1213	显卡	HD5737	个	700	14400	12000	3100	500	正常
EC1214	显卡	HD5738	个	550	3400	500	3450	5000	警报
EC1215	主板	HP123	个	3558	7400	200	10758	5000	正常
EC1216	主板	HP124	个	6357	7400	1520	12237	5000	正常
EC1217	主板	HP125	个	5550	4400	4000	5950	500	正常
EC1218	主板	HP126	个	5555	4400	4200	5755	500	正常
EC1219	主板	HP127	个	3655	8700	7500	4855	5000	警报
EC1220	主板	HP128	个	3773	7400	7000	4173	5000	正常

Office 2016
办公应用从入门到精通

01 打开"素材文件\第 14 章\安全库存量预警表.xlsx"文件，其中已经输入了文本内容。选中 J4:J38 单元格区域，在"开始"选项卡的"样式"组中单击"条件格式"下拉按钮，在打开的下拉菜单中展开"突出显示单元格规则"子菜单，在其中单击"等于"命令，如下图所示。

02 弹出"等于"对话框，在"为等于以下值的单元格设置格式"文本框中输入"警报"，在"设置为"下拉列表中选择"自定义格式"选项，如下图所示。

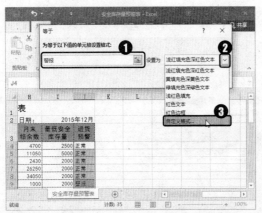

03 弹出"设置单元格格式"对话框，在"字体"选项卡中设置文字颜色为白色，"字形"为"加粗"。在"填充"选项卡中设置单元格背景色为红色，设置完成后单击"确定"按钮，如下图所示。

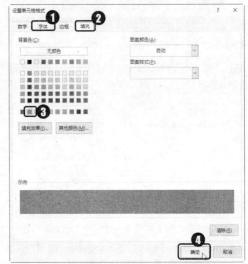

04 返回"等于"对话框，在工作表中可以预览到设置后的效果，如有需要可以再次打开"设置单元格格式"对话框进行修改。确认自定义格式后，单击"确定"按钮即可，如下图所示。

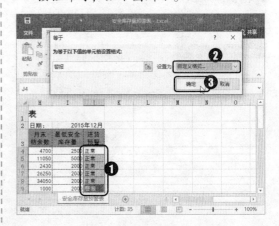

第 4 篇　PowerPoint 篇

第 15 章

演示文稿的基本操作

》》**本章导读**

PowerPoint 2016 是 Office 系列办公软件中的另一个重要组件，用于制作和播放多媒体演示文稿，也叫 PPT。本章将介绍演示文稿的一些基本操作，以及如何编辑幻灯片的内容等知识，以帮助读者快速掌握演示文稿的制作方法。

》》**知识要点**

- ✓ 演示文稿的视图模式
- ✓ 在幻灯片中输入与编辑文字
- ✓ 使用幻灯片母版
- ✓ 幻灯片的基本操作
- ✓ 使用主题美化演示文稿

15.1 演示文稿的视图模式

PowerPoint 2016 的视图模式，即显示演示文稿的方式，分别应用于创建、编辑、放映或预览演示文稿等不同阶段。本节主要介绍有哪些视图模式，以及视图模式的切换方法。

15.1.1 认识演示文稿的视图模式

在 PowerPoint 2016 中，主要有"普通视图"、"大纲视图"、"幻灯片浏览视图"、"备注页"和"阅读视图"5 种演示文稿视图模式。

- 普通视图：是 PowerPoint 2016 默认的视图模式，主要用于撰写和设计演示文稿，如下图（左边）所示。

- 大纲视图：便于浏览当前演示文稿中所有幻灯片的文字内容，主要用于撰写和编辑演示文稿。

- 幻灯片浏览视图：在该视图模式下，可浏览当前演示文稿中的所有幻灯片，以及调整幻灯片排列顺序等，但不能编辑幻灯片中的具体内容，如下图（右边）所示。

- 备注页：以上下结构显示幻灯片和备注页面，主要用于撰写和编辑备注内容，如下图（左边）所示。

- 阅读视图：以窗口的形式来播放演示文稿的放映效果，在播放过程中，同样可以查看演示文稿的动画、切换等效果，如下图（右边）所示。

15.1.2 切换视图模式

在 PowerPoint 2016 中，若要切换到需要的视图模式，可以通过以下两种方式实现。

微课：切换视图模式

- 切换到"视图"选项卡，在"演示文稿视图"组中，单击某个视图模式按钮即可切换到对应的视图模式，如右图（❶）所示。
- 在 PowerPoint 窗口的状态栏中提供了视图按钮，该按钮共有 4 个，分别是"普通视图"按钮、"幻灯片浏览"按钮、"阅读视图"按钮和"幻灯片放映"按钮，单击相应的按钮即可切换到对应的视图模式，如右图（❷）所示。

💡 **提示**

单击"幻灯片放映"按钮，将进入幻灯片放映模式，以全屏模式播放演示文稿，在播放过程中，可以查看演示文稿的动画、切换等效果。

15.2 幻灯片的基本操作

演示文稿通常是由多张幻灯片组成的，因此我们还需要掌握幻灯片的选择、添加、复制和移动等操作。本节主要介绍幻灯片的基本操作。

15.2.1 选择幻灯片

对幻灯片进行相关操作前必须先将其选中，选中要操作的幻灯片时，主要有选择单张幻灯片、选择多张幻灯片等几种情况。

微课：选择幻灯片

1. 选择单张幻灯片

选择单张幻灯片的方法有以下两种。

- 在视图窗格中单击某张幻灯片的缩略图，即可选中该幻灯片，同时会在幻灯片编辑区中显示该幻灯片，如右图所示。
- 在视图窗格中单击某张幻灯片相应的标题或序列号，可选中该幻灯片，同时会在幻灯片编辑区中显示该幻灯片。

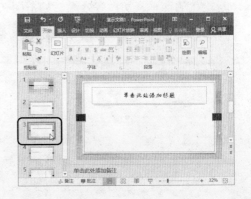

2. 选择多张幻灯片

选择多张幻灯片时，可以选择多张连续的幻灯片，也可以选择多张不连续的幻灯片，下面分别进行介绍。

- 选择多张连续的幻灯片：在视图窗格中，选中第一张幻灯片后按住"Shift"键不放，同时单击要选择的最后一张幻灯片，即可选中第一张和最后一张之间的所有幻灯片。
- 选择多张不连续的幻灯片：在视图窗格中，选中第一张幻灯片后按住"Ctrl"键不放，然后依次单击其他需要选择的幻灯片即可。

3. 选择全部幻灯片

在视图窗格中按下"Ctrl+A"组合键，即可选中当前演示文稿中的全部幻灯片。

15.2.2 插入与删除幻灯片

默认情况下，在新建的空白演示文稿中只有一张幻灯片，而一篇演示文稿通常需要使用多张幻灯片来表达需要演示的内容，这时就需要在演示文稿中添加新的幻灯片。而在编辑演示文稿时，若发现有多余的幻灯片，可将其删除。

微课：插入与删除幻灯片

1. 插入幻灯片

在演示文稿中插入幻灯片的方法主要有以下几种。

- 通过功能区：打开演示文稿，在视图窗格中选中某张幻灯片，例如第 1 张，在"开始"选项卡的"幻灯片"组中单击"新建幻灯片"下拉按钮，在打开的下拉菜单中单击需要的幻灯片版式，例如"比较"，即可在所选幻灯片的后面添加一张所选版式的新幻灯片，如下图（左边）所示。
- 通过快捷菜单：打开演示文稿，在视图窗格中使用鼠标右键单击某张幻灯片，在弹出的快捷菜单中单击"新建幻灯片"命令，即可在当前幻灯片后添加一张同样版式的幻灯片，如下图（右边）所示。
- 通过快捷键：打开演示文稿，在视图窗格的中选择某张幻灯片后按下"Enter"键，可快速在该幻灯片的后面添加一张同样版式的幻灯片。

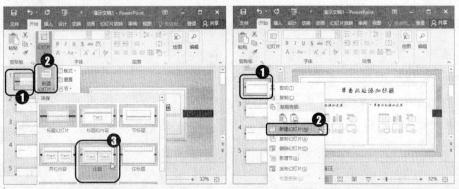

> 💬 **提示**
> 在"幻灯片浏览"视图模式下选中某张幻灯片，然后执行上面任意一种操作，也可以在当前幻灯片的后面添加一张新幻灯片。

2．删除幻灯片

在编辑演示文稿的过程中，要删除多余的幻灯片的方法为：选中需要删除的幻灯片，单击鼠标右键，在弹出的快捷菜单中单击"删除幻灯片"命令即可。

15.2.3　移动和复制幻灯片

在编辑演示文稿时，可将某张幻灯片复制或移动到同一演示文稿的其他位置或其他演示文稿中，从而加快制作幻灯片的速度。

在"普通视图"或"幻灯片浏览"视图模式下，都可以执行幻灯片的移动和复制操作。为了便于查看效果，下面在"幻灯片浏览"视图模式下讲解幻灯片的移动与复制方法。

微课：移动和复制幻灯片

1．移动幻灯片

在 PowerPoint 2016 中，可以通过以下几种方法对演示文稿中的某张幻灯片进行移动操作。

- 通过复制粘贴操作：选中要移动的幻灯片，在"开始"选项卡的"剪贴板"组中单击"剪切"按钮✂，或按下"Ctrl+X"组合键进行剪切，然后将鼠标定位在需要移动的目标幻灯片前，在"开始"选项卡的"剪贴板"组中单击"粘贴"按钮，或按下"Ctrl+V"组合键进行粘贴即可，如下图（左边）所示。
- 通过鼠标拖动：选中要移动的幻灯片，按住鼠标左键不放并拖动鼠标，当拖动到需要的位置后释放鼠标左键即可，如下图（右边）所示。

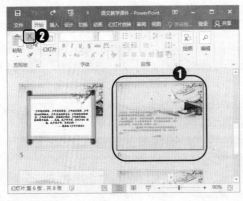
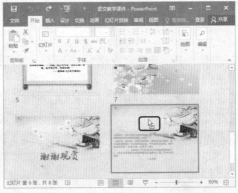

2．复制幻灯片

要在演示文稿中复制幻灯片，具体操作如下。

01 选中要复制的幻灯片，在"开始"选项卡的"剪贴板"组中单击"复制"按钮📋进行复制，如右图所示。

> 😊 **提示**
>
> 选中幻灯片，按下"Ctrl+C"组合键也可以进行复制。

02 选中目标位置前面的一张幻灯片，在"开始"选项卡的"剪贴板"组中单击"粘贴"按钮，或按下"Ctrl+V"组合键进行粘贴即可，如右图所示。

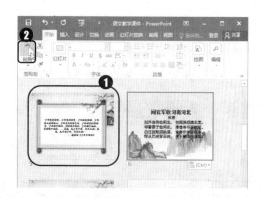

😊 **提示**

普通视图模式下，在视图窗格中选中幻灯片，然后单击鼠标右键，在弹出的快捷菜单中单击"复制幻灯片"命令，即可在所选幻灯片后复制一张同样版式和内容的幻灯片。

15.3 在幻灯片中输入与编辑文字

文本是演示文稿内容中最基本的元素，每张幻灯片或多或少都会有一些文字信息。所以，文本内容的输入与编辑就显得尤为重要。本节主要介绍如何在幻灯片中输入与编辑文字。

15.3.1 使用占位符

在普通视图模式下，在幻灯片中看到的虚线框就是占位符框。虚线框内的"单击此处添加标题"或"单击此处添加文本"等提示文字为文本占位符。用鼠标单击文本占位符，提示文字将会自动消失，此时便可在虚线框内输入相应的内容了，如右图所示。

微课：使用占位符

拖动，即可调整其大小。

😊 **提示**

选中占位符框，然后将光标指向四周出现的控制点，当指针呈双向箭头形状时，按住鼠标左键并

15.3.2 使用大纲视图

在编辑演示文稿时，如果需要输入具有不同层次结构的文字，可以切换到大纲视图模式，在视图窗格中输入。具体操作如下。

微课：使用大纲视图

01 在"大纲"窗格中，选中幻灯片，在幻灯片的图标后直接输入文字内容，即可输入幻灯片标题，如右图所示。

😊 **提示**

在大纲视图模式下的视图窗格，即"大纲"窗格。

02 在"大纲"窗格中输入文字后，按下"Enter"键，将插入一张新幻灯片，此时，在新幻灯片的图标后继续输入文字内容，如下图所示。

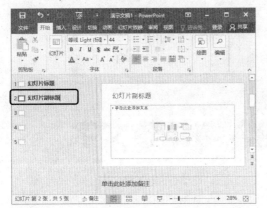

03 按下"Tab"键，新幻灯片将被删除，其中的内容将成为上一张幻灯片中的次级文字，如下图所示。

04 在"大纲"窗格中输入文字后，按下"Shift+Enter"组合键，即可换行，可继续输入同级文字，如下图所示。

😊 提示

在"大纲"窗格中，输入文字后，按下"Ctrl+Enter"组合键，可以换行并定位到当前幻灯片的下一个占位符框中，以便输入文字；如果已经定位到当前幻灯片的最后一个占位符框中，按下按下"Ctrl+Enter"组合键，将插入一个占位符框，或一张新幻灯片。

05 在使用过"Shift+Enter"组合键后，按下"Enter"键，将不再新建幻灯片，而是换行，可以继续输入同级文字，如下图所示。

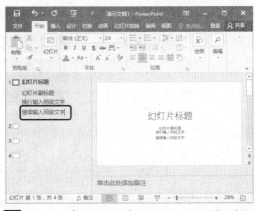

06 此时，在输入文字后按下"Tab"键，可将文字变为下级文字，如下图所示。

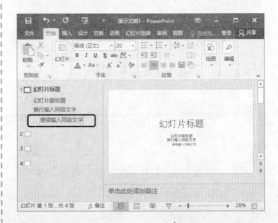

15.3.3 使用文本框

在幻灯片中，占位符框其实是一个特殊的文本框，它出现在幻灯片中的固定位置，包含预设的文本格式。

在编辑幻灯片时，用户除了可以通过鼠标拖动调整占位符框的位置和大小，还可以在幻灯片中绘制文本框，然后在其中输入与编辑文字，以满足不同的幻灯片设计需求。

在幻灯片中插入文本框的方法为：选中要插入文本框的幻灯片，切换到"插入"选项卡，在"文本"组中单击"文本框"按钮下方的下拉按钮，在打开的下拉菜单中根据需要单击"横排文本框"命令或"竖排文本框"命令，此时光标呈↓形状，在幻灯片中按住鼠标左键并拖动，到适当位置释放鼠标左键，即可绘制文本框，如下图所示。

插入文本框后，将光标定位其中，即可输入文字内容。

微课：使用文本框

> 🙂 **提示**
> 在"插入"选项卡的"文本"组中直接单击"文本框"按钮，可绘制横排文本框。

15.3.4 设置文本格式

在幻灯片中输入文字内容后，可以根据需要设置文本格式和段落格式等，以便满足不同的设计需要。

微课：设置文本格式

选中要设置格式的文本框，在"开始"选项卡的"字体"组中，可以设置文本框中所有文字的样式，如字体、字号、文字颜色等，如右图所示；在"段落"组中，可以设置对齐方式、段落间距、段落编号、分栏排版等。选中文本框中要设置的部分文字，可以单独对其进行设置。

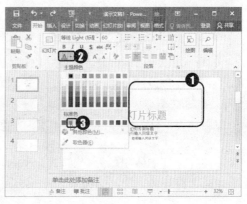

具体方法与在 Word 中设置文本格式和段落格式的方法基本相同，此处不再赘述。

15.4 使用主题美化演示文稿

在 PowerPoint 2016 中，提供了多种内置主题样式，通过应用内置主题或自定义主题，可以快速美化演示文稿。本节主要介绍应用主题，以及自定义主题颜色、字体、背景样式等方法。

15.4.1 应用主题

在 PowerPoint 2016 中，与模板相比，主题只提供了字体、颜色、背景和对象效果等设置，不包含版式。通过应用主题样式，用户可以快速美化演示文稿。应用主题样式的方法主要有以下两种。

微课：应用主题

- 快速应用主题：打开演示文稿，切换到"设计"选项卡，在"主题"组中打开主题下拉菜单，在其中单击要应用的主题即可，如下图（左边）所示。
- 应用外部主题文件：打开演示文稿，切换到"设计"选项卡，在"主题"组中打开主题下拉菜单；单击"浏览主题"命令，在弹出的"选择主题或主题文档"对话框中，根据文件保存位置找到并选中外部主题文件；然后单击"应用"按钮，即可将其应用到演示文稿中，如下图（右边）所示。

15.4.2 自定义主题颜色

在 PowerPoint 2016 中，主题颜色是对幻灯片背景、标题文字、正文文字、强调文字以及超链接等内容的一整套配色方案。除了使用内置的主题，还可以根据需要自定义主题颜色。方法主要有以下几种。

微课：自定义主题颜色

- 使用预设变体方案：应用主题后，切换到"设计"选项卡，在"变体"组中单击列表框右侧的"其他"下拉按钮，打开变体下拉菜单，在其中展开"颜色"子菜单，根据需要选择一种变体颜色方案即可，如下图（左边）所示。
- 新建主题颜色方案：切换到"设计"选项卡，在"变体"组中打开变体下拉菜单，在其中展开"颜色"子菜单，单击"自定义颜色"命令，弹出"新建主题颜色"对话框，设置新建主题颜色方案的名称；然后根据需要单击要设置项目右侧的下拉按钮，在打开的下拉菜单中设置该项目的颜色，设置完成后单击"保存"按钮，即可将其添加到"变体"组"颜色"子菜单的"自定义"栏中，单击即可应用，如下图（右边）所示。

在"变体"组的"颜色"子菜单中，使用鼠标右键单击自定义的主题颜色，在弹出的快捷菜单中单击"删除"命令，即可将该主题颜色从列表中删除；单击"编辑"命令，即可打开"编辑主题颜色"对话框，在其中可以对当前的自定义主题颜色重新进行设置。

15.4.3　自定义主题字体

微课：自定义主题字体

在 PowerPoint 2016 中，用户可以自定义主题字体的样式。自定义主题字体主要针对幻灯片中的标题字体和正文字体。方法主要有以下几种。

- 使用预设变体方案：应用主题后，切换到"设计"选项卡，在"变体"组中打开变体下拉菜单，在其中展开"字体"子菜单，选择一种变体字体方案即可，如下图（左边）所示。

- 新建主题字体方案：切换到"设计"选项卡，在"变体"组中打开变体下拉菜单，在其中展开"字体"子菜单，单击"自定义字体"命令，弹出"新建主题字体"对话框，设置新建主题字体方案的名称，然后根据需要在对应项目的下拉列表框中选择字体，设置完成后单击"保存"按钮，即可将其添加到"变体"组"字体"子菜单的"自定义"栏中，单击即可应用，如下图（右边）所示。

15.4.4 设置主题背景样式

微课：设置主题背景样式

在 PowerPoint 2016 中，主题背景样式是随着内置主题一起提供的预设的背景格式。使用不同的主题，背景样式的效果也不同。为了满足不同的设计需求，用户可以对主题的背景样式进行自定义设置。方法主要有以下几种。

- 使用预设变体方案：应用主题后，切换到"设计"选项卡，在"变体"组中打开变体下拉菜单，在其中展开"背景样式"子菜单，根据需要选择一种变体背景样式方案即可，如下图所示。

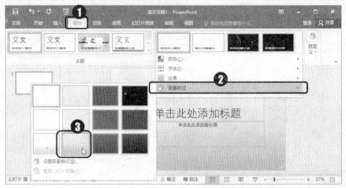

- 自定义背景格式：切换到"设计"选项卡，在"变体"组中打开变体下拉菜单，在其中展开"背景样式"子菜单；单击"设置背景格式"命令，打开"设置背景格式"窗格，在"填充"栏中根据需要对背景的填充方式进行设置，设置完成后单击"全部应用"按钮，即可将其应用到演示文稿中；然后单击"关闭"按钮 ✕ 关闭窗格即可，如右图所示。

☺ 提示

在"设置背景格式"窗格中单击"重置背景"按钮，即可快速恢复到原背景样式。

15.4.5 【案例】编辑楼盘简介演示文稿

微课：编辑楼盘简介演示文稿

结合本节所讲的知识要点，下面以编辑楼盘简介演示文稿为例，讲解在 PowerPoint 2016 中使用主题美化演示文稿的方法，具体操作如下。

01 打开"素材文件\第 15 章\楼盘简介.pptx"文件，其中已经输入了基本内容。切换到"设计"选项卡，在"主题"组中打开主题下拉菜单，在其中单击要应用的主题，本例选择"离子会议室"选项，如下图所示。

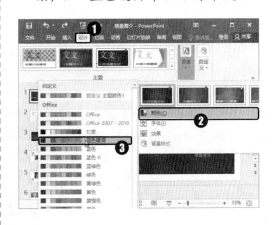

子菜单，根据需要选择一种变体颜色方案，如"蓝色暖调"，如下图所示。

02 可以看到演示文稿中应用了该主题样式，在"设计"选项卡的"变体"组中打开变体下拉菜单，在其中展开"颜色"

15.5 使用幻灯片母版

幻灯片母版是用于存储模板信息的设计模板，这些模板信息包括字形、占位符大小和位置、背景设计和配色方案等。只要在母版中更改了样式，则对应的幻灯片中相应位置处也会随之改变。本节主要介绍在 PowerPoint 2016 中使用幻灯片母版的方法。

15.5.1 "幻灯片母版"视图

在 PowerPoint 2016 中，母版是由一个主母版和各个版式的子母版构成的。主母版的设置会影响所有幻灯片，而每个版式子母版的设置只会影响到使用了对应版式的幻灯片。

微课："幻灯片母版"视图

切换到"视图"选项卡，在"母版视图"组中单击"幻灯片母版"按钮，如下图（左边）所示，即可进入"幻灯片母版"视图。此时左侧窗格中将显示出不同用途的幻灯片母版，选中需要设置的母版幻灯片，即可对其进行各种编辑操作。

完成母版的各项设置后，单击"幻灯片母版"选项卡中的"关闭母版视图"按钮，即可退出"幻灯片母版"视图模式，如下图（右边）所示。

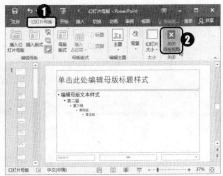

15.5.2 设置母版版式

下面介绍在"幻灯片母版"视图下，设置母版版式的方法。

1．添加与删除占位符

幻灯片版式是通过占位符框来设置的。通过鼠标拖动即可调整占位符框的大小和位置，而要在"幻灯片母版"视图下在母版中添加或删除占位符框，方法如下。

微课：添加与删除占位符

- 添加占位符：选中要设置的母版，切换到"幻灯片母版"选项卡，在"母版版式"组中单击"插入占位符"下拉按钮，在打开的下拉菜单中单击需要的占位符选项，此时光标呈十字形状，在幻灯片母版中按住鼠标左键并拖动，到适当位置释放鼠标左键，即可绘制相应的占位符框，如下图所示。

- 删除占位符：选中母版中要删除的占位符框，按下"Delete"键，即可将其删除；此外，选中主母版，在"母版版式"组中单击"母版版式"按钮，打开"母版版式"对话框，在其中取消勾选不需要的占位符复选框，然后单击"确定"按钮，即可将所有母版中的该项占位符框都删除掉，如下图所示。

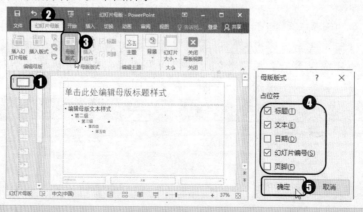

> 💬 **提示**
>
> 再次打开"母版版式"对话框，在其中勾选需要的占位符复选框，然后单击"确定"按钮，即可恢复被删除的占位符。

2. 设置占位符格式

在设置幻灯片母版版式时，需要对占位符格式进行设置，包括设置文本格式和段落格式等，以便满足不同的设计需要。

选中要设置格式的占位符框，在"开始"选项卡的"字体"组中，可以设置占位符框中所有文字的样式，如字体、字号、文字颜色等，如下图（左边）所示；在"开始"选项卡的"段落"组中，可以设置对齐方式、段落间距、段落编号、分栏排版等；在"绘图工具/格式"选项卡中，可以设置形状样式、艺术字样式等，如下图（右边）所示。

微课：设置占位符格式

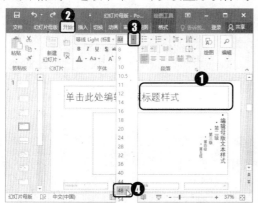
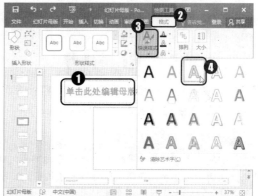

具体方法与在 Word 中设置文本格式、段落格式、形状样式等方法基本相同，此处不再赘述。

15.5.3 设置母版背景

在 PowerPoint 2016 中，通过设置母版背景，可以为使用了对应版式的幻灯片添加固定的背景，提高工作效率。母版背景可以使用纯色、渐变色、图片、纹理等进行填充，也可以通过插入图片或自选图形等来实现各种设计。以为主母版设置图片填充背景为例，设置母版背景的具体操作如下。

微课：设置母版背景

01 切换到"幻灯片母版"视图，选中主母版，然后切换到"幻灯片母版"选项卡，在"背景"组中单击"背景样式"下拉按钮，在打开的下拉菜单中单击"设置背景格式"命令，如下图所示。

02 打开"设置背景格式"窗格，在"填充"选项卡的"填充"栏中选中"图片或纹理填充"单选按钮，在下方对应的界面中单击"文件"按钮，如下图所示。

03 弹出"插入图片"对话框，根据图片文件保存位置找到并选中要设置为背景的图片，单击"插入"按钮，如下图所示。

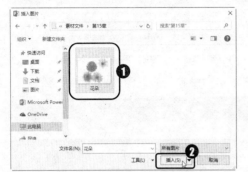

04 返回演示文稿，根据需要在"设置背景格式"窗格中设置图片"透明度"等参

数，设置完成后单击"全部应用"按钮，然后单击"关闭"按钮 ✕ 关闭窗格即可，如下图所示。

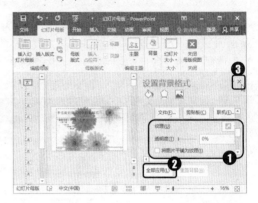

😊 **提示**

一个演示文稿的第1张幻灯片通常是该演示文稿的封面，且默认使用的是"标题幻灯片"版式。为主母版设置的母版背景，将应用到全部子母版中。如果需要给封面幻灯片单独设置背景，需要在对应的"标题幻灯片"母版中进行单独设置。

15.5.4 管理幻灯片母版

演示文稿中可以包含多个母版，以满足不同的设计需要。在"幻灯片母版"视图下，用户可以根据需要添加、删除、重命名母版。方法如下。

微课：管理幻灯片母版

- 添加母版：在"幻灯片母版"视图下，切换到"幻灯片母版"选项卡，在"编辑母版"组中单击"插入幻灯片母版"按钮，如下图（左边）所示，即可插入一个包含了子母版的主母版。选中主母版，单击"插入版式"按钮，可以在该主母版下添加一个自定义版式的子母版。

- 删除母版：在"幻灯片母版"视图下，选中主母版，切换到"幻灯片母版"选项卡，在"编辑母版"组中单击"删除幻灯片"按钮 🗙，即可删除所选主母版及该主母版下的所有子母版；选中子母版后单击"删除幻灯片"按钮 🗙，可单独删除所选子母版，如下图（右边）所示。

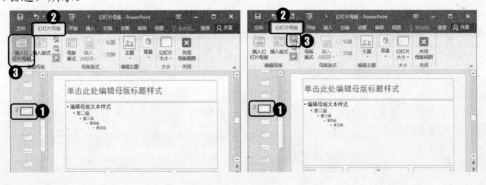

- 重命名母版：在"幻灯片母版"视图下，选中要重命名的母版，切换到"幻灯片母版"选项卡，在"编辑母版"组中单击"重命名"按钮，在弹出的"重命名版式"对话框中设置母版名称，然后单击"重命名"按钮即可，如右图所示。

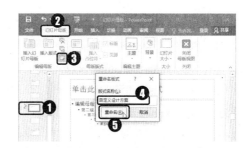

15.6 高手支招

本章主要介绍了演示文稿的视图模式、幻灯片的基本操作、在幻灯片中输入与编辑文字、使用主题、使用幻灯片母版等知识。本节将对一些相关知识中延伸出的技巧和难点进行解答。

15.6.1 如何更改幻灯片的版式

问题描述：在编辑演示文稿时，可以将创建的幻灯片更改为其他版式吗？

解决方法：可以。幻灯片版式是幻灯片内容的布局结构，并指定某张幻灯片上使用哪些占位符框，以及应该摆放在什么位置。在编辑幻灯片的过程中，如果需要将它们更改为其他版式，可以通过以下几种方式实现。

- 在"普通视图"或"幻灯片浏览"视图模式下，选中需要更换版式的幻灯片，在"开始"选项卡的"幻灯片"组中单击"版式"按钮，在打开的下拉列表中选择需要的版式即可，如下图（左边）所示。
- 在视图窗格中，使用鼠标右键单击需要更换版式的幻灯片，在弹出的快捷菜单中单击"版式"命令，在展开的子菜单中选择需要的版式即可，如下图（右边）所示。

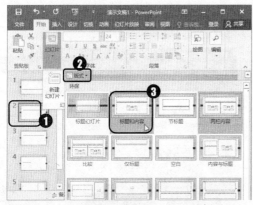 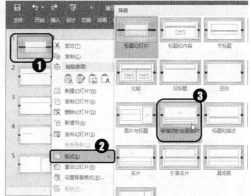

15.6.2 如何添加自定义版式

问题描述：在新建幻灯片和设置幻灯片版式时，当"开始"选项卡的幻灯片组中提供的内置幻灯片版式不能满足需求时，可以添加自定义版式么？

解决方法：可以通过设置幻灯片母版，来添加自定义版式。方法为：切换到"幻灯片母版"视图，在左侧的窗格中选中幻灯片主母版，切换到"幻灯片母版"选项卡，在"编辑母版"组中单击"插入版式"按钮，在该主母版下添加一个自定义版式的子母版。

添加自定义版式的子母版后，通过"幻灯片母版"选项卡中的相应功能，可以进行重命名版式、添加与设置占位符框等操作来具体设置版式。设置完成后，单击"关闭母版设置"按钮退出"幻灯片母版"视图即可。此时在"开始"选项卡的幻灯片组中打开"新建幻灯片"或"版式"下拉菜单，就可以在其中看到添加的自定义版式了，如下图所示。

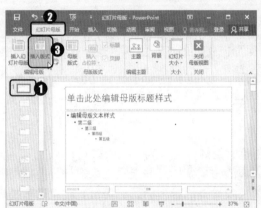 

😊 提示

在"幻灯片母版"视图中，在左侧窗格中使用鼠标右键单击要删除的版式，在弹出的快捷菜单中单击"删除版式"命令，即可将其删除。需要注意的是"幻灯片标题版式"无法删除。

15.6.3 让新建演示文稿自动套用主题

问题描述：如果经常需要使用某个内置主题，可以让新建的演示文稿自动套用该主题么？

解决方法：可以。默认情况下，PowerPoint 2016 使用的主题是白色背景的"Office 主题"。如果需要在新建演示文稿自动套用其他主题，可以将所需主题设置为默认主题。

方法为：切换到"设计"选项卡，在"主题"组中单击列表框右侧的"其他"下拉按钮▾，展开下拉菜单，在其中使用鼠标右键单击需要设置的主题，在弹出的快捷菜单中单击"设置为默认主题"命令，即可在之后新建演示文稿时，自动套用所设的默认主题

样式，如下图所示。

15.7 综合案例——制作企业宣传演示文稿

结合本章所讲的知识要点，本节将以制作企业宣传演示文稿为例，讲解在 PowerPoint 2016 中演示文稿的基础操作。

"企业宣传"演示文稿制作完成后的效果，如下图所示。

01 打开"素材文件\第 15 章\企业宣传.pptx"文件，其中已经输入了基本内容。切换到"视图"选项卡，在"母版视图"组中单击"幻灯片母版"按钮，如下图所示。

02 进入"幻灯片母版"视图，选中主母版，切换到"插入"选项卡，在"图像"组中单击"图片"按钮，如下图所示。

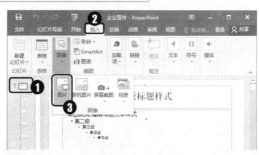

03 弹出"插入图片"对话框，根据图片文件的保存位置，找到并选中企业 logo 图片，单击"插入"按钮，如下图所示。

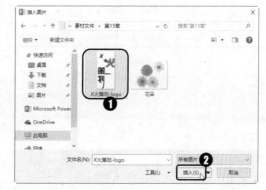

04 返回主母版，根据需要用鼠标进行拖动，调整插入的图片的大小和位置，如下图所示。

05 切换到"幻灯片母版"选项卡，在"编辑主题"组中单击"主题"下拉按钮，在打开的下拉菜单中选择一种主题样式，本例单击"回顾"选项，如下图所示。

06 为母版应用"回顾"后，"标题幻灯片"子母版中将默认不显示主母版中的背

景图形。选中"标题幻灯片"子母版，在"幻灯片母版"选项卡的"背景"组中取消勾选"隐藏背景图形"复选框，即可重新显示主母版中设置的背景图形，如下图所示。

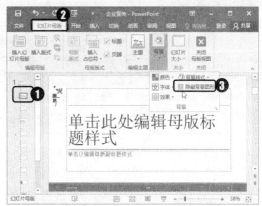

07 设置完成后，在"幻灯片母版"选项卡的"关闭"组中单击"关闭母版视图"按钮，退出"幻灯片母版"视图即可，如下图所示。

第 16 章

演示文稿中的媒体对象操作

》》**本章导读**

在幻灯片中插入图形、图片、音频和视频等对象，可使幻灯片更形象生动、更容易引起观众的兴趣、更好地表达演讲人的思想。本章将介绍在 PowerPoint 2016 中对媒体对象等的操作方法。

》》**知识要点**

- ✓ 使用图形
- ✓ 使用 SmartArt 图形
- ✓ 在幻灯片中使用影片
- ✓ 使用图片
- ✓ 在幻灯片中使用声音

16.1 使用图形

PowerPoint 2016 提供了非常强大的绘图工具，包括线条、几何形状、箭头、公式形状、流程图形状、星、旗帜、标注以及按钮等。用户可以使用绘图工具绘制各种线条、箭头和流程图等图形。本节主要介绍在 PowerPoint 2016 中绘制和编辑图形的方法。

16.1.1 绘制图形

PowerPoint 2016 中提供了多种类型的绘图工具，用户可以使用这些工具在幻灯片中绘制应用于不同场合的图形。

微课：绘制图形

方法为：选择要绘制形状图形的幻灯片，切换到"插入"选项卡，单击"插图"组中的"形状"下拉按钮，在打开的下拉菜单中单击需要的图形，此时光标呈十字形状，按住鼠标左键并拖动，到适当位置释放鼠标左键，即可绘制出一个图形。多个图形组合即可形成一些有代表意义的图示，如下图所示。

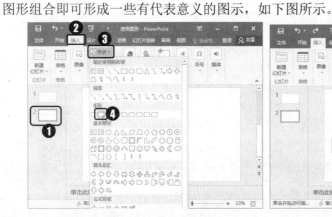

16.1.2 设置图形样式和效果

在幻灯片中绘制图形之后，选中图形，切换到出现的"绘图工具/格式"选项卡，如下图所示。在"形状样式"组中可以根据需要设置图形的形状样式和效果等。具体设置方法与在 Word 中设置形状样式和效果的方法基本相同，这里不再赘述。

微课：设置图形样式和效果

16.1.3 图形的组合和叠放

幻灯片中图形较多时，容易造成选择和拖动的不便，或者图形之间互相重叠，形成错误的显示效果。此时可以通过组合形状、设置叠放次序来解决这些问题。

1. 组合多个图形

在幻灯片中绘制多个图形后，可以将属于一个整体的多个对象进行组合，使之成为一个独立的对象。方法主要有以下两种。

微课：组合多个图形

- 通过快捷菜单：选中要组合的多个形状图形，单击鼠标右键，在弹出的快捷菜单中单击"组合"→"组合"命令，组合后的多个图形将成为一个整体，可以同时被选择和拖动，如下图（左边）所示。
- 通过功能区命令：选中要组合的多个形状图形，切换到"绘图工具/格式"选项卡，在"排列"组中单击"组合"→"组合"命令即可，如下图（右边）所示。

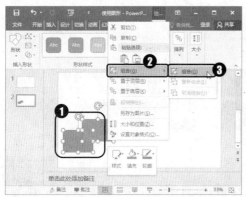 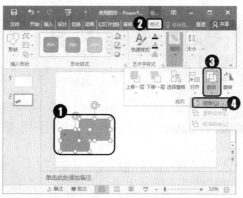

> 🙂 提示
>
> 要取消图形的组合状态，只需选中被组合的图形，然后在快捷菜单或"绘图工具/格式"选项卡中执行"组合"→"取消组合"命令即可。

2. 设置叠放次序

在制作幻灯片时，若幻灯片中的多张图片或图形重叠放置，放在下层的图片将被上层的图片遮挡。为了根据需要设置幻灯片显示出的内容，可以调整多个对象的叠放次序。具体操作方法如下。

微课：设置叠放次序

- 通过快捷菜单：选中需要设置叠放次序的图片或图形，在"开始"选项卡的"绘图"组中单击"排列"下拉按钮，在打开的下拉菜单中的"排列对象"栏中根据需要单击相应的命令即可，如下图（左边）所示。
- 通过功能区命令：选中需要设置叠放次序的图片或图形，单击鼠标右键，在弹出的快捷菜单中展开"置于底层"子菜单，其中包含"置于底层"和"下移一层"命令，展开"置于顶层"子菜单，其中包含"置于顶层"和"上移一层"命令，单击相应的命令，即可为所选对象设置相应的叠放次序，如下图（右边）所示。

> **提示**
> 单击"置于底层"命令，所选对象将被放置于底层；单击"置于顶层"命令，所选对象将被放置于顶层；单击"上移一层"命令，所选对象将上移一层；单击"下移一层"命令，所选对象将下移一层。

16.2 使用图片

PowerPoint 2016 中提供了丰富的图片处理功能，可以在幻灯片中轻松插入图片文件，并对其进行各种编辑操作，以设计出图文并茂的演示文稿。本节主要介绍在幻灯片中使用图片的方法。

16.2.1 制作相册

在 PowerPoint 2016 中，除了可以像在 Word 和 Excel 中那样插入图片、屏幕截图等，还可以通过相册功能，将大量图片创建为一个"相册"演示文稿，方便展示图片。具体操作如下。

微课：制作相册

01 在 PowerPoint 中切换到"插入"选项卡，在"图像"组中单击"相册"下拉按钮，在打开的下拉菜单中单击"新建相册"命令，如下图所示。

> **提示**
> 选中幻灯片，切换到"插入"选项卡，通过"图像"组中的相应命令按钮，即可在幻灯片中插入图片和屏幕截图等，方法与在 Word 中插入图片等方法基本相同，此处不再赘述。

02 弹出"相册"对话框，单击左上角的"文件/磁盘"按钮，如下图所示。

03 弹出"插入新图片"对话框，根据图片文件的保存位置，找到并选中要插入的多张图片，单击"插入"按钮，如下图所示。

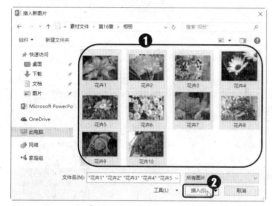

04 返回"相册"对话框，选中的图片被添加到"相册中的图片"列表中，选中某个图片可以在右侧预览，勾选图片后还可以利用下方的"上移" ⬆ 或"下移" ⬇ 按钮调整图片在幻灯片中的顺序，或单击"删除"按钮删除勾选了的图片，如下图所示。

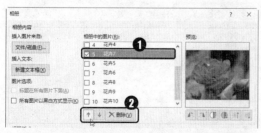

05 选中某个图片后，单击左侧的"新建文本框"按钮，可以在该图片下方插入一个空文本框，这个文本框也会占一张图片的位置，可以在生成相册后为图片添加说明，如下图所示。

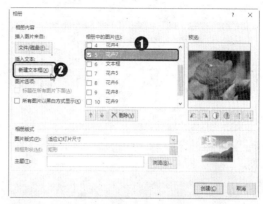

06 在"图片版式"下拉列表中，可以设置每张幻灯片中的图片数量；在"相框形状"下拉列表中，可以设置相框样式；单击"主题"文本框右侧的"浏览"按钮，在弹出的对话框中可以设置需要的主题；设置完成后单击"创建"按钮，即可生成一个新的演示文稿，如下图所示。

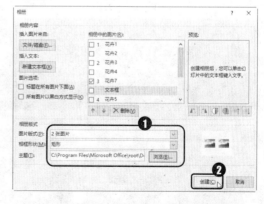

16.2.2 使用预设样式设置图片

　　在 PowerPoint 2016 中，通过预设的图片样式，可以快速实现对插入图片的设置。方法为：选中要设置的图片，切换到"图片工具/格式"选项

微课：使用预设样式设置图片

卡，在"图片样式"组中单击"快速样式"下拉按钮，在打开的下拉菜单中单击需要的预设图片样式，即可将其应用到所选图片中，如下图所示。

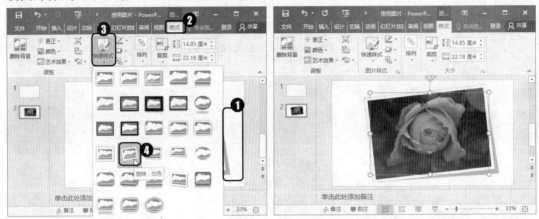

> 😊 提示
>
> 在 PowerPoint 2016 中，要对插入的图片进行裁剪，调整大小和位置，调整色彩、饱和度和艺术效果等编辑操作，其方法与在 Word 中基本相同，此处不再赘述。

16.2.3 自定义图片样式

在 PowerPoint 2016 中，除了使用预设的图片样式，用户还可以根据需要设置图片样式，自定义图片边框和图片效果。方法如下。

微课：自定义图片样式

- 设置图片边框：选中要设置的图片，切换到"图片工具/格式"选项卡，在"图片样式"组中单击"图片边框"下拉按钮，在打开的下拉菜单中可以自定义图片边框颜色、线条样式、线条粗细等，如下图（左边）所示。
- 设置图片效果：选中要设置的图片，切换到"图片工具/格式"选项卡，在"图片样式"组中单击"图片效果"下拉按钮，在打开的下拉菜单中展开相应的子菜单，即可为图片设置阴影、映像、发光、柔化边缘、棱台、三维旋转等效果，如下图（右边）所示。

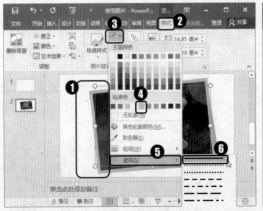
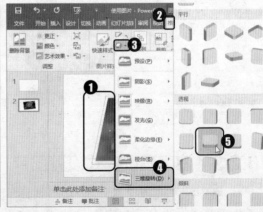

16.3 使用 SmartArt 图形

SmartArt 图形是信息和观点的视觉表示形式,通过采用不同形式和布局的图形代替枯燥的文字,从而快速、轻松、有效地传达信息。本节主要介绍在 PowerPoint 2016 中使用 SmartArt 图形的方法。

16.3.1 创建 SmartArt 图形

在幻灯片中,插入 SmartArt 图形的方法很简单:选中要插入 SmartArt 图形的幻灯片,切换到"插入"选项卡,在"插图"组中单击"SmartArt"按钮,弹出"选择 SmartArt 图形"对话框,在左侧列表中选择图形分类,在右侧列表框中选择一种图形样式,然后单击"确定"按钮即可,如下图所示。

微课:创建 SmartArt 图形

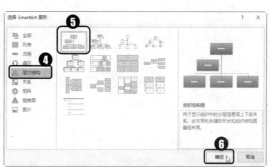

插入图形后,图形中还缺少必要的文字内容。在 SmartArt 图形中输入文字的方法主要有以下两种。

- 通过文本窗格输入:选中插入的 SmartArt 图形,出现图形外框,在外框左侧的"在此处键入文字"窗格中单击"文本"字样后,用户可以直接在此处输入需要的文字,输入的文字将自动显示到 SmartArt 图形中,完成后单击"关闭"按钮×关闭该窗格即可,如下图所示。

- 在图形中直接输入:在插入的 SmartArt 图形中单击需要输入文字的图形部分,该部分变为可编辑状态,直接输入需要的文字,完成后单击幻灯片任意空白处即可。

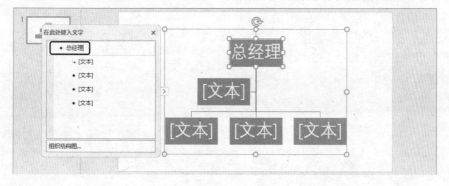

> ☺ 提示
>
> 选中 SmartArt 图形，单击外框左侧的 〉按钮，可以隐藏"在此处键入文字"窗格；隐藏窗格后，单击图形外框左侧的 〈 按钮，以再次显示隐藏起来的"在此处键入文字"窗格。

16.3.2 设计 SmartArt 图形的布局

在工作表中插入 SmartArt 图形时，如果默认的形状个数或图形布局不能满足使用需求，用户可以在其中添加或删除形状，并编辑图形的布局。方法如下。

微课：设计 SmartArt 图形的布局

- 添加形状：选中 SmartArt 图形中的形状，单击鼠标右键，在弹出的快捷菜单中展开"添加形状"子菜单，根据形状的添加位置，执行相应的命令，即可在所选位置添加形状，如下图（左边）所示。选中 SmartArt 图形中的形状，切换到"SmartArt 工具/设计"选项卡，在"创建图形"组中单击"添加形状"下拉按钮，在打开的下拉菜单中根据形状的添加位置，执行相应的命令，也可以在所选位置添加形状，如下图（右边）所示。

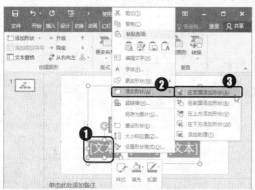 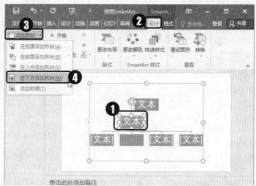

> ☺ 提示
>
> 在 SmartArt 图形中，添加、删除形状或调整图形布局后，将自动缩小或放大所有形状，以适应 SmartArt 图形外框的大小。

- 删除形状：在 SmartArt 图形中，选中要删除的形状，按下"Back Space"键或"Delete"键即可将其删除。

- 调整图形布局：除了通过添加或删除形状来改变 SmartArt 图形的布局，还可以选中要设置的图形，然后切换到"SmartArt 工具/设计"选项卡，在"创建图形"组中通过执行"升级"、"降级"、"从右向左"等命令，在不改变形状数量的情况下，调整图形布局，如右图所示。

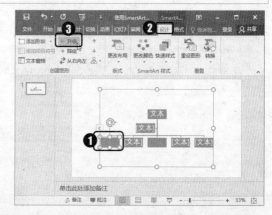

> ☺ 提示
>
> 在"SmartArt 工具/设计"选项卡的"版式"组中单击"更改布局"下拉按钮，在打开的下拉菜单中可以快速将 SmartArt 图形更改为同类型的另一种布局样式。

16.3.3 设计 SmartArt 的样式

插入 SmartArt 图形后，将显示"SmartArt 工具"下的"设计"和"格式"选项卡，通过这两个选项卡中的命令按钮及列表框，可对 SmartArt 图形的布局、颜色以及样式等进行编辑。

微课：设计 SmartArt 的样式

1. 使用"设计"选项卡进行编辑

SmartArt 工具的"设计"选项卡，如下图所示，其中各主要按钮的功能介绍如下。

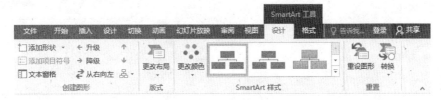

- 在"创建图形"组中，可选择为 SmartArt 图形添加形状、调整图形布局。
- 在"版式"组中，可以为 SmartArt 图形重新设置布局样式。
- 在"SmartArt 样式"组中，可以为 SmartArt 图形设置颜色、套用内置样式。
- 在"重置"组中，可以取消对 SmartArt 图形所做的任何修改，恢复插入时的状态，或将 AmartArt 图形转换为形状。

2. 使用"格式"选项卡进行编辑

"SmartArt 工具"下的"格式"选项卡，如下图所示，其中各组的功能介绍如下。

- 在"形状"组中，可以更改图形中的形状。
- 在"形状样式"组中，可以为选择的形状设置样式。
- 在"艺术字样式"组中，可以为选择的文字应用艺术字样式。
- 在"排列"组中，可以设置整个 SmartArt 图形的排列位置和环绕方式。
- 在"大小"组中，可以设置整个 SmartArt 图形的大小。

16.3.4 【案例】制作商标申请流程图演示文稿

结合本节所讲的知识要点，下面以制作商标申请流程图演示文稿为例，讲解在 PowerPoint 2016 中使用 SmartArt 图形的方法，具体操作如下。

微课：制作商标申请流程图
演示文稿

01 打开"素材文件\第 16 章\商标申请流程图.pptx"文件，选中要制作流程图的幻灯片，切换到"插入"选项卡，在"插图"组中单击"SmartArt"按钮，如下图所示。

02 弹出"选择 SmartArt 图形"对话框，在左侧列表中选择图形分类，在右侧列表框中选择一种图形样式。本例选择"水平层次结构图"选项，单击"确定"按钮，如下图所示。

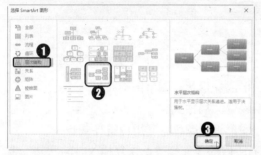

03 返回幻灯片，即可看到其中插入的SmartArt 图形。根据制作需要，选中图形中第二级第一个形状，切换到"SmartArt 工具/设计"选项卡，在"创建图形"组中单击"添加形状"下拉按钮，在打开的下拉菜单中两次执行"在上方添加形状"命令来添加形状，如下图所示。

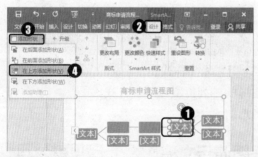

04 选中图形中多余的形状，按下"Delete"键将其删除，然后根据需要在 SmartArt图形中输入文本内容，通过拖动鼠标来调整形状的大小。选中整个 SmartArt图形，切换到"开始"选项卡，在"字体"组中通过单击"增大字号"按钮 A˄，调整文字大小，如下图所示。

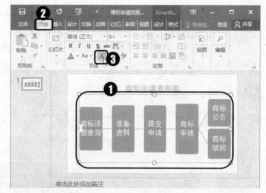

05 选中整个 SmartArt 图形，切换到"SmartArt 工具/设计"选项卡，在"SmartArt 样式"组中单击"更改颜色"下拉按钮，在打开的下拉菜单中单击需要的配色方案即可，如下图所示。

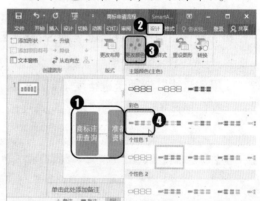

06 选中图形中需要设置的形状，切换到"SmartArt 工具/格式"选项卡，在"形状样式"组中打开"形状填充"下拉菜单，为所选形状单独设置颜色，如下图所示。

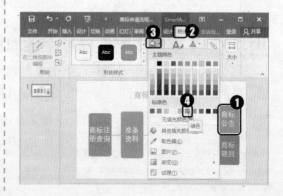

16.4 在幻灯片中使用声音

演示文稿并不是一个无声的世界。可以在幻灯片中插入解说录音、背景音乐等，来介绍幻灯片中的内容，突出整个演示文稿的气氛。本节主要介绍在 PowerPoint 2016 幻灯片中插入与设置音频文件的方法。

16.4.1 插入外部声音文件

为了增强播放演示文稿时的现场气氛，可以在演示文稿中加入背景音乐。PowerPoint 2016 支持多种格式的声音文件，例如 MP3、WAV、WMA、AIF 和 MID 等。要在幻灯片中插入外部声音文件，具体操作如下。

微课：插入外部声音文件

01 选中要插入音频文件的幻灯片，切换到"插入"选项卡，在"媒体"组中单击"音频"下拉按钮，在打开的下拉菜单中单击"PC 上的音频"命令，如下图所示。

02 弹出"插入音频"对话框，根据文件的保存位置，找到并选中要插入的音频文件，然后单击"插入"按钮，即可将其插入所选幻灯片中，如下图所示。

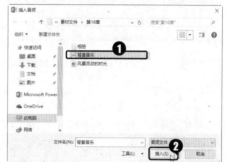

16.4.2 录制声音

在 PowerPoint 2016 中，还可以录音并将其插入到幻灯片中，以便在放映中播放录音。具体操作如下。

微课：录制声音

01 选中要插入录音文件的幻灯片，切换到"插入"选项卡，在"媒体"组中单击"音频"下拉按钮，在打开的下拉菜单中单击"录制音频"命令，如下图所示。

02 弹出"录制声音"对话框，在"名称"文本框中输入该录音的名称，然后单击●按钮，即可开始通过麦克风录音；音频录制完成后单击■按钮停止录制；单击按钮▶可以播放刚才的录音，确认无误后单击"确定"按钮即可，如下图所示。

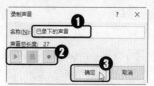

16.4.3 设置声音播放选项

在幻灯片中插入音频后，可以通过"音频工具/播放"选项卡对音频的播放进行设置，如下图所示。例如让音频自动播放、循环播放或调整声音大小等。

微课：设置声音播放选项

在幻灯片中，选中要设置的音频文件，切换到"音频工具/播放"选项卡，在"音频选项"组中，可以进行如下设置。

- 设置音量：单击"音量"下拉按钮，在打开的下拉菜单中可以设置播放时声音的大小。
- 设置播放方式：单击"开始"下拉按钮，在打开的下拉列表中可以选择音频的播放方式。

> **提示**
>
> 在"开始"下拉列表中选择"单击时"选项，则放映幻灯片时，需要单击声音图标，才能播放该音频文件；选择"自动"选项，则放映幻灯片时声音将自动播放。

- 隐藏声音控制面板：勾选"放映时隐藏"复选框，可以在放映幻灯片时不显示声音控制面板。
- 设置循环播放：勾选"循环播放，直到停止"复选框，可以设置在放映时循环播放该音频，直到切换到下一张幻灯片或有停止命令时。
- 跨幻灯片播放：勾选"跨幻灯片播放"复选框，则切换到下一张幻灯片时，声音能够继续播放。
- 播放完返回开头：勾选"播放完返回开头"复选框，则播放完该音频文件后，将返回第一张幻灯片。

16.4.4 控制声音播放

在幻灯片中，将光标指向音频文件的声音图标即可显示出声音控制面板，在其中可以控制声音的播放。方法如下。

微课：控制声音播放

- 单击"播放"按钮，即可播放音频文件。
- 单击"暂停"按钮，即可暂停播放，如下图（左边）所示。
- 单击"向后移动 0.25 秒"按钮◀或"向前移动 0.25 秒"按钮▶，即可调整播放进度。
- 单击"静音"按钮◀»，即可静音；静音后单击"取消静音"按钮◀，即可取消静音。

- 将光标指向 🔊，将出现音量调节器，使用鼠标拖动其中的滑块，即可调节音量大小，如下图（右边）所示。

16.5　在幻灯片中使用影片

在 PowerPoint 幻灯片中，用户不仅可以插入声音文件，还可以为其添加视频文件，使演示文稿变得更加生动有趣。本节主要介绍在 PowerPoint 2016 幻灯片中插入与设置视频文件的方法。

16.5.1　插入视频文件

在幻灯片中，用户可以插入连机视频或电脑中存储的视频文件。PowerPoint 2016 支持多种格式的视频文件，如 AVI、MPEG、ASF、WMV 和 MP4 等。

微课：插入视频文件

在 PowerPoint 幻灯片中插入视频的方法与插入声音的方法类似。选择需要添加视频的幻灯片，切换到"插入"选项卡，单击"媒体"组中的"视频"下拉按钮，在打开的下拉菜单中选择需要插入视频的方式，在弹出的对话框中查找并选中要插入的视频文件，然后单击"插入"按钮即可，如下图所示。

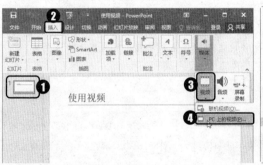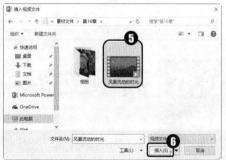

16.5.2　设置视频

在幻灯片中插入视频文件后，可以通过"视频工具"选项卡组下的"格式"选项卡和"播放"选项卡设置视频的样式和播放选项。

微课：设置视频样式

1．设置播放选项

在幻灯片中选中插入的视频文件，切换到"视频工具/播放"选项卡，在"视频选项"组中可以对视频的播放进行设置，如下图所示。例如让视频自动播放、循环播放或调整声音大小等。方法与设置音频的播放选项基本相同，这里不再赘述。

2．设置视频样式

为了使插入的视频更加美观，可以通过"视频工具/格式"选项卡对视频进行各种设置，如下图所示。如更改视频亮度和对比度、为视频添加视频样式等，方法与设置图片样式基本相同。

- 在"预览"组中：可以播放或暂停播放视频文件，进行预览。
- 在"调整"组中：可以调整视频亮度和对比度、重新着色、设置视频标牌框架等。
- 在"视频样式"组中：可以设置视频形状、边框、效果等外观样式。
- 在"排列"组中：可以为视频设置旋转、叠放次序、对齐方式等。
- 在"大小"组中：可以裁剪视频，设置视频画面在幻灯片中的大小等。

16.6 高手支招

本章主要介绍了在幻灯片中使用图形、图片、SmartArt 图形、声频和视频等知识。本节将对一些相关知识中延伸出的技巧和难点进行解答。

16.6.1 如何更改绘制的图形形状

　　问题描述：在幻灯片中绘制了图形之后，可以更改图形的形状吗？
　　解决方法：可以。在幻灯片中，要更改图形形状，主要有以下两种方法。

- 更改为其他自选图形：选中绘制的图形，切换到"绘图工具/格式"选项卡，在"插入形状"组中单击"编辑形状"下拉按钮，在打开的下拉菜单中展开"更改形状"子菜单，在其中单击要更改的形状即可，如下图（左边）所示。

- 自定义编辑顶点：选中绘制的图形，切换到"绘图工具/格式"选项卡，在"插入形状"组中单击"编辑形状"下拉按钮，在打开的下拉菜单中单击"编辑顶点"命令，进入图形顶点编辑状态；此时通过拖动鼠标调整出现的顶点，完成后单击幻灯片任意空白处即可退出顶点编辑状态，实现对图形形状的自定义编辑，如下图（右边）所示。

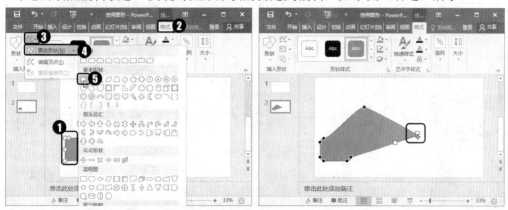

16.6.2 如何制作半透明效果的图片

问题描述：如果在幻灯片中，需要使用半透明状态的图片，以突出图片相关的文字，该如何进行设置？

解决方法：可以在图片上覆盖一层"蒙版"来实现这一效果。

方法为：在幻灯片中根据图片的大小和形状，绘制出一个与图片一样大的图形；然后选中绘制的图形，切换到"绘图工具/格式"选项卡，单击"形状样式"组右下角的功能扩展按钮。打开"设置形状格式"窗格，在"填充"选项卡的"填充"栏中选中"纯色填充"单选按钮，根据需要设置相关参数，例如设置填充颜色为"白色"，透明度为40%，然后在"线条"栏中选中"无线条"单选按钮，此时在幻灯片界面中即可查看设置的"蒙版"效果，完成后单击"关闭"按钮关闭窗格即可，如右图所示。

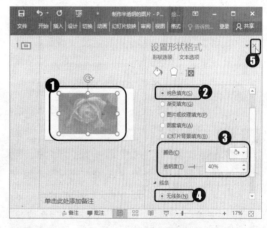

> 😊 **提示**
> 在"设置形状格式"窗格中设置渐变填充，可以制作出具有渐变效果的图片"蒙版"。

16.6.3 如何快速替换已经编辑好的图片

问题描述：在制作幻灯片时，经常需要在已有的幻灯片模板基础上，通过修改文字和图片来快速制作出新的幻灯片。对于已设置或应用了样式的图片，如果将其删除再插入图片进行设置就比较费时，可以快速替换图片内容，并保持原样式和位置等不变吗？

解决方法：可以。方法为：选中要替换的图片，单击鼠标右键，在弹出的快捷菜单中单击"更改图片"命令，如右图所示。在打开的对话框中根据需要连机查找图片，或选择本地电脑中的图片文件，选中要替换的图片后，单击"插入"按钮，即可完成替换。

16.7 综合案例——编辑产品销售秘籍演示文稿

结合本章所讲的知识要点，本节将以编辑产品销售秘籍为例，讲解在 PowerPoint 2016 中使用图形、图片、SmartArt 图形、声频和视频等方法。

"产品销售秘籍"演示文稿制作完成后的效果，如下图所示。

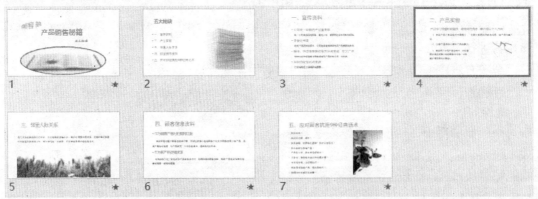

01 打开"素材文件\第 16 章\产品销售秘籍.pptx"文件。选中第一张幻灯片，切换到"插入"选项卡，在"图像"组中单击"图片"按钮，如下图所示。

02 弹出"插入图片"对话框，根据图片文件的保存位置，找到并选中要插入

的图片，然后单击"插入"按钮，如下图所示。

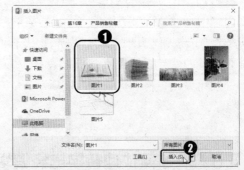

03 选中插入的图片，使用鼠标拖动调整其位置和大小，然后切换到"图片工具/格

式"选项卡，在"图片样式"组中单击
"快速样式"下拉按钮，在打开的下拉
菜单中单击需要的图片样式，如下图所
示。

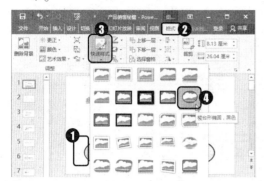

04 继续在演示文稿中为需要的幻灯片插
入图片，然后切换到"插入"选项卡，
在"插图"组中单击"形状"下拉按钮，
在打开的下拉菜单中单击"矩形"栏中
的"矩形"选项，如下图所示。

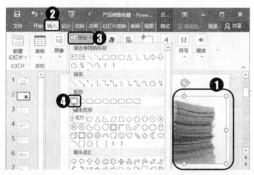

05 此时光标呈十字形状，在幻灯片中根据
图片大小，使用鼠标拖动绘制一个矩
形，将图片覆盖，如下图所示。

06 选中绘制的矩形，打开"设置形状格式"
窗格，设置该形状无边框线条，并设置
使用白色渐变填充，通过设置不同的透
明度，来制作出具有渐变效果的图片
"蒙版"，完成后关闭窗格即可，如下图
所示。

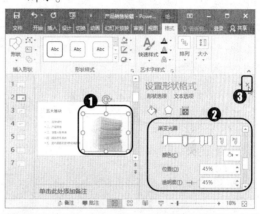

😊 **提示**

使用鼠标右键单击绘制的形状，在弹出的快捷
菜单中单击"设置形状格式"命令，即可打开"设
置形状格式"窗格。

07 继续在演示文稿中为需要的幻灯片插
入图片，并通过"图片工具/格式"选项
卡，根据需要设置图片样式和效果等即
可，如下图所示。

第 17 章

幻灯片的交互和动画

》》**本章导读**

在制作演示文稿时，通过设置幻灯片切换方式，以及创建对象动画、路径动画等，可以使演示文稿更富有活力、更具吸引力，同时也可以增强幻灯片的视觉效果，增加其趣味性。本章将介绍在演示文稿中设置幻灯片切换效果、创建对象动画、创建路径动画、实现幻灯片交互等方法。

》》**知识要点**

- ✓ 设置幻灯片切换效果
- ✓ 创建路径动画
- ✓ 创建对象动画
- ✓ 实现幻灯片交互

17.1 设置幻灯片切换效果

幻灯片的切换方式是指在放映幻灯片时，一张幻灯片从屏幕上消失，另一张幻灯片显示在屏幕上的一种动画效果。本节主要介绍在 PowerPoint 2016 中设置幻灯片切换效果的方法。

17.1.1 创建切换效果

在默认情况下，演示文稿中幻灯片之间是没有动画效果的。用户可以通过"切换"选项卡为幻灯片添加切换效果。

方法为：选中要设置的幻灯片，切换到"切换"选项卡，在"切换到此幻灯片"组中打开切换效果下拉菜单，在其中单击需要的切换效果选项，即可将其应用到所选幻灯片中，如右图所示。

为幻灯片设置"淡出"、"揭开"等切换效果后，"切换到此幻灯片"组中的"效果选项"下拉按钮将呈可用状态，打开该下拉菜单，可对切换效果进行设置，如"从左往右"、"从上往下"等。

微课：创建切换效果

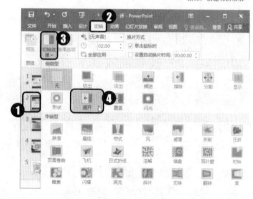

😊 提示

为幻灯片添加切换效果或动画效果后，在左侧的窗格中，该幻灯片缩略图前将多出一个 ★标志；选中幻灯片，在"切换"选项卡中单击"预览"按钮，可以预览设置的切换效果。

17.1.2 设置切换效果

在为幻灯片添加了切换效果后，可以在"切换"选项卡的"计时"组中对切换效果进行进一步的设置，如下图所示。

微课：设置切换效果

- "声音"下拉列表框：设置幻灯片切换时的声音。
- "持续时间"微调框：设置幻灯片切换效果的持续时间。
- "全部应用"按钮：单击该按钮，可将当前幻灯片的切换效果和计时设置等应用到演示文稿的所有幻灯片中。
- "单击鼠标时"复选框：设置幻灯片换片方式为单击鼠标时。
- "设置自动换片时间"复选框：设置的幻灯片换片方式为根据设置的时间自动换片；该复选框右侧有一个微调框，在其中可以输入具体数值，表示在经过指定秒数后自动切换到下一张幻灯片。

　　若在"换片方式"组中同时选中"单击鼠标时"复选框和"设置自动换片时间"复选框，则表示满足两者中任意一个条件时，都可以切换到下一张幻灯片并进行放映。

17.2 创建对象动画

一个好的演示文稿除了要有丰富的文本内容，还要有合理的排版设计、鲜明的色彩搭配以及得体的动画效果。本节主要介绍在 PowerPoint 2016 中为对象添加与设置动画效果的方法。

17.2.1 为对象添加动画效果

　　所谓动画，就是在幻灯片放映时，利用一种或多种动画方式让对象出现、被强调以及消失的一个过程，设置对象动画的方法如下。

1．为对象添加一个动画效果

　　在幻灯片中，要为对象添加一个动画效果的方法为：选中要设置动画效果的幻灯片，然后选中需要设置动画效果的对象，切换到"动画"选项卡，在 "动画"组中打开动画样式下拉菜单，其中提供了多种内置的进入、强调或退出动画效果，单击需要的动画效果选项即可，如下图（左边）所示。

微课：为对象添加一个动画效果

2．为对象添加多个动画效果

　　为了让幻灯片中对象的动画效果丰富、自然，有时还可以对一个对象添加多个动画效果。方法为：选中已添加了动画效果的某个对象，在"动画"选项卡的"高级动画"组中单击"添加动画"下拉按钮，在打开的下拉菜单中选择需要追加的动画效果即可，如下图（右边）所示。

微课：为对象添加多个动画效果

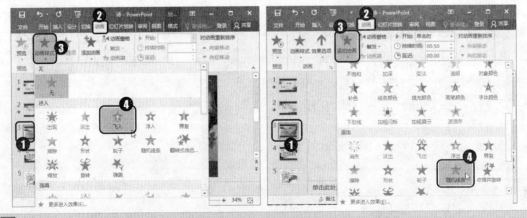

　　在幻灯片中添加了动画效果后，切换到"动画"选项卡，可以看到设置了动画效果的对象左上角出现了动画效果标签，如 **1**；单击相应的标签，即可选中该动画效果，标签中的数字代表了该动画效果在当前幻灯片中的放映顺序。选中幻灯片，在"动画"选项卡中单击"预览"按钮，可以预览所选幻灯片中设置的动画效果。

17.2.2　设置动画效果

为对象添加动画效果之后，如果默认的动画效果参数无法满足需求，可以根据需要进行设置。

1．设置动画效果选项

微课：设置动画效果选项

在为对象添加动画效果之后，单击相应的动画效果标签，选中要设置的某个动画效果，然后在"动画"选项卡的"动画"组中单击"效果选项"下拉按钮，在打开的下拉菜单中，可以设置所选动画效果的效果选项。

2．设置动画播放方式

微课：设置动画播放方式

在为对象添加动画效果之后，选中要设置的某个动画效果，可以在"动画"选项卡的"计时"组中设置动画效果的播放方式。

- "开始"下拉列表框：可以设置所选动画在放映时的开始方式。
- "持续时间"微调框：可以设置所选动画效果的持续时间。
- "延迟时间"微调框：可以设置所选动画效果在放映时的延迟时间。
- "向前移动"和"向后移动"按钮：可以调整所选动画效果在放映时的播放顺序。

17.2.3　使用动画窗格

微课：使用动画窗格

在添加了多个动画效果后，可能需要反复查看各个动画之间的衔接效果是否合理，这样才能制作出满意的动画效果。此时可以通过"动画窗格"来进行设置。

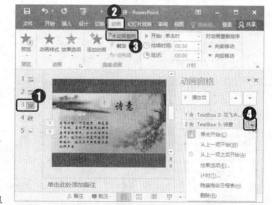

选择一张幻灯片，切换到"动画"选项卡，在"高级动画"组中单击"动画窗格"按钮，即可打开"动画窗格"，如右图所示。

打开"动画窗格"后，选中设置了动画效果的幻灯片，即可在"动画窗格"中看到幻灯片中包含的所有动画效果，并对其进行各种设置。

- 调整播放顺序：在"动画窗格"中使用鼠标左键拖动，或者选中要设置的动画效果，然后单击"上移"按钮▲、"下移"按钮▼，即可调整该动画效果的播放顺序。
- 设置动画效果：在"动画窗格"中选中要设置的动画效果，单击右侧的下拉按钮，在打开的下拉菜单中单击"单击开始"、"从上一项开始"、"从上一项之后开始"等命令，即可设置所选动画效果的开始方式；单击"效果选项"或"计时"命令，可以在打开的对话框中进行所选动画效果的参数设置，如下图（左边）所示；单击"隐藏（显示）高级日程表"命令，可以设置隐藏或显示高级日程表；单击"删除"命令，可以删除所选动画效果。

- 拖动时间条调整播放时长和延迟时间：在"动画窗格"中，将光标指向要设置的动画效果的时间条左端，当光标呈 ↔ 形状时，使用鼠标左键拖动，可以调整该动画效果的延迟时间；将光标指向要设置的动画效果的时间条右端，当光标呈 ↔ 形状时，使用鼠标左键拖动，可以调整该动画效果的持续时间，如下图（右边）所示。

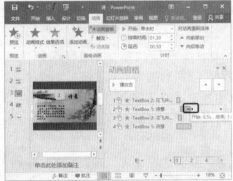

17.2.4 【案例】为咨询方案演示文稿添加动画效果

结合本节所讲的知识要点，下面以为咨询方案演示文稿添加动画效果为例，讲解在 PowerPoint 幻灯片中创建对象动画的方法，具体操作如下。

微课：为咨询方案演示文稿添加动画效果

01 打开"素材文件\第17章\咨询方案.pptx"文件。选中要添加动画效果的对象，切换到"动画"选项卡，在"动画"组的动画效果列表框中单击需要的动画效果，如下图所示。

项卡的"高级动画"组中单击"添加动画"下拉按钮，在打开的下拉菜单中选择需要追加的动画效果，如下图所示。

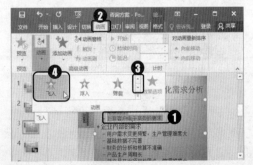

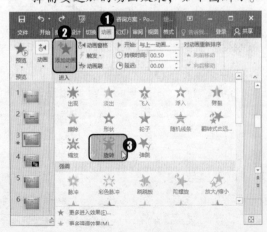

02 保持该对象的选中状态，在"动画"选

03 按照上述方法为演示文稿中所有要添
加动画效果的对象，添加需要的动画效
果；然后切换到"动画"选项卡，在"高
级动画"组中单击"动画窗格"按钮，
打开"动画窗格"窗格，通过"动画窗
格"和"动画"选项卡的"计时"组，
逐一设置动画效果的相关参数。设置完
成后单击"关闭"按钮✕关闭窗格即可，
如右图所示。

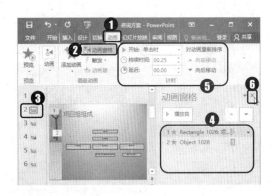

17.3 创建动作路径动画

在 PowerPoint 中，通过创建动作路径动画效果，可以让对象在放映幻灯
片时沿着指定的路径运动。本节主要介绍在 PowerPoint 2016 中为对象添
加与设置动作路径动画效果的方法。

17.3.1 使用预设路径动画

在 PowerPoint 2016 中提供了大量的预设路径动画，可以为对象设置一个
路径使其沿着该指定的路径进行运动。为对象设置预设路径动画的方法如下。

微课：使用预设路径动画

- 选中要设置的对象，切换到"动画"选项卡，在"动画"组中打开动
画效果下拉菜单，在"动作路径"栏中单击"自定义路径"之外的路径选项即可。

- 如果"动作路径"栏中提供的预设路径无法满足需求，可以在动画效果下拉菜单中单击
"其他动作路径"命令，打开"更改动作路径"对话框，在其中根据需要选择一种路径，
然后单击"确定"按钮即可，如下图所示。

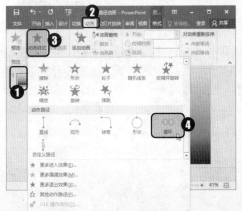

😊 **提示**

添加路径动画后，选中该动画效果，通过鼠标拖动即可调整动作路径的起始点。

17.3.2 创建自定义路径动画

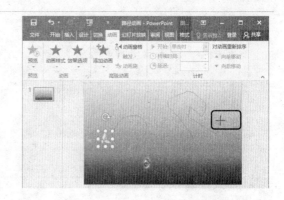

如果对预设的动作路径不满意，用户还可以根据自己的需求自定义动作路径。

微课：创建自定义路径动画

方法为：选中要设置的对象，切换到"动画"选项卡，在"动画"组中打开动画效果下拉菜单；在"动作路径"栏中单击自定义路径选项，此时光标呈十字形状，按住鼠标左键拖动，或在幻灯片中单击，即可绘制路径，绘制完成后双击鼠标左键即可，如右图所示。

> 💡 提示
>
> 选中添加的路径动画，切换到"动画"选项卡，在"动画"组中单击"效果选项"下拉按钮，在打开的下拉菜单中单击"编辑顶点"命令，即可进入顶点编辑状态；通过鼠标拖动顶点或顶点控制杆，可以调整所选路径动画的动作路径。

17.4 实现幻灯片交互

为了在放映演示文稿时实现幻灯片的交互，可以通过 PowerPoint 提供的超链接、动作、动作按钮和触发器等功能来进行设置。本节主要介绍在演示文稿中使用超链接、动作、动作按钮和触发器的方法。

17.4.1 使用超链接

在制作演示文稿时，为了让内容条理更清晰，有时会使用标题索引。为这些标题索引添加链接，可以在放映幻灯片时快速跳转到索引对应的内容处，让观众更容易理清思路。

微课：使用超链接

在演示文稿中使用超链接的方法为：选中要使用超链接的对象，如标题索引，切换到"插入"选项卡，在"链接"组中单击"超链接"按钮，弹出"插入超链接"对话框，根据需要设置链接到的位置。本例单击"本文档中的位置"按钮，然后在对应的列表框中选择要链接到的幻灯片，单击"确定"按钮即可，如下图所示。

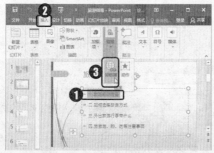

设置超链接后，在放映幻灯片时，单击该索引标题，即可快速跳转到所设的幻灯片处。

17.4.2　使用动作

在演示文稿中，可以为幻灯片中的对象添加动作，让对象在单击鼠标或鼠标指向该对象时，指向某种特定的操作，如链接到某张幻灯片时播放某声音、运行某程序等。

微课：使用动作

为幻灯片中的对象添加动作的方法为：选中要添加动作的对象，切换到"插入"选项卡，在"链接"组中单击"动作"按钮，弹出"操作设置"对话框，在"单击鼠标"或"鼠标悬停"选项卡中，选中"超链接到"单选按钮，然后根据需要在对应的下拉列表框中设置动作，设置是否播放声音，设置完成后单击"确定"按钮即可，如下图所示。

> **提示**
> 勾选"播放声音"复选框，在对应的下拉列表框中可以选择一种内置声音或单击"其他声音"选项，在打开的对话框中选择电脑中保存的音频文件，设置在执行所设操作时播放该的声音。

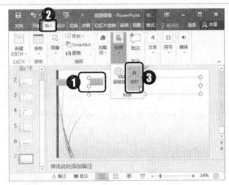
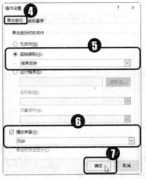

17.4.3　使用动作按钮

动作按钮默认提供了切换到上一张幻灯片、下一张幻灯片、第一张幻灯片、最后一张幻灯片等动作。通过在幻灯片中添加动作按钮，可以快速实现幻灯片的导航。

微课：使用动作按钮

使用动作按钮的方法为：选中要添加动作按钮的幻灯片，切换到"插入"选项卡，在"插图"组中单击"形状"下拉按钮，在打开的下拉菜单中的"动作按钮"栏中单击需要的动作按钮选项；然后在幻灯片中使用鼠标左键拖动绘制动作按钮，此时将弹出"操作设置"对话框，在其中根据需要设置播放声音，然后单击"确定"按钮即可，如下图所示。

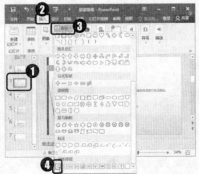
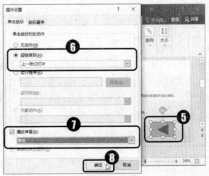

> 🙂 **提示**
> 选中绘制的动作按钮,切换到"绘图工具/格式"选项卡,在"形状样式"组中可以设置动作按钮的形状样式,与设置自选图形的方法相同。

17.4.4 使用触发器

在 PowerPoint 2016 的动画设置中,有一个"触发器"功能,利用这个功能可以制作出带有交互效果的幻灯片动画。所谓交互动画效果是指幻灯片的动画不是事先指定好的顺序,而是根据放映时的需要利用触发对象,像超链接一样单击哪个,便激发出相应动画。

微课:使用触发器

在幻灯片中使用触发器的方法为:打开"动画窗格"窗格,选中要设置触发器的动画效果,然后切换到"动画"选项卡,在"高级动画"组中单击"触发"下拉按钮,在打开的下拉菜单中展开"单击"子菜单,在其中选择用于触发动画效果的对象选项即可,如右图所示。

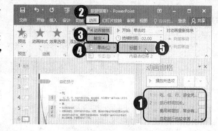

> 🔧 **注意**
> 只要在幻灯片中包含动画效果、电影或声音,就可以为其设置触发器。换一种说法:除非幻灯片中具有上述某种效果,否则无法使用触发器功能。

17.5 高手支招

本章主要介绍了在演示文稿中设置幻灯片切换效果、创建对象动画、创建路径动画、实现幻灯片交互等知识。本节将对一些相关知识中延伸出的技巧和难点进行解答。

17.5.1 如何删除设置的切换效果

问题描述:为幻灯片设置了切换效果之后,如何删除切换效果?

解决方法:要删除切换效果,方法为:选中幻灯片,切换到"切换"选项卡,在"切换到此幻灯片"组中打开切换效果下拉菜单,在其中选择"无"选项即可删除所选幻灯片的切换效果,如右图所示;如果在选择"无"选项后,在"计时"组中单击"全部应用"按钮,即可删除演示文稿中所有幻灯片的切换效果。

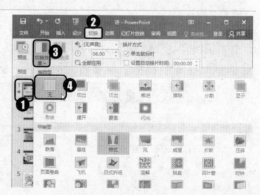

17.5.2 如何复制动画效果

问题描述:在设置了动画效果之后,可以将设置好的动画效果复制到其他对象上吗?

解决方法：可以。通过使用动画刷功能，可以对动画效果进行复制操作，即将某一对象中的动画效果复制到另一对象上。

方法为：在幻灯片中选中设置了动画效果的对象，切换到"动画"选项卡，单击"高级动画"组中的"动画刷"按钮 ，此时，鼠标指针呈 状，直接单击要应用动画效果的另一对象，便可实现动画效果的复制，如右图所示。

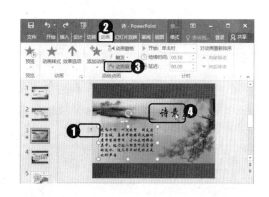

17.5.3　如何删除超链接

问题描述：为对象添加了超链接之后，可以将其删除吗？

解决方法：可以。在幻灯片中，要删除为对象添加的超链接主要有以下两种方法。

- 通过对话框：选中已添加超链接的对象，切换到"插入"选项卡，在"链接"组中单击"超链接"按钮，在弹出的对话框中单击"删除链接"按钮，然后单击"确定"按钮，即可将所选超链接删除，如下图（左边）所示。

- 通过快捷菜单：选中已添加超链接对象，单击鼠标右键，在弹出的快捷菜单中选择"取消超链接"命令，即可取消该对象添加的超链接，如下图（右边）所示。

17.6　综合案例——为幻灯片添加互动动画效果

结合本章所讲的知识要点，本节将以为问答添加互动动画效果为例，讲解在 PowerPoint 2016 演示文稿中设置幻灯片切换效果、创建对象动画、创建路径动画、实现幻灯片交互等方法。

为"问答"添加互动动画效果后的效果，如下图所示。

01 打开"素材文件\第 17 章\问答.pptx"文件。选中"答错了"文本框，切换到"动画"选项卡，在"动画"组中打开动画效果下拉菜单，单击"进入"栏中的"浮入"选项添加该动画效果，如下图所示。

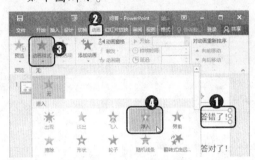

02 在"动画"选项卡的"高级动画"组中单击"动画窗格"按钮，在打开的"动画窗格"窗格中单击动画效果右侧下拉按钮，在打开的下拉菜单中单击"效果选项"命令，如下图所示。

03 在打开的对话框中，在"效果"选项卡的"动画播放后"下拉列表框中选择"播放动画后隐藏"选项，然后单击"确定"按钮，如下图所示。

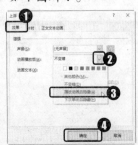

04 选中设置好动画效果的"答错了"文本框，在"动画"选项卡的"高级动画"组中单击"动画刷"按钮，此时光标呈形状，单击"答对了"文本框复制动画效果，如下图所示。

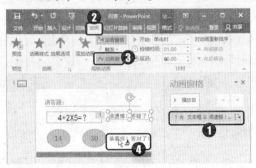

05 选中"答错了"文本框设置的动画效果，在"动画"选项卡的"高级动画"组中执行"触发"→"单击"→"椭圆 6"命令，设置放映幻灯片时，单击答案"30"所在的椭圆形，可触发"答错了"文本框的动画效果，如下图所示。

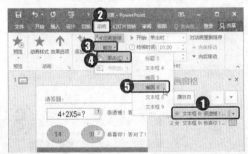

06 按照上述方法，设置放映幻灯片时，单击答案"14"所在的椭圆形，可触发"答对了"文本框的动画效果，如下图所示。

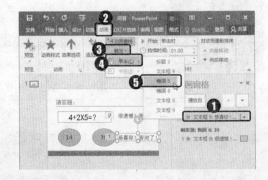

第 18 章

幻灯片的放映和输出

>> **本章导读**

演示文稿制作完成后，需要放映幻灯片或将其以各种形式保存和输出。本章将介绍在放映幻灯片之前如何进行放映设置，在放映幻灯片时如何进行放映控制，以及输出和发布演示文稿的方法。

>> **知识要点**

✓ 幻灯片的放映设置   ✓ 对幻灯片的放映控制

✓ 演示文稿的输出和发布

18.1 幻灯片的放映设置

PPT 演示文稿制作完成后，有的由演讲者播放，有的让观众自行播放，这需要通过设置放映方式来进行控制。本节主要介绍放映前的幻灯片设置方法。

18.1.1 设置放映类型

制作演示文稿的目的就是为了演示和放映。在放映幻灯片时，用户可以根据自己的需要设置放映类型。

微课：设置放映类型

设置幻灯片放映类型的方法为：打开演示文稿，切换到"幻灯片放映"选项卡，在"设置"组中单击"设置幻灯片放映"按钮，弹出"设置放映方式"对话框，在其中可以根据需要对"放映类型"、"放映选项"、幻灯片放映范围（"放映幻灯片"）、"换片方式"以及"多监视器"的使用等进行设置，设置完成后单击"确定"按钮即可，如下图所示。

演示文稿的放映类型主要有以下几种。

- 演讲者放映：该方式为传统的全屏放映方式，常用于演讲者亲自播放演示文稿。对于这种方式，演讲者具有完全的控制权，可以决定采用自动方式还是人工方式放映。演讲者可以将演示文稿暂停、添加会议细节或即席反应，还可以在放映的过程中录下旁白。
- 观众自行浏览：该方式是以一种较小的规模进行放映。以这种方式放映演示文稿时，该演示文稿会出现在小型窗口内，并提供相应的操作命令，允许移动、编辑、复制和打印幻灯片。在这种方式中，可以使用滚动条从一张幻灯片移到另一张幻灯片，还可以同时打开其他程序。
- 在展台浏览：该方式是一种自动运行全屏放映的方式，放映结束 5 分钟之内，用户没有指令则重新放映。观众可以切换幻灯片、单击超链接或动作按钮，但是不可以更改演示文稿。

18.1.2　使用排练计时放映

　　排练计时功能就是在正式放映前用手动的方式进行换片，让 PowerPoint 2016 将手动换片的时间记录下来；此后，应用这个时间记录，就可以按照这个换片时间自动进行放映观看，无须人为控制。

　　录制与保存排练计时的方法为：打开演示文稿，切换到"幻灯片放映"选项卡，在"设置"组中单击"排练计时"按钮；此时，将自动切换到幻灯片放映视图，同时出现"录制"工具栏，当前幻灯片的放映时间达到需要后，通过单击鼠标左键，切换到下一张幻灯片，重复此操作，到达幻灯片末尾时，将出现信息提示框，单击"是"按钮，即可保留排练时间，如下图所示。

　　录制了排练计时后，在"幻灯片放映"选项卡的"设置"组中勾选"使用计时"复选框，即可在下次放映时按照记录的时间自动播放幻灯片。

> 💡 **提示**
>
> 　　在"录制"工具栏中单击 ▌▌按钮，可以暂停录制；单击 ↩ 按钮，可以清空时间记录并暂停录制；单击 ➡ 按钮，可以切换到下一张幻灯片；在暂停录制时，将弹出提示对话框，单击其中的"继续录制"按钮可以继续录制。

18.1.3　录制旁白

　　如果要使用演示文稿创建更加生动的视频效果，那么为幻灯片录制旁白是一种非常好的选择。

> 🔧 **注意**
>
> 　　在录制幻灯片旁白之前，请确保电脑中已安装声卡和麦克风，并且处于工作状态。

　　录制旁白的方法为：打开演示文稿，切换到"幻灯片放映"选项卡，在"设置"组中单击"录制幻灯片演示"下拉按钮，在打开的下拉菜单中选择需要的录制方式；然后在弹出的"录制幻灯片演示"对话框中只勾选"旁白、墨迹和激光笔"复选框，然后单击"开始录制"按钮即可，如下图所示。

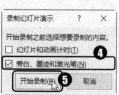

> 🔵 **提示**
>
> 　单击"从头开始录制"命令，将从第一张幻灯片开始为演示文稿中的所有幻灯片录制旁白；单击"从当前幻灯片开始录制"命令，将为当前幻灯片录制旁白。

　　此时，将自动切换到幻灯片放映视图，同时出现"录制"工具栏，根据需要录制旁白后，通过单击鼠标切换到下一张幻灯片或退出录制，如下图（左边）所示。录制好旁白后，会弹出提示对话框询问用户是否保存当前排练时间。

　　返回普通视图状态后，录制了旁白的幻灯片中将会出现声音文件图标 🔊，将光标指向该图标将显示"播放"工具条，在其中单击"播放"按钮 ▶，即可收听录制的旁白，如下图（右边）所示。

18.1.4　创建放映方案

　　在展示演示文稿时，可能需要针对不同的观众展示不同的内容，而如果针对各类观众制作多份演示文稿，则将过于烦琐。此时，可以通过 PowerPoint 的放映方案功能，为一份演示文稿创建多种放映方案。

微课：创建放映方案

　　创建放映方案的方法为：打开演示文稿，切换到"幻灯片放映"选项卡，在"开始放映幻灯片"组中单击"自定义幻灯片放映"下拉按钮，在打开的下拉菜单中单击"自定义放映"命令；弹出"自定义放映"对话框，单击"新建"按钮；弹出"定义自定义放映"对话框，设置放映方案名称，在左侧的列表框中勾选要放映的幻灯片，然后单击"添加"按钮，将其添加到右侧的列表框中，并通过右侧的 ↑ 和 ↓ 按钮调整幻灯片的顺序，设置完成后单击"确定"按钮，如下图所示；返回"自定义放映"对话框，单击"关闭"按钮关闭对话框即可。

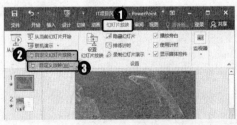

　　创建放映方案后，打开"设置放映方式"对话框，选中"自定义放映"单选按钮，然后打开下方的下拉列表框，在其中可以选择需要使用的放映方案，如右图所示。设置完成后，单击"确定"按钮即可。此后，在放映时，幻灯片将按照设定的方案进行放映。

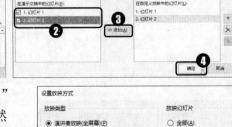

18.2 对幻灯片的放映控制

在放映幻灯片时，除了利用超链接的功能进行跳转，还可以控制幻灯片切换；而在幻灯片放映过程中也可以在幻灯片上做标记等。本节主要介绍在放映幻灯片时如何控制幻灯片的切换，以及如何在幻灯片上勾画重点。

18.2.1 控制幻灯片的切换

打开演示文稿，切换到"幻灯片放映"选项卡，在"开始放映幻灯片"组中单击相应的命令按钮，然后根据提示进行操作，即可放映幻灯片。此外，按下"F5"键，即可从头开始放映幻灯片；按下"Shift+F5"组合键，即可从当前幻灯片开始放映。

微课：控制幻灯片的切换

在放映幻灯片的过程中，默认情况下将按照设置的幻灯片放映顺序，通过单击鼠标、滚动鼠标滚轮，或根据设置的自动换片计时进行放映。如果需要控制幻灯片的切换，方法主要有以下几种。

- 通过播放控制按钮：放映幻灯片时，屏幕左下角将出现一排透明的播放控制按钮，单击相应的按钮即可实现对幻灯片的切换控制，如下图（左边）所示。
- 通过快捷菜单切换：在当前放映的幻灯片中使用鼠标右键单击任意空白处，在弹出的快捷菜单中通过单击"下一张"、"上一张"或"上次查看过的"命令，也可以实现对幻灯片的切换控制，如下图（中间）所示。
- 通过快捷菜单快速定位：在当前放映的幻灯片中使用鼠标右键单击任意空白处，在弹出的快捷菜单中单击"查看所有幻灯片"命令，进入查看所有幻灯片状态；在其中单击需要切换到的幻灯片缩略图，即可快速定位到该幻灯片，如下图（右边）所示。

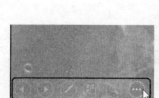  

提示

在当前放映的幻灯片中使用鼠标右键单击任意空白处，在弹出的快捷菜单中单击"结束放映"命令，即可立即结束幻灯片放映。

18.2.2 在幻灯片上勾画重点

若想在放映幻灯片时为重要位置添加标记以突出强调重要内容，那么此时就可以利用 PowerPoint 2016 提供的笔或荧光笔来实现。其中笔主要用来圈点幻灯片中的重要内容，有时还可以进行简单的写字操作。而荧光笔主要用来突出显示重点内容，并且呈透明状。

微课：在幻灯片上勾画重点

在放映幻灯片时，勾画重点的方法如下。

- 设置笔尖：在当前放映的幻灯片中使用鼠标右键单击任意空白处，在弹出的快捷菜单中展开"指针选项"子菜单，在其中可以选择"笔"或"荧光笔"笔尖。
- 设置墨迹颜色：默认"笔"颜色为红色，"荧光笔"颜色为黄色；选择笔尖后，打开快捷菜单，在"指针选项"→"墨迹颜色"子菜单中，可以根据需要设置笔尖颜色，如下图（左边）所示。
- 勾画：设置笔尖及墨迹颜色后，在幻灯片中按住鼠标左键拖动，即可画出笔迹。
- 擦除墨迹：在幻灯片中勾画后，打开快捷菜单，单击"橡皮擦"命令，此时光标呈✎形状，在幻灯片中单击需要擦除的墨迹，即可将其擦除，完成后再次单击"橡皮擦"命令，即可使光标恢复指针状态；在快捷菜单中单击"擦除幻灯片上的所有墨迹"命令，可以快速擦除当前幻灯片上的所有墨迹。
- 保留或取消墨迹：结束幻灯片放映时，将弹出提示对话框，询问是否保留墨迹注释。单击"保留"按钮，即可将墨迹保留在演示文稿的幻灯片中；单击"放弃"按钮，将不保留墨迹，在结束放映后，演示文稿中的幻灯片将恢复未勾画前的状态，如下图（右边）所示。

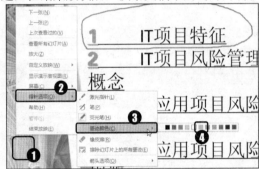 

😊 提示

在使用笔或荧光笔后，在幻灯片中将无法通过单击鼠标左键切换幻灯片，且单击后将留下点状墨迹；这时需要再次打开快捷菜单，单击"笔"或"荧光笔"命令，取消其使用状态，恢复默认的光标。

18.2.3 【案例】在年度工作总结中标记重点

结合本节所讲的知识要点，下面以在年度工作总结中标记重点为例，讲解在放映幻灯片时进行放映控制的方法，具体操作如下。

微课：在年度工作总结中标记重点

01 打开"素材文件\第 18 章\年度工作总结.pptx"文件。按下"F5"键放映幻灯片，切换到需要标记重点的幻灯片中，单击鼠标右键，在弹出的快捷菜单中单击"指针选项"→"笔"命令，如右图所示。

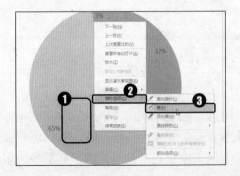

02 此时在幻灯片中的适当位置，按住鼠标左键拖动，即可画出笔迹，勾画出重点，如下图所示。

03 按下"Esc"键结束放映，在弹出的提示对话框中选择是否保留墨迹，本例单击"保留"按钮，如下图所示。

04 返回演示文稿，可以看到幻灯片中勾画重点的墨迹保留了下来，如下图所示。

18.3 演示文稿的输出和发布

演示文稿制作完成后，可将其以各种形式保存和输出。例如，可以将其保存为图片格式、视频格式、Flash 格式和 PDF 格式等，也可以将其"打包"到别的电脑上播放。本节主要介绍输出和发布演示文稿的方法。

18.3.1 输出为自动放映文件

PowerPoint 2016 提供了一种可以自动放映的演示文稿文件格式，其扩展名为".ppsx"。将演示文稿保存为该格式的文件后，双击".ppsx"文件即可打开演示文稿并播放。

微课：输出为自动放映文件

将演示文稿输出为自动放映文件的方法为：切换到"文件"选项卡，单击"另存为"命令，在对应的"另存为"界面中单击"浏览"命令，打开"另存为"对话框；根据需要设置演示文稿的保存位置和文件名称，然后打开"保存类型"下拉列表，选择"PowerPoint 放映"选项，单击"保存"按钮即可，如下图所示。

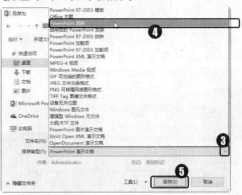

18.3.2 打包演示文稿

如果制作的演示文稿中包含链接的数据、特殊字体、视频或音频文件等,当在其他电脑中播放这个演示文稿时,要想让这些特殊字体正常显示,以及链接的文件正常打开和播放,则需要使用演示文稿的"打包"功能。具体操作如下。

微课:打包演示文稿

01 打开演示文稿,切换到"文件"选项卡,依次单击"导出"→"将演示文稿打包成 CD"→"打包成 CD"命令,如下图所示。

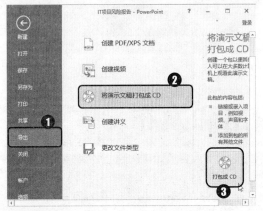

03 在打开的对话框中,设置文件夹名称及存储路径,单击"确定"按钮,如下图所示,然后在弹出的确认对话框中单击"是"按钮即可。

02 弹出"打包成 CD"对话框,单击"复制到文件夹"按钮,如下图所示。

> ☺ **提示**
> 默认情况下,打包完成后将自动打开打包文件夹,可以看到里面包含了演示文稿以及其使用的特殊字体和链接文件。

18.3.3 将幻灯片发布到幻灯片库

在制作好演示文稿后,用户还可以发布演示文稿中的幻灯片到 SharePoint 网站或本地电脑上的"幻灯片库"文件夹中,方便用户重复使用这些幻灯片。具体操作如下。

微课:将幻灯片发布到幻灯片库

01 打开演示文稿,切换到"文件"选项卡,依次单击"共享"→"发布幻灯片"→"发布幻灯片"命令,如下图所示。

02 弹出"发布幻灯片"对话框,在列表框中勾选要发布的幻灯片,然后单击"浏览"按钮,如下图所示。

> ☺ **提示**
> 单击"全选"按钮可以选择"选择要发布的幻灯片"列表框中的全部幻灯片;单击"全部清除"按钮,将取消对所有幻灯片的选择。

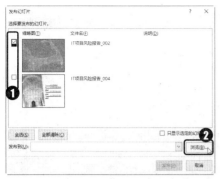

03 弹出"选择幻灯片库"对话框，选择作为幻灯片库的文件夹后，单击"选择"按钮，如下图所示。

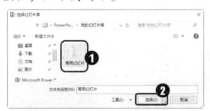

04 返回"发布幻灯片"对话框，此时所选择的文件夹地址将添加到"发布到"文本框中，单击"发布"按钮，即可将所选幻灯片发布到指定的文件夹中，如下图所示。

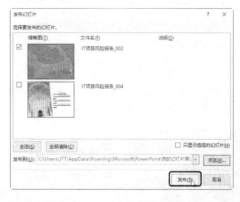

18.3.4　将演示文稿转换为视频

将演示文稿制作成视频文件后，可以使用常用的播放软件进行播放，并能保留演示文稿中的动画、切换效果和多媒体等信息。将演示文稿转换为视频的具体操作如下。

微课：将演示文稿转换为视频

01 打开演示文稿，切换到"文件"选项卡，单击"导出"命令，在对应的子选项卡中单击"创建视频"命令，在右边页面中，可以对将要发布的视频进行详细设置，包括视频大小、是否使用计时和旁白，以及每页幻灯片的播放时间等，设置完成后单击"创建视频"按钮，如下图所示。

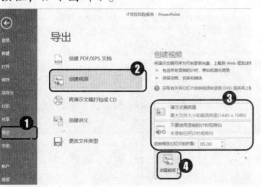

02 弹出"另存为"对话框，默认的文件类型为"MPEG-4"，设置好文件名及保存路径，单击"保存"按钮即可，如下图所示。此时程序开始制作视频文件，在文档状态栏中可以看到制作进度，在制作过程中不要关闭演示文稿。

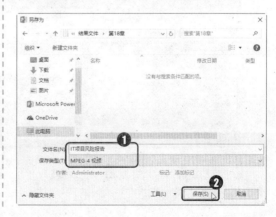

在"创建视频"界面右侧窗格的"计算机和 HD 显示"下拉列表中有 3 个选项，其作用如下。

- 若要创建质量很高的视频（文件会比较大），可以选择"计算机和 HD 显示"选项。
- 若要创建具有中等文件大小和中等质量的视频，可以选择"Internet 和 DVD"选项。
- 若要创建文件最小的视频（质量低），可以选择"便携式设备"选项。

  在"使用录制的计时和旁白"下拉列表中有两个选项，其作用如下。

- 若选择"不要使用录制的计时和旁白"选项，则所有的幻灯片都将使用下面设置的默认持续时间，即"放映每张幻灯片的秒数"微调框中设置的时间，而忽略视频中的任何旁白。
- 若选择"使用录制的计时和旁白"选项，则没有设置计时的幻灯片才会使用下面设置的默认持续时间。

18.4 高手支招

本章主要介绍了幻灯片的设置放映、控制幻灯片放映，以及输出和发布演示文稿等知识。本节将对一些相关知识中延伸出的技巧和难点进行解答。

18.4.1 如何隐藏不需要放映的幻灯片

问题描述：演示文稿中的部分幻灯片在放映时不需要显示，能将其隐藏起来不放映吗？

解决方法：可以。在 PowerPoint 中，用户可以将不需要的幻灯片隐藏，隐藏后的幻灯片在视图窗格中的缩略图将呈朦胧状态显示，编号上出现了一个斜线方框，表示该幻灯片已被隐藏，同时在放映过程中会被跳过不被播放。具体操作方法主要有以下两种。

- 通过快捷菜单：在视图窗格中或"幻灯片浏览"视图模式下，使用鼠标右键单击需要隐藏的幻灯片，在弹出的快捷菜单中单击"隐藏幻灯片"命令即可，如下图（左边）所示。
- 通过功能区：选中要隐藏的幻灯片，切换到"幻灯片放映"选项卡，在"设置"组中单击"隐藏幻灯片"按钮即可，如下图（右边）所示。

 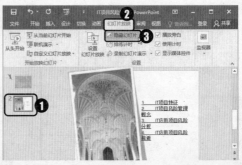

💡 **提示**

选中被隐藏的幻灯片，再次单击"隐藏幻灯片"按钮，或使用鼠标右键对其单击，在弹出的快捷菜单中再次单击"隐藏幻灯片"命令，即可取消该幻灯片的隐藏状态。

18.4.2 如何清除旁白和计时

问题描述：为幻灯片录制了旁白和计时之后，可以将其清除吗？

解决方法：可以。在幻灯片中，要清除录制的旁白和计时，可以切换到"幻灯片放映"选项卡，在"设置"组中单击"录制幻灯片演示"下拉按钮，在打开的下拉菜单中展开"清除"子菜单，在其中根据需要进行选择，如下图所示。"清除"子菜单中有 4 个选项，其作用介绍如下。

- "清除当前幻灯片中的计时"：可清除当前幻灯片中的计时，即幻灯片中不再显示播放时间，但在放映时可以听到旁白。
- "清除所有幻灯片中的计时"：可清除所有幻灯片中的计时，即幻灯片中不再显示播放时间，但在放映时可以听到旁白。
- "清除所有幻灯片中的旁白"：可清除所有幻灯片中的旁白，此后放映演示文稿时，这些幻灯片中不再有演讲者的旁白，但会根据录制旁白过程中的录制时间自动放映。
- "清除当前幻灯片中的旁白"：可清除当前幻灯片中的旁白，同时幻灯片中的声音图标消失，此后放映演示文稿时，该幻灯片中不再有演讲者的旁白，但会根据录制旁白过程中的录制时间自动放映。

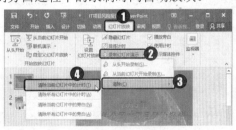

18.4.3 如何取消以黑屏结束幻灯片放映

问题描述：默认情况下，在 PowerPoint 中放映幻灯片时，每次放映结束后，屏幕总显示为黑屏，若此时需继续放映下一组幻灯片，就非常影响观看效果，可以不用黑屏结束吗？

解决方法：可以。对于这种情况，可以使用下面的方法解决。切换到"文件"选项卡，单击"选项"命令，弹出"PowerPoint选项"对话框，切换到"高级"选项卡，在"幻灯片放映"栏中取消勾选"以黑幻灯片结束"复选框，然后单击"确定"按钮即可，如右图所示。

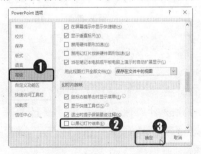

18.5 综合案例——为"青春再放送"设置放映方式

结合本章所讲的知识要点，本节将以为"青春再放送"演示文稿设置放映方式为例，讲解幻灯片的放映设置，控制幻灯片放映，以及输出和发布演示文稿等的方法。

"青春再放送"演示文稿设置好放映方式后的效果，如下图所示。

01 打开"素材文件\第 18 章\青春再放送.pptx"文件。切换到"幻灯片放映"选项卡，在"设置"组中单击"排练计时"按钮，如下图所示。

02 此时，将自动切换到幻灯片放映视图，同时出现"录制"工具栏，当前幻灯片的放映时间达到需求后，通过单击鼠标左键，切换到下一张幻灯片，重复此操作，如下图所示。

03 到达幻灯片末尾时，单击鼠标左键，将出现信息提示框，单击"是"按钮，即可保留排练时间，如下图所示。

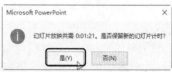

04 选中要修改排练计时的幻灯片，切换到"切换"选项卡，在"计时"组的"设置自动换片时间"微调框中根据需要进行设置即可，如下图所示。

05 切换到"幻灯片放映"选项卡，在"设置"组中单击"设置幻灯片放映"按钮，如下图所示。

06 弹出"设置放映方式"对话框，在"放映类型"栏中选择需要的幻灯片放映类型；在"放映选项"栏中根据需要进行设置；在"放映幻灯片"栏中设置幻灯片的放映范围；在"换片方式"栏中选择是否使用设置的自动切换幻灯片时间；在使用多显示器时，在"多监视器"栏中进行相关的使用设置，设置完成后单击"确定"按钮即可，如右图所示。

第 5 篇　其他组件篇

第 19 章

Access 2016 数据库基础

》》 **本章导读**

Access 是 Office 的组件之一，是一个中小型的数据库管理系统。利用 Access，能够轻松实现信息的保存、维护、查询、统计、打印和发布。与其他专门的数据库系统相比，被集成在 Office 中的 Access 的操作更加简单易学。本章将介绍 Access 2016 数据库的基础操作。

》》 **知识要点**

- ✓ 创建数据库
- ✓ 字段的操作
- ✓ 创建表
- ✓ 表的基本操作

19.1 创建数据库

利用 Access 创建的数据库为关系型数据库，是相关对象的集合，每个对象都是数据库中的一个组成部分。本节主要介绍如何通过 Access 2016 创建数据库。

19.1.1 创建空白数据库

在 Access 2016 中，要创建一个空白的数据库，具体操作如下。

微课：创建空白数据库

01 启动 Access 2016，在右侧的界面中单击"空白桌面数据库"选项，如下图所示。

💡 **提示**

在 Access 2016 中切换到"文件"选项卡，单击"新建"命令，在右侧的"新建"界面中单击"空白桌面数据库"选项，也可以创建空白数据库。

02 在弹出的对话框中，设置新建空白数据库的文件名，然后单击▣按钮，如下图所示。

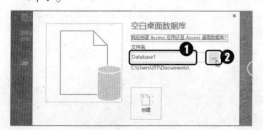

03 弹出"文件新建数据库"对话框，根据需要设置文件保存路径，然后单击"确定"按钮保存设置，如下图所示。

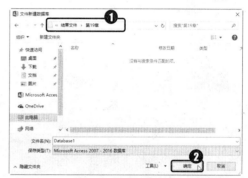

04 返回"空白桌面数据库"对话框，单击"创建"按钮，如下图所示。

05 Access 2016 将根据设置的文件名和保存路径，新建一个空白数据库，如下图所示。

19.1.2 根据模板新建空数据库

在 Access 2016 中，还可以根据内置的模板或联机搜索模板，来创建已有数据结构的空数据库。具体操作如下。

微课：根据模板新建空数据库

01 在 Access 2016 中切换到 "文件" 选项卡，单击 "新建" 命令，如下图所示。

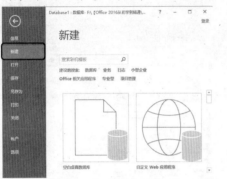

02 在右侧的 "新建" 界面中，在 "搜索联机模板" 搜索框中输入要搜索的关键字，然后按下 "Enter" 键，在下方的搜索结果中单击需要的选项，如下图所示。

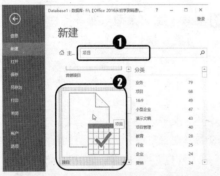

03 在弹出的对话框中，按照创建空白数据

库时的设置方法，设置数据库的文件名和保存路径，然后单击 "创建" 按钮，如下图所示。

04 此时 Access 2016 将自动下载联机模板或调用内置模板，耐心等待，即可根据模板创建空数据库，如下图所示。

 19.2 创建表

在创建了数据库之后，就需要创建表。因为表是 Access 数据库的集成，是信息的载体，是所有操作的数据来源。本节主要介绍如何在 Access 2016 数据库中创建表。

19.2.1 使用表设计器创建表

在创建了空白的 Access 数据库后，用户可以使用 Access 提供的表设计器来创建出需要的表。具体操作如下。

微课：使用表设计器创建表

01 打开"素材文件\第 19 章\用表设计器创建表.accdb"文件，切换到"创建"选项卡，在"表格"组中单击"表设计"按钮，如下图所示。

02 此时将创建一个表，并自动进入表设计视图，在"字段名称"列的第一行输入第一个字段名称，如"编号"，按下"Enter"键确认输入，此时将激活"数据类型"列，单击右侧的下拉按钮，在打开的下拉列表中选择数据类型即可，如下图所示。

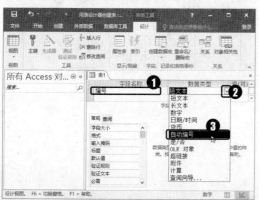

03 在字段属性栏的"常规"选项卡中，可以根据需要设置字段的字段大小、格式、文本对齐方式等。本例在"格式"

设置项中，输入自定义格式"cq0001"，按下"Enter"键确认输入后，将自动显示为"cq'0001'"，如下图所示。

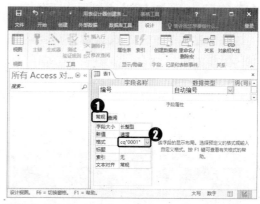

04 在"字段名称"列的下一行中，输入下一个字段名称，根据需要设置其"数据类型"和字段属性，完成表格字段的输入后，单击"保存"按钮 🖫，如下图所示。

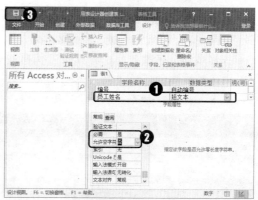

05 弹出"另存为"对话框，根据需要设置"表名称"，然后单击"确定"按钮即可，如下图所示。

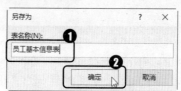

06 弹出提示对话框，提示没有定义主键，
单击"是"按钮关闭对话框，自动将第
一个字段名称定义为主键，即可完成表
的创建，如右图所示。

💬 提示

主键即主关键字。主键可以保证表中的每条记录都具有唯一性。设置主键有助于用户对数据进行查询。

19.2.2 通过输入数据创建表

在创建了空白的 Access 数据库后，用户可以通过输入数据来创建表。
具体操作如下。

微课：通过输入数据创建表

01 打开"素材文件\第 19 章\通过输入数据
创建表.accdb"文件，切换到"创建"
选项卡，在"表格"组中单击"表"按
钮，如下图所示。

02 此时将创建一个新表，第一列是"ID"
编号字段，默认为主键，单击第二列"单
击以添加"字段处，在打开的下拉列表
中选择需要的字段类型。本例单击"短
文本"选项，如下图所示。

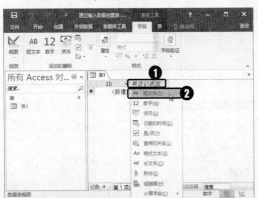

03 此时在"ID"字段后将添加一个新列，
同时该字段名处于可编辑状态，根据需

要输入字段名即可，如下图所示。

04 按下"Enter"键确认输入后，Access 将
自动选择右侧的"单击以添加"字段，
并打开下拉列表，重复前面的操作指定
字段类型，添加新字段列，然后输入字
段名称创建字段，直至完成表中所有字
段的创建，如下图所示。

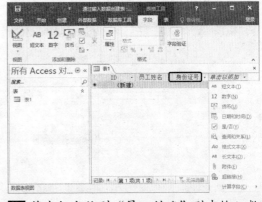

05 将光标定位到"员工姓名"列中输入数
据，按下"Enter"键，将自动定位到同
行的右侧列中，继续输入数据即可；完
成当前行的数据输入后，按下"Enter"

键，将自动在本行下添加一个新行，并定位到其中的第一列；完成表的数据输入后，单击"保存"按钮🖫即可，如下图所示。

06 弹出"另存为"对话框，根据需要设置"表名称"，然后单击"确定"按钮即可，如下图所示。

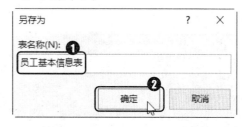

19.2.3 导入外部数据

　　Access 2016 支持 Excel 工作表、SharePoint 列表、XML 文件、OutLook 文件夹、其他 Access 数据库等多种类型的数据源，用户可以通过导入这些外部数据来快速完成表的创建。具体操作如下。

微课：导入外部数据

01 打开"素材文件\第 19 章\导入外部数据.accdb"文件，切换到"外部数据"选项卡，根据本例数据源类型，在"导入并链接"组中单击"Excel"按钮，如下图所示。

02 弹出"获取外部数据-Excel 电子表格"对话框，单击"浏览"按钮，设置要导入的源文件，如下图所示。

03 弹出"打开"对话框，根据文件保存路径找到并选中要导入的 Excel 数据源文件，单击"打开"按钮，如下图所示。

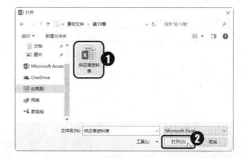

04 返回"获取外部数据-Excel 电子表格"对话框，选中"将源数据导入当前数据库的新表中"单选按钮，然后单击"确定"按钮，如下图所示。

05 此时打开"导入数据表向导"对话框，选择源数据所在的工作表，然后单击"下一步"按钮，如下图所示。

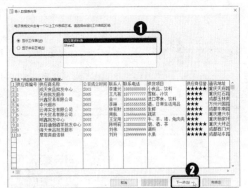

06 进入下一步设置，本例勾选"第一行包含列标题"复选框，然后单击"下一步"按钮，如下图所示。

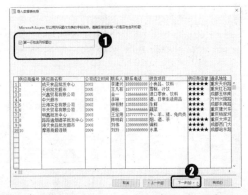

07 进入下一步设置，在列表框中选中要设置的列，根据需要设置对应的字段名称、数据类型等，逐一设置后单击"下一步"按钮，如下图所示。

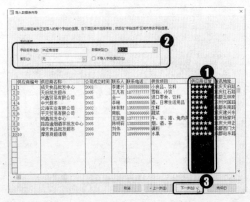

08 进入下一步设置，本例选中"我自己选择主键"单选按钮，然后在列表框中单击要设置为主键的字段所在列，将该字段名添加到单选按钮后方的下拉列表框中，单击"下一步"按钮，如下图所示。

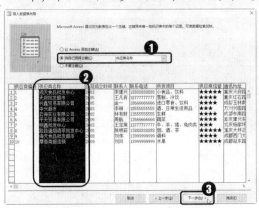

09 进入下一步设置，在"导入到表"文本框中设置导入数据创建的表的名称，然后单击"完成"按钮，如下图所示。

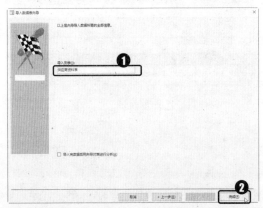

😊 **提示**

如果在步骤 5 处，在选择源数据所在的工作表后直接单击"完成"按钮，将跳过导入设置，按照默认设置来导入外部数据。

10 返回"获取外部数据-Excel 电子表格"对话框，根据需要选择是否勾选"保存导入步骤"复选框。本例勾选该复选框，然后在下方显示出的"另存为"文本框中，输入导入步骤名称，然后单击"保存导入"按钮即可，如下图所示。

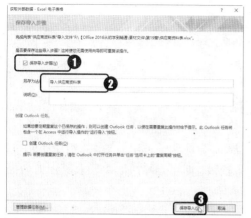

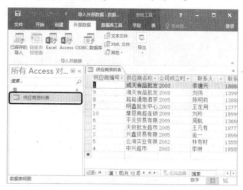

的表，在导航窗格中双击该表将其打开，可以看到其中导入了所选 Excel 工作表中的数据，如下图所示。

11 返回 Access 数据库，可以看到其中按照设置创建了一个名为"供应商资料表"

19.3 字段的操作

在 Access 中创建数据表之后，可以通过修改字段，来对表的结构进行修改。本节主要介绍在 Access 2016 数据表中对字段进行各种操作，例如添加字段、删除字段、设置字段属性等方法。

19.3.1 切换视图模式

默认情况下，Access 以"数据表视图"显示，要在 Access 数据表中对字段进行各种编辑操作，需要先切换到"设计视图"模式。切换视图模式的方法主要有以下两种。

微课：切换视图模式

- 通过快捷菜单：打开数据表，使用鼠标右键单击数据表标签，在弹出的快捷菜单中单击"设计视图"命令或"数据表视图"命令，即可切换到相应的视图模式，如下图（左边）所示。
- 通过功能区命令：打开要设置的数据表，在"开始"选项卡的"视图"组中直接单击"视图"按钮 ☑（设计）或 ▦（数据表）；或者单击"视图"下拉按钮，在打开的下拉菜单中单击"设计视图"命令或"数据表视图"命令，即可切换到相应的视图模式，如下图（右边）所示。

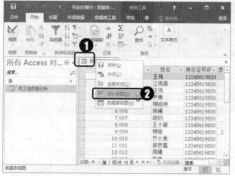

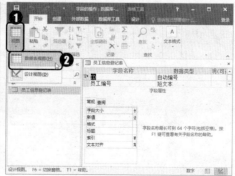

19.3.2　修改字段

在导航窗格中双击数据表名称，打开要设置的数据表，切换到"设计视图"，在数据表中即可根据需要添加、删除、移动或复制字段，以实现更改数据表结构的目的。方法如下。

微课：修改字段

- 删除字段：使用鼠标右键单击要删除的字段所在的行，在弹出的快捷菜单中单击"删除行"命令，在弹出的提示对话框中单击"是"按钮即可，如下图（左边）所示；或者选中要删除的字段所在的行，切换到"表格工具/设计"选项卡，在"工具"组中单击"删除行"按钮，在弹出的提示对话框中单击"是"按钮，即可删除所选字段及其所有数据，如下图（右边）所示。

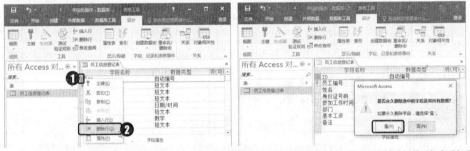

- 添加字段：选中要添加字段的下一行字段，单击鼠标右键，在弹出的快捷菜单中单击"插入行"命令即可，如下图（左边）所示；或者选中要添加字段的下一行字段，切换到"表格工具/设计"选项卡，在"工具"组中单击"插入行"按钮，即可在所选字段上方插入一行空行，在其中输入字段名称，设置字段数据类型即可添加字段，如下图（右边）所示。

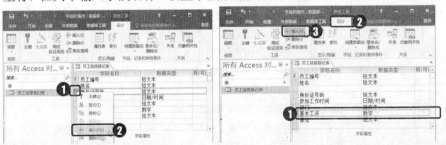

- 移动字段：选中要移动的字段所在的行，按住鼠标左键并拖动，此时将出现一根黑色的粗线，表示该字段（行）移动到的位置，到目标位置后释放鼠标左键，即可移动所选字段，如下图所示。

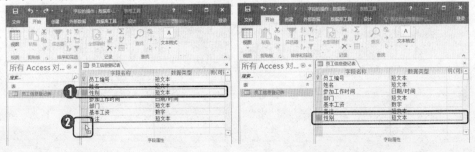

- 复制字段：选中要复制的字段所在的行，单击鼠标右键，在弹出的快捷菜单中单击"复制"命令，然后选中要复制字段的目标行，在快捷菜单中单击"粘贴"命令，或在"开始"选项卡的"剪贴板"组中单击"粘贴"按钮，即可复制所选字段到目标位置，如下图所示。

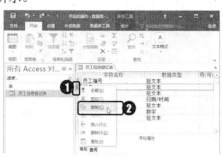

19.3.3 创建有效性规则

在 Access 2016 中，可以为数据表中的字段创建有效性规则，来限制该字段的取值，避免输入非法数据。具体操作如下。

微课：创建有效性规则

01 打开"素材文件\第 19 章\邀请函.accdb"文件，打开"员工信息登记表"，切换到"设计视图"。选中要设置有效性规则的字段所在的行，在字段属性栏的"常规"选项卡中，将光标定位到"验证规则"设置项，单击出现的 ... 按钮，如下图所示。

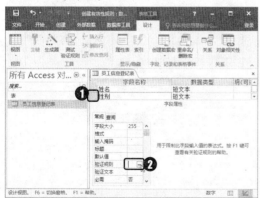

02 弹出"表达式生成器"对话框，在"输入一个表达式以验证此字段中的数据"列表框中输入表达式。本例输入"男 Or 女"，然后单击"确定"按钮，如下图所示。

03 返回数据表，单击"保存"按钮 🖫，弹出提示对话框，单击"是"按钮，如下图所示。

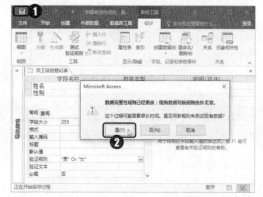

04 由于本例中"性别"字段未输入数据，此时将弹出提示对话框，要求选择是否用新设置继续测试，本例单击"是"按钮，如下图所示。

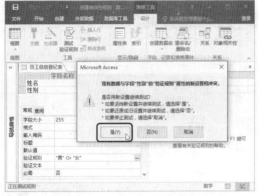

05 返回数据表，切换到"数据表视图"，

在"性别"列中如果输入了非法数据，按下"Enter"键，将弹出提示对话框，此时单击"确定"按钮关闭对话框，然后重新输入符合验证规则的数据即可，如下图所示。

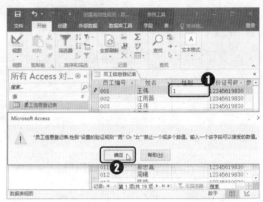

19.3.4 更改字段查阅方式

在 Access 2016 中，查看数据表时，可以使用不同的方式查询字段，以便用户根据需要快速查阅和输入对数据。

微课：更改字段查阅方式

更改字段查询方式的方法为：打开表，切换到"设计视图"，选中要更改查阅方式的字段所在的行，在字段属性栏的"查阅"选项卡中，打开"显示控件"下拉列表，单击需要的选项，然后根据需要，对显示出的相关设置项进行设置即可，如下图所示。

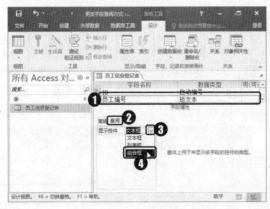

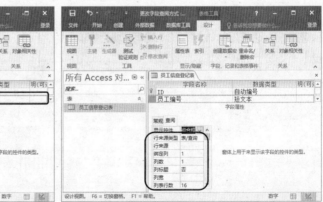

19.3.5 【案例】设置字段通过下拉列表快速输入数据

结合本节所讲的知识要点，下面将设置字段的查阅方式，使字段可以通过下拉列表快速输入数据，以此为例，讲解在 Access 2016 数据表中对字段进行各种操作的方法，具体操作如下。

微课：设置字段通过下拉列表
快速输入数据

01 打开"素材文件\第19章\更改字段查阅
方式.accdb"文件，打开"员工信息登
记表"，切换到"设计视图"。选中要更
改查阅方式的字段所在的行，在字段属
性栏的"查阅"选项卡中，打开"显示
控件"下拉列表，单击需要的选项，本
例单击"列表框"选项，如下图所示。

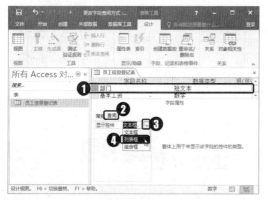

02 此时将在"查阅"选项卡中显示出该"显
示控件"相关的设置项，将光标定位到
"行来源"设置项中，单击出现的按钮
📋，如下图所示。

03 弹出"显示表"对话框，在"表"选项
卡中选择"员工信息登记表"选项，如
下图所示。在此对话框单击对话框底部
的"添加"按钮，然后单击"关闭"按
钮关闭对话框。

04 此时在Access窗口中，将打开"员工信
息登记表：查询生成器"，在"员工信
息登记表"窗格中双击"部门"字段，
然后单击表标签栏右侧的"关闭"按钮，
如下图所示。

05 弹出提示对话框，此时单击"是"按钮
即可，如下图所示。

06 返回"员工信息登记表"，单击"保存"
按钮📋保存设置，然后切换到"数据表
视图"。此时将光标定位到"部门"列
中，将出现下拉按钮，单击该按钮，可
以打开下拉列表，在其中单击需要的选
项，即可将其输入到表中，如下图所示。

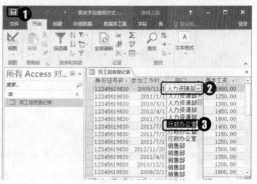

19.4 表的基本操作

在 Access 中，在"数据表视图"模式下，可以对表进行分组、删除、复制等操作，以满足用户的不同编辑需求。本节主要介绍在 Access 2016 中表的基本操作。

19.4.1 对表分组

当数据库中包含有大量表时，为了便于查找和管理表，可以为不同类型的表创建不同的分组。对表分组的具体操作如下。

微课：对表分组

01 打开 Access 数据库，使用鼠标右键单击导航窗格标题栏处，在弹出的快捷菜单中单击"导航选项"命令，如下图所示。

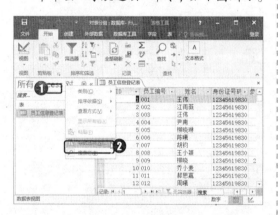

02 打开"导航选项"对话框，单击左侧"类别"列表框底部的"添加项目"按钮，新建类别项目，并根据需要输入名称；然后选中新建的类别，在右侧的列表框底部单击"添加组"按钮，新建自定义组，并根据需要输入新建组的名称；然后单击"确定"按钮保存设置，如下图所示。

☺ **提示**

在列表框中选中自定义类别后单击"重命名项目"按钮，或选中自定义组后单击"重命名组"按钮，即可进入编辑状态编辑所选类别或组的名称。

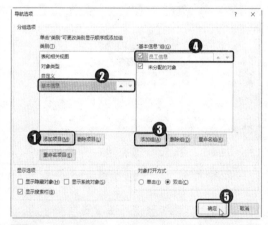

03 返回数据库，在导航窗格的标题栏中单击 ⊙ 按钮，在打开的下拉菜单中单击新建并创建了分组的自定义类别，本例单击"基本信息"命令，如下图所示。

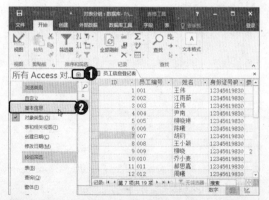

04 在导航窗格中将显示出该类别，使用鼠标右键单击未分配组的表，在弹出的快捷菜单中展开"添加到组"子菜单，在

其中单击要将表分配到的分组，如下图所示。

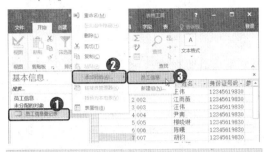

提示

在导航窗格中使用鼠标右键单击组名称，在弹出的快捷菜单中单击"重命名"命令，即可使该组名称呈可编辑状态，输入需要的名称，然后单击任意空白处即可。

05 在导航窗格中即可看到对表分组后的效果；如果在快捷菜单的"添加到组"子菜单中单击"新建组"命令，将快速创建一个自定义组，并将所选表添加到新建的自定义组中，根据需要输入该组的名称即可，如下图所示。

19.4.2　复制表

在编辑 Access 数据库时，可以通过复制表，提高工作效率。在复制表时，Access 提供了仅复制表结构、同时复制表结构和表数据，以及将数据追加到已有的表等多种复制方式，以便满足用户的不同需求。复制表的具体操作如下。

微课：复制表

01 打开数据库，在导航窗格中使用鼠标右键单击要复制的表，在弹出的快捷菜单中单击"复制"命令，如下图所示。

02 在导航窗格的任意空白处单击鼠标右键，在弹出的快捷菜单中单击"粘贴"命令，如下图所示。

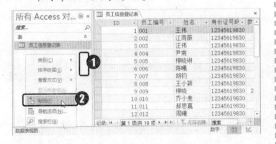

03 弹出"粘贴表方式"对话框，在"表名称"文本框中设置复制后的表名称，在"粘贴选项"栏中根据需要进行选择，本例选中"仅结构"单选按钮，然后单击"确定"按钮，如下图所示。

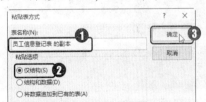

04 返回数据库，打开复制的表，即可看到复制表后的效果，如下图所示。

19.4.3 通过设置常规属性隐藏表

在 Access 2016 数据库中，表是具有属性的。通过"属性"对话框，可以查看表的创建时间、修改时间等常规属性，还可以为表编辑说明文字，设置隐藏表。

微课：通过设置常规属性隐藏表

以隐藏表为例，设置表的常规属性的方法为：在导航窗格中使用鼠标右键单击要设置的表，在弹出的快捷菜单中单击"表属性"命令，打开表的"属性"对话框，默认显示"常规"选项卡，在"说明"文本框中可以输入表的说明文字，在"属性"栏中勾选"隐藏"复选框，然后单击"确定"按钮，即可设置该表的常规属性为"隐藏"，如下图所示。返回数据库，可以看到该表被隐藏起来。

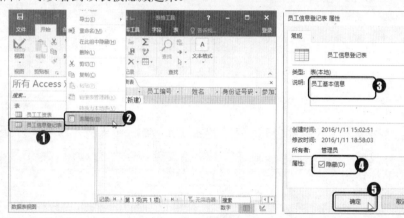

> 😊 **提示**
>
> 在导航窗格中使用鼠标右键单击要设置的表，在弹出的快捷菜单中单击"在此组中隐藏"命令，可以在当前分组中隐藏该表。

19.5 高手支招

本章主要介绍了在 Access 2016 中创建数据库、创建表、字段的操作、表的基本操作等知识。本节将对一些相关知识中延伸出的技巧和难点进行解答。

19.5.1 如何显示数据库中被隐藏的表

问题描述：默认情况下，在数据库中隐藏了表之后，导航窗格中将不再显示出被隐藏的表，因此也无法对其进行打开、复制、重命名等各种操作，如何设置，能够显示出数据库中被隐藏的表，以便对其进行操作？

解决方法：要显示出数据库中被隐藏的表，方法为：打开 Access 数据库，使用鼠标右键单击导航窗格标题栏处，在弹出的快捷菜单中单击"导航选项"命令，打开"导航选项"对话框，在"显示选项"栏中勾选"显示隐藏对象"复选框，然后单击"确定"按钮，返回数据库，可以看到导航窗格中设置了隐藏表的名称呈灰色显示，此时可以对该表进行各种编辑操作，如下图所示。

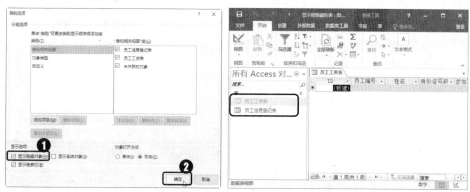

19.5.2　快速查找和替换数据

问题描述：在数据库中，如果需要查找或替换某个数据记录，在各个表中逐项进行查找很不现实，有什么办法能够快速查找和替换数据库中的数据记录吗？

解决方法：打开数据库，打开要查找或替换数据的表，在"开始"选项卡的"查找"组中单击"查找"按钮，即可打开"查找和替换"对话框，通过该对话框，即可快速实现数据的查找和替换操作。方法如下。

* 查找数据：在"查找"选项卡中，根据需要输入"查找内容"关键字，设置"查找范围"、"匹配"字段选项和"搜索"范围等，然后通过单击"查找下一个"按钮，自动查找符合条件的数据，并将其选中，呈高亮显示，如下图（左边）所示。

* 替换数据：在"替换"选项卡中，根据需要输入"查找内容"和"替换为"内容，设置"查找范围"等参数，通过单击"查找下一个"按钮查找符合条件的数据，然后单击"替换"按钮，可替换当前选中的数据内容，单击"全部替换"按钮，可一次性替换表中所有符合查找条件的数据，如下图（右边）所示。

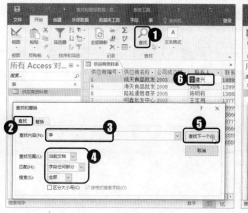
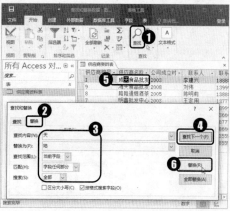

19.5.3 认识常用的数据类型

问题描述：在 Access 中，创建与编辑表时常常需要设置字段的数据类型，例如"短文本"、"长文本"、"日期/时间"等，这些数据类型各自有什么作用呢？

解决方法：在 Access 中，可以定义多种数据类型，如下图所示。常用的数据类型及其作用如下。

"短文本"：主要用于存放文本和字符等内容。

"长文本"：主要用于在数据库中存放说明性文字。

"数字"：主要用于存放数值。

"日期/时间"：主要用于存放有关日期和时间的数据。

"货币"：用于存放和货币有关的数据。

"是/否"：主要用于存放逻辑值。

"OLE 对象"：主要用于存放 Word 或 Excel 文档、图片、声音或其他程序创建的二进制数据等。

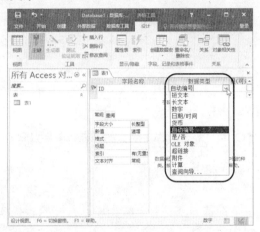

"自动编号"：为字段设置了该数据类型，在添加一个记录后，将自动按照所设的编号格式添加编号。

19.6 综合案例——为字段设置输入掩码

结合本章所讲的知识要点，本节将以在 Access 2016 数据库中为表中的字段设置输入掩码为例，讲解在 Access 2016 中创建数据库、创建表、字段的操作、表的基本操作等方法。

微课：为字段设置输入掩码

"学生成绩表"数据库"上半学年期中成绩"表编辑完成后的效果，如下图所示。

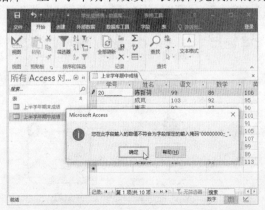

01 打开"素材文件\第 19 章\学生成绩表.accdb"文件，打开"上半学年期中成绩"表，切换到"设计视图"。选中"学号"字段所在行，在字段属性栏的"常规"选项卡中，将光标定位到"输入掩码"设置项中，单击出现的 ⋯ 按钮，如下图所示。

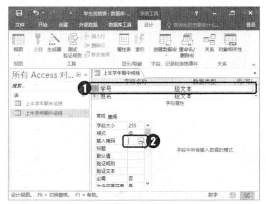

02 弹出"输入掩码向导"对话框，单击"编辑列表"按钮，如下图所示。

03 弹出"自定义'输入掩码向导'"对话框，根据需要进行设置，设置完成后单击"关闭"按钮关闭对话框，如下图所示。

😊 **提示**

如果有问题，可以通过单击"上一步"按钮返回前面的设置步骤进行修改，完成修改后单击"下一步"按钮即可。

04 返回"输入掩码向导"对话框，在列表框中可以看到设置的自定义掩码，该掩码呈选中状态高亮显示，单击"下一步"按钮，如下图所示。

05 进入下一步设置，确认输入掩码无误后，单击"下一步"按钮，如下图所示。

06 进入下一步设置，选中"像这样不使用掩码中的符号"单选按钮，单击"下一步"按钮，如下图所示。

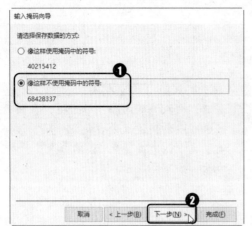

07 进入最后一步设置，如果设置确认无误，则单击"完成"按钮，即可完成输入掩码的设置，如下图所示。

08 返回数据库，单击"保存"按钮保存表，然后在"表格工具/设计"选项卡的"视图"组中单击"视图"按钮（数据表），切换到"数据表视图"。

09 此时在"学号"列中输入数据，如果输入的数据不符合输入掩码的设置，将弹出提示对话框。单击"确定"按钮关闭对话框，然后重新输入数据即可，如下图所示。

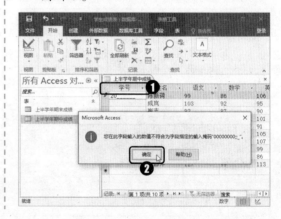

第 20 章

使用 Outlook 2016 收发邮件

》》 **本章导读**

Outlook 2016 是管理日常事务的工具，相当于一个办公小秘书，它可以管理联系人、收发电子邮件，以及安排约会、会议等事务。利用 Outlook 2016，我们可以更加轻松地安排事情的优先次序，以便我们能将主要精力放在最重要的事情上。本章将介绍利用 Outlook 2016 收发与管理电子邮件，以及管理日常事务的方法。

》》 **知识要点**

- ✓ 收发邮件
- ✓ 管理联系人
- ✓ 管理邮件
- ✓ 利用日历安排计划

20.1 收发邮件

绩效考核是公司人力资源管理的一项重要制度。公司人力资源管理应当不断对绩效考核制度进行修订和完善，并提交领导审核。本节主要介绍在 Outlook 2016 中添加邮件账户和收发邮件的方法。

20.1.1 配置 Outlook 邮箱账户

在使用 Outlook 2016 收发电子邮件前，还需要配置一个账户。在第一次启用 Outlook 时，将弹出向导对话框，引导用户对 Outlook 账户进行配置。

微课：配置 Outlook 邮箱账户

> 💬 **提示**
>
> 在 Outlook 窗口中，切换到"文件"选项卡，默认打开"信息"子选项卡，在右侧的"信息"界面中单击"添加账户"按钮，也可以打开账户配置向导对话框添加邮件账户。

以第一次启用 Outlook 2016 为例，添加邮件账户的具体操作如下。

01 启动 Outlook 2016 程序，由于是第一次启用，将打开向导对话框，单击"下一步"按钮进入下一步设置，如下图所示。

02 进入"账户设置"对话框，选中"是"单选按钮，单击"下一步"按钮，如下图所示。

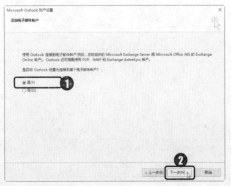

03 进入"添加账户"对话框，根据需要选择配置方式，如选中"电子邮件账户"单选按钮，然后在下面的选项中设置输入账户名称、邮件地址及邮件地址对应的密码，设置完成后单击"下一步"按钮，如下图所示。

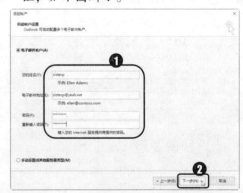

> 💬 **提示**
>
> 若选中"手动配置或其他服务器类型"单选按钮，可以在接下来弹出的对话框中根据提示手动配置邮箱账户，主要包括用户、服务器等信息，其中服务器信息可以到 Web 网页上登录电子邮箱，在邮箱的首页中查找，或者通过帮助信息查看。

04 此时开始自动配置服务器设置，如果弹出提示对话框询问是否允许，单击"允许"按钮即可，如下图所示。

05 在账户配置完成后，会在对话框中提示
用户配置成功，单击"完成"按钮即可，
如下图所示。

> 🔧 **注意**
>
> 配置账户时，如果使用的邮箱地址是新用户，则该邮箱要达到一定等级时才能使用 POP 业务。此外
> 在自动配置邮箱的过程中，如果到邮件服务器的加密连接不可用，会在对话框中给出提示，此时可以单击
> "下一步"按钮尝试使用非加密连接。

20.1.2 接收和阅读邮件

在配置了电子邮件账户后，就可以使用 Outlook 2016 来接收邮箱中的
邮件了。接收和阅读邮件的具体操作如下。

微课：接收和阅读邮件

01 启动 Outlook 2016，切换到"发送/接收"
选项卡，在"发送和接收"组中单击"发
送/接收组"下拉按钮，在打开的下拉菜
单中选择要接收邮件的账户，然后单击
其下的"收件箱"命令，如下图所示。

02 此时 Outlook 2016 将访问邮箱的接收服
务器和发送服务器收发邮件，在弹出的
"Outlook 发送/接收进度"对话框中将显
示出任务完成的进度，如下图所示。

03 完成邮件的收发后，在导航窗格中单击
要接收邮件的账户下的"收件箱"，在
中间的窗格中将显示出该收件箱中的
邮件列表，在列表中单击要阅读的邮
件，即可在右侧的窗格中查看到邮件的
内容，如下图所示。

04 在邮件列表中双击要阅读的邮件，可以
打开单独的邮件窗口查看邮件内容，如
右图所示。

😊 **提示**

在单独打开的邮件查看窗口中，单击快速访问
工具栏中的"上一项" ⬆ 或"下一项" ⬇ 按钮，
即可在窗口中快速打开邮件列表中的上一封邮件
或下一封邮件内容。

20.1.3 回复邮件

在收到邮件之后，可以在 Outlook 2016 中对邮件进行回复。具体操作
如下。

微课：回复邮件

01 在 Outlook 2016 的导航窗格中单击"收
件箱"，在中间窗格的邮件列表中选择
要回复的邮件，然后在"开始"选项卡
的"响应"组中单击"答复"按钮，或
单击右侧窗格中邮件内容顶部的"答
复"按钮，如下图所示。

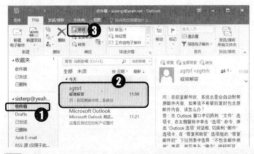

02 此时在右侧窗格中将打开答复邮件窗
口，在其中可以答复邮件。单击"弹出"
按钮，可以弹出一个单独的答复邮件窗
口，方便进行操作，如下图所示。

03 在回复邮件时，Outlook 2016 将自动添
加"收件人"和"主题"信息，在对话
框中输入回复的邮件内容后，单击"发
送"按钮，即可发送邮件并关闭答复邮
件窗口，如下图所示。

04 默认情况下，在回复邮件时，Outlook
2016 会自动附带原邮件内容，如果不希
望回复时包含原邮件内容，可以切换到
"文件"选项卡，单击"选项"命令，
如下图所示。

05 弹出"Outlook 选项"对话框，切换到
"邮件"选项卡，在"答复和转发"栏
中打开"答复邮件时"下拉列表，在其
中选择"不包含邮件原件"选项，然后
单击"确定"按钮即可，如右图所示。

☺ **提示**

在"答复和转发"栏的"转发邮件时"下拉列
表中，可以设置转发邮件时如何附带原邮件。

20.1.4　撰写新邮件

在 Outlook 2016 中，撰写一封完整的邮件，包括指定收件人、编辑邮
件主题、撰写正文、添加附件等过程。撰写新邮件的具体操作如下。

微课：撰写新邮件

01 启动 Outlook 2016，在"开始"选项卡
的"新建"组中单击"新建电子邮件"
按钮，如下图所示。

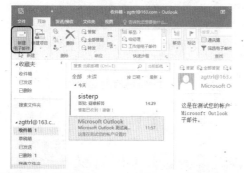

02 打开邮件撰写窗口，在其中设置收件人
地址、邮件主题及内容等信息，然后在
"邮件"选项卡的"添加"组中单击"附
件文件"下拉按钮，在打开的列表中选
择"浏览此电脑"选项，如下图所示。

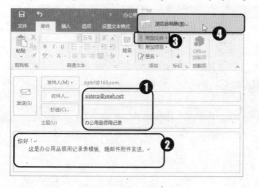

03 弹出"插入文件"对话框，根据文件的
保存路径，找到并选中要发送的文件，
然后单击"插入"按钮，如下图所示。

04 返回"邮件"撰写窗口，"主题"文本
框下面出现"附件"文本框，此时可以
单击"发送"按钮将邮件发送出去，如
下图所示。

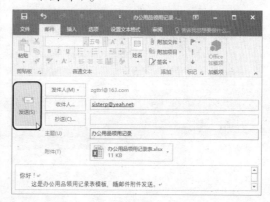

😊 **提示**

如果在 Outlook 中创建了多个邮件账户，发送邮件时，会将默认的邮件账户作为发件人。若在"邮件"撰写窗口中单击"发件人"按钮，在弹出的下拉列表中可以选择发件人。此外，若要将当前邮件发送给多个用户，可以在"收件人"文本框中输入所有收件人的邮箱地址，并用分号"；"（在英文状态下输入）间隔。

在"邮件"撰写窗口中有"邮件"、"插入"、"选项"、"设置文本格式"和"审阅"5个选项卡，它们都用于电子邮件的编辑，下面分别进行介绍。

- "邮件"选项卡：列出了编辑普通邮件时常用的工具，其中"剪贴板"和"普通文本"组用于正文的编辑；"姓名"组中的"通讯簿"按钮用于添加收件人，"检查姓名"按钮用于检查输入的姓名和电子邮件地址，以确保能将邮件发送给他们；"添加"组用于添加随邮件一起发送的附件、名片等；"标记"组用于标示信件的重要性，如下图所示。

- "插入"选项卡：用于在邮件中插入附件、名片、表格和图片等对象，如下图所示。

- "选项"选项卡：用于对邮件进行高级设置，其中"主题"组用于设置邮件的页面颜色、主题样式等；"显示字段"组用于显示"密件抄送"字段，在此可以指定秘密接收当前邮件的人员；"跟踪"组用于收集收件人对该邮件的意见；"其他选项"组用于设置邮件发送状态，如下图所示。

- "设置文本格式"选项卡：该选项卡中包含"剪贴板"、"格式"、"字体"和"段落"等组，用于设置邮件正文的格式，如下图所示。

- "审阅"选项卡：用于检查正文中的拼写、语法有无错误，对中文进行简繁转换等操作，如下图所示。

20.2 管理邮件

当接收和发送的邮件越来越多，用户需要对 Outlook 中的邮件进行有效的管理。本节主要介绍在 Outlook 2016 中删除与恢复邮件、查找邮件以及过滤垃圾邮件的方法。

20.2.1 删除与恢复邮件

默认情况下，Outlook 2016 会将收取的邮件和已发送的邮件进行保存，日积月累，邮箱中将存在大量邮件，从而占用电脑过多的资源。因此，对于不需要的邮件可将其从"收件箱"、"已发送"等文件夹中删除。

删除邮件后，默认情况下 Outlook 会将被删除的邮件转移到"已删除"文件夹中，如果误删了邮件，在彻底删除该邮件前，可以从"已删除"文件夹中找回，恢复到原文件夹中。下面将分别介绍删除与恢复邮件的方法。

1. 删除邮件

在 Outlook 2016 中删除邮件的方法主要有以下几种。

- 在导航窗格中进入邮件所在文件夹，在邮件列表中，选中将要删除的邮件，然后在"开始"选项卡的"删除"组中单击"删除"按钮，如下图（左边）所示。

微课：删除邮件

- 在导航窗格中进入邮件所在文件夹，在邮件列表中，使用鼠标右键单击要删除的邮件，在弹出的快捷菜单中单击"删除"命令，如下图（中间）所示。
- 在导航窗格中进入邮件所在文件夹，在邮件列表中，将光标指向删除的邮件右侧，单击出现的"单击以删除项目"按钮 ✕，如下图（右边）所示。
- 在导航窗格中进入邮件所在文件夹，在邮件列表中选中要删除的邮件后，按下"Delete"键或"Ctrl+D"组合键可快速将其删除。

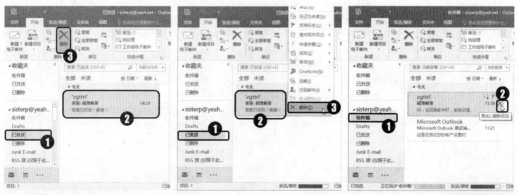

2. 恢复"已删除"文件夹中的邮件

在 Outlook 2016 中，对邮件执行删除操作后，实际上并未真正删除邮件，只是将邮件转移到了"已删除"文件夹中。如果误删了邮件，可以通过邮件移动功能将其恢复。

微课：恢复"已删除"
文件夹中的邮件

恢复被删除的邮件的方法为：在导航窗格中单击"已删除"文件夹，在中间窗格中的已删除邮件列表中，选中要恢复的邮件，单击鼠标右键，在弹出的快捷菜单中执行"移动"→"其他文件夹"命令。弹出"移动项目"对话框，在列表框中选择邮件要恢复到的位置，然后单击"确定"按钮，即可将邮件从"已删除"文件夹中还原到目标文件夹中，如下图所示。

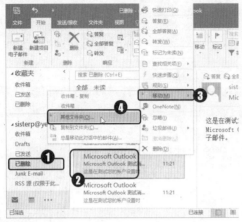
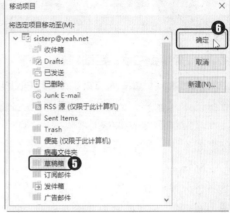

3. 彻底删除邮件

如果要想彻底删除邮件，方法主要有以下几种。

- 在导航窗格中单击"已删除"文件夹，在中间窗格中的已删除邮件列表中，选中要彻底删除的邮件，再次执行删除操作。

- 在导航窗格中使用鼠标右键单击"已删除"文件夹，在弹出的快捷菜单中单击"清空文件夹"命令，即可一次性彻底删除"已删除"文件夹中的所有邮件，如下图（左边）所示。
- 在 Outlook 窗口中，切换到"文件"选项卡，默认打开"信息"子选项卡，在中间窗格中单击"清理工具"下拉按钮，在打开的下拉菜单中单击"清空已删除项目文件夹"命令，即可一次性彻底删除"已删除"文件夹中的所有邮件，如下图（右边）所示。

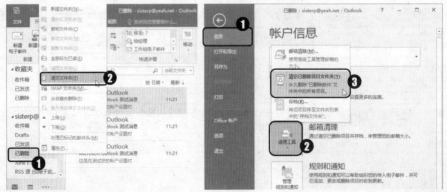

20.2.2　查找邮件

Outlook 2016 为用户提供了查找功能，通过该功能可以快速查找到需要的邮件。查找邮件的方法主要有以下两种。

- 快速查找邮件：在导航窗格中单击任意文件夹，将光标定位到中间窗格的搜索框中，此时将出现"搜索工具/搜索"选项卡，在该选项卡的"范围"组中单击相应的按钮，可以设置搜索范围，然后在搜索框中输入要搜索的关键字，按下"Enter"键，Outlook 将自动进行搜索，并将符合条件的邮件搜索结果显示在中间窗格中，如下图所示。

- 高级查找：在导航窗格中单击任意文件夹，将光标定位到中间窗格的搜索框中，此时将出现"搜索工具/搜索"选项卡，在"选项"组中单击"搜索工具"→"高级查找"命令。弹出"高级查找"对话框，在其中根据需要设置查找范围、关键字、关键字位置等参数，然后单击"立即查找"按钮即可，如下图所示。查找完成后符合条件的邮件搜索结果将显示在对话框底部和 Outlook 窗口的中间窗格中，单击"关闭"按钮关闭对话框即可。

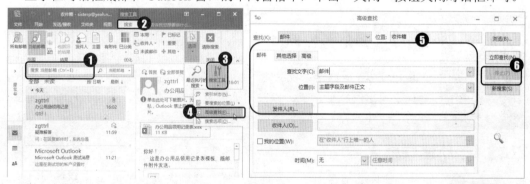

20.2.3 过滤垃圾邮件

微课：过滤垃圾邮件

Outlook 2016 默认开启了垃圾邮件过滤功能，能够在收到邮件时自动将垃圾邮件分类到"广告邮件"、"垃圾邮件"文件夹中，但该功能的保护级别默认为"低"。

根据实际需要，用户可以对垃圾邮件过滤功能进行设置，例如修改垃圾邮件过滤的保护级别，或将一些未被自动过滤的垃圾邮件的发件人添加到"阻止发件人"列表中，将其发送的邮件始终视为垃圾邮件，或将被误归为垃圾邮件的邮件恢复正常。具体操作如下。

01 在导航窗格中进入邮件所在文件夹，在创建窗格的邮件列表中，选中要设置的邮件，单击鼠标右键，在弹出的快捷菜单中展开"垃圾邮件"子菜单，在其中可以执行相应的命令，更改垃圾邮件过滤设置。本例单击"垃圾邮件选项"命令，如下图所示。

02 弹出"垃圾邮件选项"对话框，在"选项"选项卡中，可以根据需要设置垃圾邮件的保护级别，设置完成后单击"确定"按钮即可，如下图所示。

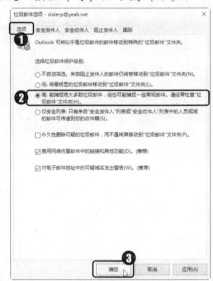

> 💬 **提示**
> 在"垃圾邮件"子菜单中单击"阻止发件人"命令，即可将该邮件的发件人添加到"阻止发件人"列表中，将其发送的邮件始终视为垃圾邮件；单击"从不阻止发件人"命令，即可将该邮件的发件人添加到"安全发件人"列表中，始终不将其发送的邮件视为垃圾邮件。

20.3 管理联系人

Outlook 2016 提供了"联系人"功能，通过该功能，可以方便地记录亲人、朋友或同事的相关信息，以及向他们发送电子邮件，或者管理电话簿等。本节主要介绍在 Outlook 2016 中管理联系人的方法。

20.3.1 新建联系人

对于经常需要发送邮件的邮箱地址，可将其添加到联系人列表中，具体操作如下。

微课：新建联系人

> 💬 **提示**
> 在"联系人"界面中选中要删除的联系人，按下"Delete"键即可删除；或者使用鼠标右键单击要删除的联系人，在弹出的快捷菜单中单击"删除"命令，也可以删除联系人；或者在"联系人"界面中选中要删除的联系人，在"开始"选项卡的"删除"组中单击"删除"按钮，也可以删除联系人。

01 在 Outlook 窗口的导航窗格中单击联系人按钮👥，展开"联系人"界面，然后在"开始"选项卡的"新建"组单击"新建联系人"按钮，如下图所示。

02 在打开的"联系人"窗口中设置联系人的姓名、单位和电子邮件等信息，相关信息设置完成后，在"联系人"选项卡的"动作"组中单击"保存并关闭"按钮，如下图所示。

的样式进行编辑；若单击"选项"组中的"图片"按钮，或单击联系人信息右侧的头像标志，可以为当前联系人设置照片。

03 在 Outlook 窗口的"联系人"界面中，在中间的窗格中，可以看到联系人列表，选中要查看信息的联系人，在右侧的窗格中即可看到为该联系人输入的详细信息，如下图所示。

20.3.2 将邮件发件人添加为联系人

除了手动输入联系人，在 Outlook 中，当接收到新邮件时，还可以把发件人地址添加到联系人列表中，将邮件发件人添加为联系人。具体操作如下。

微课：将邮件发件人添加为联系人

01 在 Outlook 窗口中，在导航窗格的"邮件"界面中单击"收件夹"，在中间窗格的邮件列表中双击新收到的邮件，如右图所示。

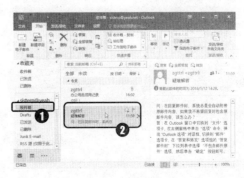

02 打开邮件阅读窗口，使用鼠标右键单击发件人地址，在弹出的快捷菜单中单击"添加到 Outlook 联系人"命令，如下图所示。

03 在打开的"联系人"对话框中设置联系人的姓名、单位和电子邮件等信息，相

关信息设置完成后，单击"保存"按钮保存设置，然后单击"关闭"按钮 × 关闭对话框即可，如下图所示。

> 😊 **提示**
>
> 在"联系人"对话框中，单击 ⊕ 按钮，在打开的下拉列表中单击需要的选项，即可在该类信息下添加所选的信息条目，在该条目下的文本框中输入内容即可。

20.3.3 更改联系人的显示方式

默认情况下，联系人是以"人员"视图模式进行显示的，如果要以其他视图模式进行显示，具体操作如下。

微课：更改联系人的显示方式

01 在 Outlook 窗口的导航窗格中单击联系人按钮 👥，展开"联系人"界面，在"开始"选项卡的"当前视图"组中，单击"更改视图"下拉按钮，在打开的下拉菜单中单击需要的视图模式，如"卡片"，如下图所示。

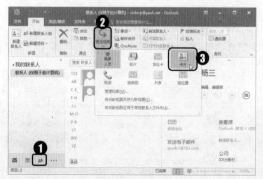

02 此时将以"卡片"视图模式显示联系人信息，如下图所示。

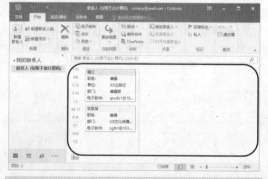

> 😊 **提示**
>
> 在"联系人"界面中，在中间窗格的"搜索联系人"搜索框中输入联系人姓名，可以快速找到需要的联系人。

20.4 利用日历功能安排计划

Outlook 2016 提供了日历功能，提供该功能可以制定约会提醒、发出会议邀请等。本节主要介绍利用日历功能安排计划的方法。

20.4.1 设定约会提醒

在 Outlook 2016 中，可以通过日历功能设定约会计划，定时弹出提示对话框，并播放设置的提醒声音，提醒自己该做什么事。具体操作如下。

微课：设定约会提醒

01 启动 Outlook 2016，在"开始"选项卡的"新建"组中单击"新建项目"下拉按钮，在打开的下拉菜单中单击"约会"命令，如下图所示。

02 打开"约会"窗口，根据需要设置"主题"、"地点"、"开始时间"、"结束时间"、约会内容等，在"约会"选项卡的"选项"组中设置提醒在日历中的显示效果和提前提醒时间，设置完成后，单击"保存并关闭"按钮，如下图所示。

> 😊 提示
>
> 在"约会"选项卡的"选项"组中，打开"提醒"下拉列表，单击"声音"命令，可以打开"提醒声音"对话框，在其中可以设置提醒声音。

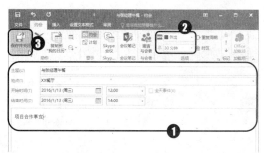

03 返回 Outlook 窗口，在导航窗格底部单击日历按钮▦，切换到"日历"界面，在导航窗格中单击设置了约会的日期，在右侧的窗格中即可看到该日期的约会提醒内容，如下图所示。

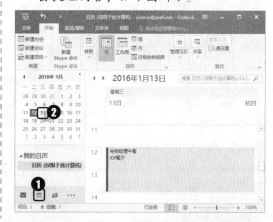

20.4.2 发出会议邀请

在 Outlook 2016 中，可以通过日历功能发出会议邀请，定时提醒接受邀请的会议参与者该项会议安排。具体操作如下。

微课：发出会议邀请

01 启动 Outlook 2016，在"开始"选项卡的"新建"组中单击"新建项目"下拉按钮，在打开的下拉菜单中单击"会议"命令，如下图所示。

02 打开"会议"窗口，根据需要设置"收件人"、"主题"、"地点"、"开始时间"、

"结束时间"、会议内容等，在"会议"选项卡的"选项"组中设置提醒在日历中的显示效果和提前提醒时间，然后单击"发送"按钮，发送邮件会议邀请即可，如下图所示。

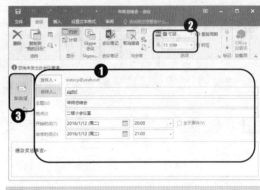

☺ **提示**
收件人接收会议邀请后，在他的 Outlook"日历"界面中，可以查看该会议提醒内容。

20.5 高手支招

本章主要介绍了在 Outlook 2016 中收发邮件、管理邮件、管理联系人、利用日历功能安排计划等知识。本节将对一些相关知识中延伸出的技巧和难点进行解答。

20.5.1 如何转发邮件

问题描述：在 Outlook 2016 中，可以把收到的邮件转发给其他人阅读吗？

解决方法：可以。通过转发功能，即可把收到的邮件转发给其他人。方法为：在 Outlook 收件箱中选中要转发的邮件，在"开始"选项卡的"响应"组中单击"转发"按钮，或者在右侧窗格中显示的邮件内容顶部单击"转发"按钮；此时在右侧的窗格中将显示出转发邮件窗口，根据需要设置"收件人"和"主题"信息，并编辑邮件正文内容，然后单击"发送"按钮即可，如下图所示。

☺ **提示**
在右侧窗格中打开转发邮件窗口后，单击顶部的"弹出"按钮，可以打开一个独立的转发邮件窗口，方便进行操作。

20.5.2　如何重发邮件

问题描述：在使用 Outlook 发送邮件时，可能因为网络信号不畅等原因导致邮件发送失败，或者曾经发送过的邮件需要再次发送相同的内容给其他收件人，遇到这样的情况重新撰写邮件太麻烦，可以将邮件重新发送吗？

解决方法：可以。方法为：在 Outlook 的导航窗格中选中"已发送"文件夹，在中间的窗格中，将出现已经发送过的（包括发送失败的）邮件列表。在列表中双击要重新发送的邮件，打开单独的邮件窗口，在其中切换到"邮件"选项卡，在"移动"组中单击"操作"下拉按钮，在打开的下拉菜单中单击"重新发送这封邮件"命令。此时将打开重新发送邮件窗口，根据需要编辑邮件内容和"收件人"、"主题"等信息后，单击"发送"按钮，即可发送邮件并自动关闭邮件窗口，如下图所示。

20.5.3　如何设置默认的邮件账户

问题描述：如果在 Outlook 中创建了多个邮件账户，如何将常用的账户设置为默认账户，以方便使用？

解决方法：在 Outlook 中设置默认账户的方法为：在 Outlook 窗口中切换到"文件"选项卡，默认打开"信息"子选项卡，在中间的窗格中单击"账户设置"下拉按钮，在打开的下拉列表中单击"账户设置"选项。弹出"账户设置"对话框，在"电子邮件"选项卡的列表框中选择需要设置为默认的邮件账户，然后单击"设为默认值"按钮即可。所选邮件账户设置默认账户后，将显示在列表框第一排位置，且左侧会显示默认标记 ✅，右侧会显示"默认情况下从此账户发送"字样，设置完成后单击"关闭"按钮关闭"账户设置"对话框即可，如下图所示。

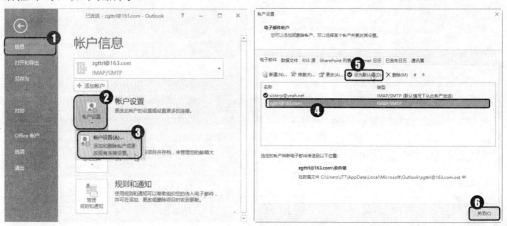

😊 **提示**

在"账户设置"对话框的列表框中，选中某个邮件账户后，通过单击"向上"按钮 ⬆ 或"向下"按钮 ⬇，可以调整该账户的排列顺序；单击"更改"按钮，在接下来弹出的对话框中可以重新设置该账户的信息；单击"删除"按钮，可以删除该账户。

20.6 综合案例——通过发送邮件安排工作任务

结合本章所讲的知识要点，本节将以使用 Outlook 2016 向联系人发送邮件安排工作任务为例，讲解在 Outlook 2016 中收发邮件、管理邮件、管理联系人、利用日历功能安排计划等。

01 启动 Outlook 2016，在"开始"选项卡的"新建"组中单击"新建项目"下拉按钮，在打开的下拉菜单中单击"任务"命令，如下图所示。

02 打开"任务"窗口，根据需要设置"主题"、"开始日期"、"截止日期"、"优先级"、"提醒"选项、任务内容等，然后在"任务"选项卡的"管理任务"组中单击"分配任务"按钮，如下图所示。

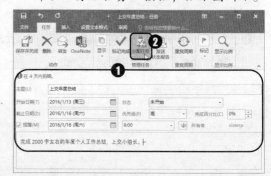

03 打开分配任务窗口，单击"收件人"按
钮，如下图所示。

04 打开"选择任务收件人：联系人"对话
框，在列表框中选择要作为收件人的联
系人，单击列表框下方的"收件人"按
钮，即可将其添加到对应的文本框中，
添加完所有收件人后，单击"确定"按
钮，如下图所示。

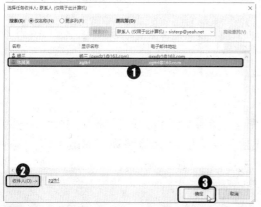

05 返回分配任务窗口，单击"发送"按钮，
即可向收件人发送任务邮件，安排任
务，如下图所示。

😊 **提示**

在"任务"选项卡的"动作"组中单击"保存
并关闭"按钮，可以保存该任务提醒到当前 Outlook
账户中，在导航窗格中单击任务按钮 切换到任务
界面，在中间的窗格中即可看到该任务提醒。

06 收到任务邮件的收件人，在收件箱中
查看邮件，单击右侧邮件内容窗格顶
部的"接受"按钮，即可接受该任务，
接受后可按时得到任务提醒，如下图
所示。

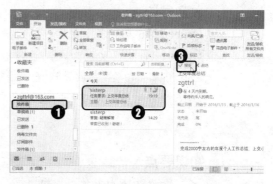

第 21 章

Office 2016 组件间的协同办公

》》 **本章导读**

Office 2016 具有多个组件，其功能涵盖现代办公领域的各个方面。这些
Office 组件不仅功能强大，能够单独完成某方面的工作，而且相互之间
还能够互相协作，共同完成单个组件无法完成的任务。本章将介绍 Office
2016 组件间的协同办公的高级应用技巧。

》》 **知识要点**

- ✓ Word 2016 与其他组件的协作
- ✓ Excel 2016 与其他组件的协作
- ✓ PowerPoint 2016 与其他组件的协作

21.1 Word 2016 与其他组件的协作

在 Word 文档中，可以使用 Excel 工作簿、PPT 演示文稿、Access 数据库文件等对象，以丰富文档内容。本节主要介绍在 Word 文档中，使用 Excel 工作表、PPT 演示文稿和 Access 数据库文件的方法。

21.1.1 插入 Excel 工作表

在 Word 中，虽然也能够创建表格，但使用 Excel 创建表格能够更轻松地处理和分析数据。此时，可以通过 Word 提供的插入对象功能，或插入表格功能，在 Word 文档中新建一个空白的 Excel 工作表对象，用来制作表格分析数据。方法主要有以下两种。

- 通过插入对象功能：打开 Word 文档，将光标定位到目标位置，切换到"插入"选项卡，在"文本"组中单击"对象"下拉按钮，在打开的下拉菜单中单击"对象"命令，弹出"对象"对话框，在"新建"选项卡的"对象类型"列表框中根据需要选择要创建的对象类型，本例选择"Microsoft Excel Worksheet"选项，然后单击"确定"按钮，即可在 Word 文档中插入一个空白的 Excel 工作表，如下图所示。

微课：通过插入对象功能在 Word 文档中插入 Excel 工作表

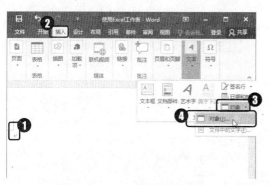

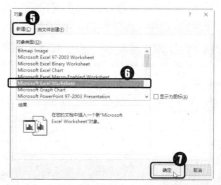

- 通过插入表格功能：打开 Word 文档，将光标定位到目标位置，切换到"插入"选项卡，在"表格"组中单击"表格"下拉按钮，在打开的下拉菜单中单击"Excel 电子表格"命令，即可在 Word 文档中插入一个空白的 Excel 工作表，如下图所示。

微课：通过插入表格功能在 Word 文档中插入 Excel 工作表

插入空白的 Excel 工作表后，Word 文档窗口中将出现 Excel 操作界面，在 Excel 工作表中输入与编辑数据即可，如右图所示。完成 Excel 工作表的编辑后，按下"Esc"键即可退出 Excel 编辑界面，返回 Word 文档窗口。要再次对 Excel 工作表进行编辑，只需双击文档中的工作表，将光标定位其中，即可进入编辑状态，显示出 Excel 操作界面。

21.1.2 插入 PowerPoint 演示文稿

在 Word 文档中，可以通过 Word 提供的插入对象功能，插入 PPT 演示文稿等对象，并在 Word 文档中调用 PowerPoint 等组件进行编辑，丰富文档内容。具体操作如下。

微课：在 Word 中插入 PPT
演示文稿

01 打开 Word 文档，将光标定位到目标位置，切换到"插入"选项卡，在"文本"组中单击"对象"下拉按钮，在打开的下拉菜单中单击"对象"命令，如下图所示。

02 弹出"对象"对话框，切换到"由文件创建"选项卡，单击"浏览"按钮，如下图所示。

03 弹出"浏览"对话框，根据文件保存路径，找到并选中要插入的 PPT 演示文稿，然后单击"插入"按钮，如下图所示。

💬 **提示**

在 Word 文档中，不勾选"链接到文件"复选框时，只能插入只含有一张幻灯片的 PPT 演示文稿，否则将弹出提示对话框，提示指定对象无效。

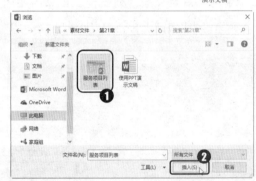

04 返回"对象"对话框，单击"确定"按钮，如下图所示。

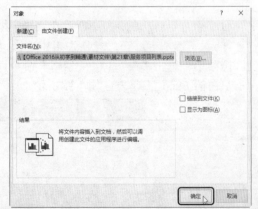

05 返回 Word 文档，即可看到其中插入了 PowerPoint 演示文稿中的幻灯片，如果要对幻灯片进行编辑，可以使用鼠标右

键单击幻灯片，在弹出的快捷菜单中单击"'Presentation'对象"→"编辑"命令，如下图所示。

06 此时即可在 Word 文档窗口中调用出

PowerPoint 操作界面，可以对幻灯片进行各种编辑，完成后按"Esc"键即可退出 PowerPoint 编辑状态，恢复 Word 文档窗口，如下图所示。

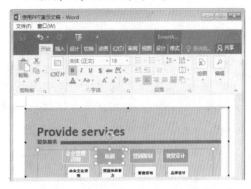

💡 **提示**

　　在 Word 文档中双击插入的幻灯片对象，或在快捷菜单的"'PowerPoint'对象"子菜单中单击"显示"命令，即可在全屏模式（放映幻灯片）下查看演示文稿对象。

21.2 Excel 2016 与其他组件的协作

在 Excel 工作表中，可以引用 PPT 演示文稿、导入 Access 数据库和文本文件数据等，以丰富工作表内容，提高制表效率。本节主要介绍在 Excel 工作表中，引用 PPT 演示文稿、导入 Access 数据库数据，以及导入文本文件的方法。

21.2.1 引用 PowerPoint 演示文稿

　　在 Excel 工作表中，可以通过插入对象功能，引用 PPT 演示文稿等对象，丰富文档内容。具体操作如下。

微课：在 Excel 中引用 PPT 演示文稿

01 打开 Excel 工作表，将光标定位到要插入对象的目标位置，切换到"插入"选项卡，在"文本"组中单击"对象"按钮，如下图所示。

02 弹出"对象"对话框，切换到"由文件创建"选项卡，单击"浏览"按钮，如下图所示。

03 弹出"浏览"对话框，根据文件保存路径，找到并选中要插入的 PPT 演示文稿，然后单击"插入"按钮，如下图所示。

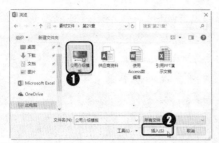

04 返回"对象"对话框,勾选"链接到文件"复选框,选择使用链接方式引用PPT演示文稿,设置完成后单击"确定"按钮即可,如下图所示。

😊 **提示**

在"对象"对话框的"由文件创建"选项卡中,勾选"显示为图标"复选框时,插入工作表中的对象将显示为一个图标。

05 返回工作表,即可看到其中插入了PowerPoint演示文稿对象,该对象显示

为演示文稿中的第一张幻灯片。如果要对幻灯片进行编辑,可以使用鼠标右键单击幻灯片,在弹出的快捷菜单中单击"Presentation 对象"→"编辑"命令,如下图所示。

06 此时将打开一个 PowerPoint 窗口,打开引用的演示文稿源文件,在其中可以对幻灯片进行各种编辑,编辑完成后保存设置,即可反映到 Excel 工作表中引用的对象上,如下图所示。

📌 **注意**

在 Office 组件中,使用链接方式插入对象时,对象并没有真正被放置到目标文档中,插入文档的是一个指定对象的快捷方式。一旦移动了源文件在本地电脑中的位置,就无法在目标文档中打开链接文件了。

21.2.2 导入 Access 数据库数据

在 Excel 工作表中,可以通过获取外部数据功能导入来自 Access 数据库的数据,以创建表格、数据透视表、数据透视图等。具体操作如下。

微课:在 Excel 中导入 Access 数据库数据

01 打开 Excel 工作表,切换到"数据"选项卡,在"获取外部数据"组中单击"自Access"按钮,如右图所示。

02 弹出"选取数据源"对话框，根据文件保存路径，找到并选中要插入的数据库文件，然后单击"打开"按钮，如下图所示。

03 如果所选数据库文件中包含多张表，将弹出"选择表格"对话框，在列表框中选中需要的表，然后单击"确定"按钮，如下图所示。

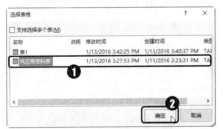

04 弹出"导入数据"对话框，选择数据在

工作表中的显示方式，设置数据的放置位置，设置完成后单击"确定"按钮即可，如下图所示。

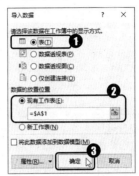

05 返回工作表，即可看到其中根据 Access 数据库数据创建了表格，如下图所示。

21.2.3 导入来自文本文件的数据

在 Excel 工作表中，可以通过获取外部数据功能导入来自文本文件的数据，以创建表格等。具体操作如下。

微课：在 Excel 中导入来自
文本文件的数据

01 打开 Excel 工作表，切换到"数据"选项卡，在"获取外部数据"组中单击"自文本"按钮，如下图所示。

02 弹出"导入文本文件"对话框，选择要导入的文本文件，单击"导入"按钮，如下图所示。

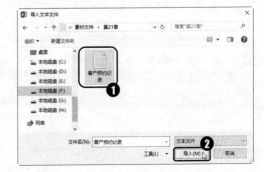

03 弹出"文本导入向导-第1步，共3步"对话框，根据需要进行设置。本例在"请选择最合适的文件类型"栏中选中"分隔符号"单选按钮，然后单击"下一步"按钮，如下图所示。

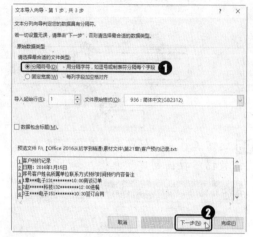

04 弹出"文本导入向导-第2步，共3步"对话框，在"分隔符号"栏中勾选"Tab键"复选框，然后单击"下一步"按钮，如下图所示。

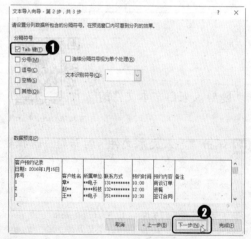

05 弹出"文本导入向导-第3步，共3步"对话框，在"列数据格式"栏中选中"常规"单选按钮，单击"完成"按钮，如下图所示。

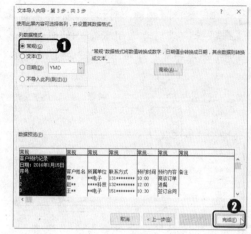

06 弹出"导入数据"对话框，选中"现有工作表"单选按钮，在相应的文本框中设置导入数据的放置位置，然后单击"确定"按钮即可，如下图所示。

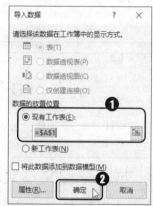

07 返回工作表，即可看到其中根据文本文件数据创建了表格，如下图所示。

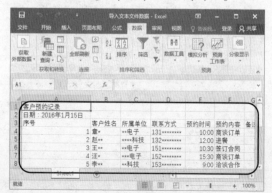

21.3 PowerPoint 2016 与其他组件的协作

和 Word、Excel 一样，在 PowerPoint 2016 中可以通过对象功能插入来自 Word 文档、Excel 工作表等程序的内容。本节主要介绍在 PPT 演示文稿中，通过粘贴链接引用 Excel 表格，以及将 PPT 演示文稿转换为 Word 文档的方法。

21.3.1 以图片形式引用 Excel 数据

制作 PowerPoint 演示文稿时，常常要在幻灯片中使用表格或图表。为了提高编辑效率，用户可以通过粘贴链接的方法，将 Excel 中的表格或图表引用到幻灯片中。具体操作如下。

微课：在幻灯片中以图片形式
引用 Excel 数据

01 打开 Excel 工作簿，选中要引用的表格，在"开始"选项卡的"剪贴板"组中单击"复制"按钮复制数据，如下图所示。

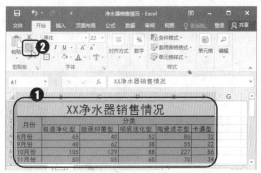

02 打开 PowerPoint 演示文稿，选中要放置表格的幻灯片，在"开始"选项卡的"剪贴板"组中单击"粘贴"下拉按钮，在打开的下拉菜单中单击"选择性粘贴"命令，如下图所示。

03 弹出"选择性粘贴"对话框，选中"粘贴"单选按钮，在"作为"列表框中选择"图片（增强型图元文件）"选项，然后单击"确定"按钮，如下图所示。

04 返回演示文稿，即可看到所选幻灯片中以图片的形式插入了复制的 Excel 表格，以同样的方法还可以插入 Excel 图表等对象，通过"图片工具/格式"选项卡，可以编辑插入的"图片"，如下图所示。

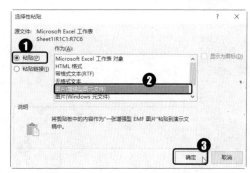

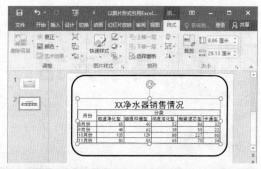

💡 **提示**

在演示文稿中以图片形式引用 Excel 数据、Word 文档段落等对象后，对原工作表、文档等进行修改，不会影响粘贴到演示文稿中的"图片"。要修改"图片"中的数据，需要重新复制粘贴。

21.3.2 转换为讲义 Word 文档

在使用 PowerPoint 演示文稿进行演讲时，常常需要使用 Word 来创建
讲义，供演讲者自己查阅、提词。PowerPoint 提供了将演示文稿转换为讲
义 Word 文档的功能，以提高工作效率。将演示文稿转换为讲义 Word 文
档的具体操作如下。

微课：将演示文稿转换为
讲义 Word 文档

01 打开要转换为讲义 Word 文档的演示文
稿，切换到"文件"选项卡，执行"导
出"→"创建讲义"→"创建讲义"命
令，如下图所示。

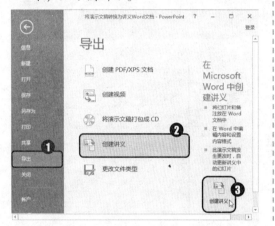

此时将打开 Word 程序窗口，并新建一
个 Word 文档。在该文档中，将按照所选版
式插入 PowerPoint 演示文稿中的所有幻灯
片，如右图所示。根据需要编辑讲义内容，
然后保存文档即可。

02 弹出"发送到 Microsoft Word"对话框，
根据需要选择在 Word 文档中使用的板
式，选择将幻灯片添加到 Word 文档中
的方式，然后单击"确定"按钮即可，
如下图所示。

21.4 高手支招

本章主要介绍了 Office 2016 组件间协同办公的知识。本节将对一些相关
知识中延伸出的技巧和难点进行解答。

21.4.1 将 Word 文档中的表格转换为文本文件

问题描述：在 Excel 工作表中可以导入来自 Word 文档中的表格数据吗？
解决方法：可以。先将 Word 文档中的表格转换为文本文件，就可以
在 Excel 工作表中导入该文本文件数据了。

微课：将 Word 文档中的表格
转换为文本文件

将 Word 文档中的表格转换为文本文件的方法为：在文档中选中整个表格，切换到"表格工具/布局"选项卡，在"数据"组中单击"转换为文本"按钮，如下图（左边）所示。弹出"表格转换成文本"对话框，选中"制表符"单选按钮，然后单击"确定"按钮，如下图（中间）所示。返回文档，原表格转换成了以制表符分隔数据的形式。切换到"文件"选项卡，单击"另存为"→"浏览"按钮，打开"另存为"对话框，设置"保存类型"为"纯文本"，然后单击"保存"按钮。弹出"文件转换"对话框，由于已经对表格进行了转换，直接单击"确定"按钮即可，如下图（右边）所示。

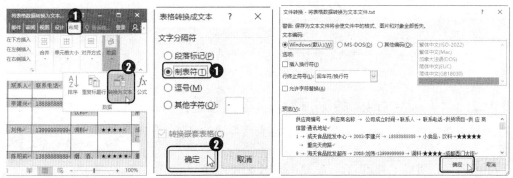

21.4.2 将 Outlook 联系人导出到 Excel 电子表格

问题描述：在 Outlook 中存储了许多联系人信息，可以把这些联系人信息导出，制作成 Excel 电子表格吗？

解决方法：可以。方法为：启动 Outlook 程序，单击快速访问工具栏中的"导入和导出"命令按钮 🔁；弹出"导入和导出向导"对话框，选择"导出到文件"选项，单击"下一步"按钮；进入下一步设置，选择"逗号分隔值"选项，单击"下一步"按钮；进入下一步设置，选择"联系人（仅限于此计算机）"选项，单击"下一步"按钮；进入下一步设置，设置导出文件另存为的路径和文件名，然后单击"下一步"按钮；进入下一步设置，在"将执行下列操作"列表框中选择要执行的操作，然后单击"完成"按钮即可。Outlook 将按照所设置的保存路径和文件名称，创建一个 Excel 电子表格，将联系人信息导入其中，如下图所示。

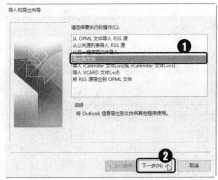

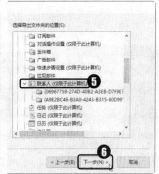

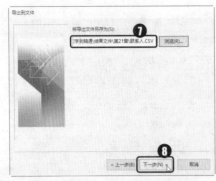
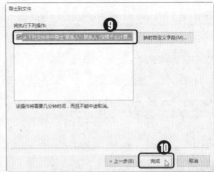

💬 提示

　　默认情况下，"导入和导出"命令按钮 ⇄ 不在快速访问工具栏中，需要自定义快速访问工具栏，将不在功能区中的该按钮添加到快速访问工具栏中。

21.4.3　将 Access 数据库数据导出为 Excel 工作表

　　问题描述：可以将 Access 数据库数据直接导出，转换为其他 Office 文件吗，例如导出为 Excel 工作表？

　　解决方法：可以。通过 Access 数据库的导出功能，可以将 Access 数据库数据直接导出，创建为 Excel 工作表、文本文件、Word 文档等。

微课：将 Access 数据库数据
导出为 Excel 工作表

　　以导出为 Excel 工作表为例，方法为：启动 Access 数据库，打开要导出的表，切换到"外部数据"选项卡，在"导出"组中单击"Excel"按钮；弹出"导出-Excel 电子表格"对话框，根据需要指定目标文件的文件名和保存路径，然后单击"确定"按钮，如下图所示。Access 将自动按照所设路径和文件名创建一个 Excel 电子表格，其中包含了导出的数据；导出成功后在对话框中将给出成功提示，此时单击"关闭"按钮关闭对话框即可。

21.5　综合案例——在 Word 文档中使用 Access 数据库数据

结合本章所讲的知识要点，本节将以在 Word 文档中使用 Access 数据库数据为例，讲解 Office 2016 组件间协同办公的方法。

微课：在 Word 文档中使用
Access 数据库数据

在 Word 文档中使用 Access 数据库数据后的效果，如下图所示。

01 打开"素材文件\第 21 章\使用 Access
数据库.docx"文件，切换到"布局"选
项卡，在快速访问工具栏中单击"自定
义快速访问工具栏"下拉按钮，在打开
的下拉菜单中单击"其他命令"命令，
如下图所示。

提示

默认情况下，"插入数据库"按钮不在 Word
窗口的快速访问工具栏中，需要先将该按钮添加到
快速访问工具栏。

02 弹出"Word 选项"对话框，默认打开
"快速访问工具栏"选项卡，在"从下
列位置选择命令"下拉列表框中选择
"不在功能区中的命令"选项，在对应
的列表框中选中"插入数据库"选项，
单击"添加"按钮，将其添加到右侧的
列表框中，然后单击"确定"按钮保存
设置，如下图所示。

03 返回 Word 文档，将光标定位到要插入
对象的目标位置，单击快速访问工具栏
中新添加的"插入数据库"按钮，如
下图所示。

04 弹出"数据库"对话框，单击"获取数
据"按钮，如下图所示。

05 弹出"选取数据源"对话框，根据文件保存路径，找到并选中要插入的数据库文件，然后单击"打开"按钮，如下图所示。

06 如果所选数据库文件中包含多张表，将弹出"选择表格"对话框，在列表框中选中需要的表，然后单击"确定"按钮，如下图所示。

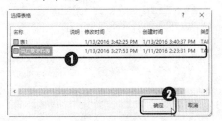

07 返回"数据库"对话框，单击"表格自动套用格式"按钮，如下图所示。

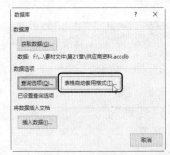

08 弹出"表格自动套用格式"对话框，在"格式"列表框中选择预设的表格格式，在"要应用的格式"和"将特殊格式应用于"栏中可以根据需要进行设置，设置完成后在"预览"窗口中可以预览效果，确认无误后单击"确定"按钮即可，如下图所示。

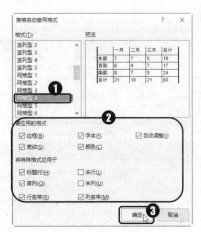

09 返回"数据库"对话框，单击"插入数据"按钮，如下图所示。

10 弹出"插入数据"对话框，根据需要设置插入数据的范围，然后单击"确定"按钮，如下图所示。

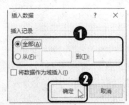

11 返回 Word 文档，可以看到其中插入了所选的 Access 数据库中的表格，对该表格可以像编辑 Word 中的表格那样进行编辑处理，如下图所示。

反侵权盗版声明

电子工业出版社依法对本作品享有专有出版权。任何未经权利人书面许可，复制、销售或通过信息网络传播本作品的行为；歪曲、篡改、剽窃本作品的行为，均违反《中华人民共和国著作权法》，其行为人应承担相应的民事责任和行政责任，构成犯罪的，将被依法追究刑事责任。

为了维护市场秩序，保护权利人的合法权益，我社将依法查处和打击侵权盗版的单位和个人。欢迎社会各界人士积极举报侵权盗版行为，本社将奖励举报有功人员，并保证举报人的信息不被泄露。

举报电话：（010）88254396；（010）88258888

传　　真：（010）88254397

E - m a i l：dbqq@phei.com.cn

通信地址：北京市万寿路 173 信箱　电子工业出版社总编办公室

邮　　编：100036